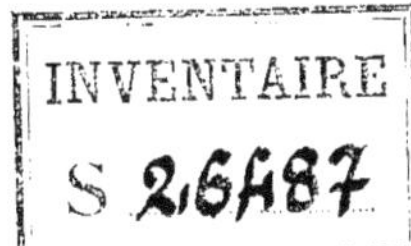

HERCHES SUR LES BRUITS

ET LES SONS EXPRESSIFS

QUE

FONT ENTENDRE LES POISSONS D'EUROPE

ET SUR LES

ORGANES PRODUCTEURS DE CES PHÉNOMÈNES ACOUSTIQUES

AINSI QUE SUR

LES APPAREILS DE L'AUDITION DE PLUSIEURS DE CES ANIMAUX

PAR LE DOCTEUR

DUFOSSÉ

Correspondant du Muséum d'histoire naturelle de Paris,
Ancien professeur suppléant à l'École préparatoire de médecine et de pharmacie de Marseille,
Membre titulaire de la Société d'encouragement et du Comité de pisciculture
de la même ville,
Membre titulaire du nouvel Institut de l'Égypte, etc., etc.

PARIS

G. MASSON, ÉDITEUR

LIBRAIRE DE L'ACADÉMIE DE MÉDECINE

PLACE DE L'ÉCOLE-DE-MÉDECINE

1874

RECHERCHES SUR LES BRUITS

ET LES SONS EXPRESSIFS

QUE FONT ENTENDRE LES POISSONS D'EUROPE

ET SUR LES

ORGANES PRODUCTEURS DE CES PHÉNOMÈNES ACOUSTIQUES

PARIS. — IMPRIMERIE DE E. MARTINET, RUE MIGNON, 2

RECHERCHES SUR LES BRUITS

ET LES SONS EXPRESSIFS

QUE

FONT ENTENDRE LES POISSONS D'EUROPE

ET SUR LES

ORGANES PRODUCTEURS DE CES PHÉNOMÈNES ACOUSTIQUES

AINSI QUE SUR

LES APPAREILS DE L'AUDITION DE PLUSIEURS DE CES ANIMAUX

PAR LE DOCTEUR

DUFOSSÉ

Correspondant du Muséum d'histoire naturelle de Paris,
Ancien professeur suppléant à l'École préparatoire de médecine et de pharmacie de Marseille,
Membre titulaire de la Société d'encouragement et du Comité de pisciculture
de la même ville,
Membre titulaire du nouvel Institut de l'Égypte, etc., etc.

PARIS

G. MASSON, ÉDITEUR

LIBRAIRE DE L'ACADÉMIE DE MÉDECINE

PLACE DE L'ÉCOLE-DE-MÉDECINE

1874

HISTORIQUE

DES CONNAISSANCES PHYSIOLOGIQUES SUR LES BRUITS ET LES SONS QUE PRODUISENT LES POISSONS DEPUIS L'ORIGINE DE CES CONNAISSANCES JUSQU'A NOUS.

On ne peut penser à l'origine d'une des branches de la zoologie sans se rappeler l'œuvre immortelle dans laquelle Aristote, riche de son propre fonds et recueillant le peu de notions acquises de son temps sur les animaux, fit du tout un corps de doctrine, créa la science zoologique et l'enseigna dans son livre qui a pour titre : *Histoire des Animaux*.

On a épuisé toutes les formes de l'éloge légitime en louant cette œuvre, mais on ne saurait trop répéter que ce livre est une source inépuisable où l'observateur perspicace peut, de nos jours encore, découvrir des connaissances qui ont échappé aux générations précédentes ou qui ont été dédaignées par nos prédécesseurs.

Les notions physiologiques qu'on trouve dans cet ouvrage sur les bruits et les sons que forment les Poissons sont les suivantes (1) :

« Les Poissons n'ont pas de voix proprement dite, parce qu'ils n'ont ni poumons, ni trachée-artère, ni gosier (larynx); cependant quelques-uns émettent des sons et des bruits de grin-

(1) Voy. *Aristotelis Opera omnia*, etc., vol. III : *Aristotelis de Animalibus Historia*, lib. IV, cap. IX, p. 72. Ambr. Firmin Didot, grand in-8, Paris, 1856. Il y a aussi une traduction de cet ouvrage en français par le Camus, mais elle est peu estimée.

cement, comme la Lyre, le Chromis, et l'on dit qu'ils sont doués de la voix; d'autres produisent une sorte de grognement: tels sont le Sanglier du fleuve Anchyloïs, ainsi que le Chalcis et le Coucou. En effet, ce dernier émet un son aigu qui a de la ressemblance avec les cris du Coucou, d'où vient le nom qu'on lui a donné.

» Parmi ceux qui semblent être doués de la voix, les uns produisent des sons au moyen de l'attrition de leurs branchies, qui sont garnies d'épines; les autres, au moyen de quelques parties internes qui avoisinent l'estomac et qui, chez certains genres de Poissons, contiennent de l'air : celui-ci, frotté et agité, produit le son. »

Aristote, après avoir parlé des Peignes qui font entendre un bruit, ajoute : « Quelque chose d'analogue a lieu pour les Hirondelles de mer qui s'élèvent dans l'air, car elles ont de longues et larges nageoires. Les bruits qu'elles produisent sont les mêmes que ceux qui résultent des mouvements des ailes des Oiseaux quand ils volent; ce n'est pas une voix, et ce bruit n'est pas plus digne de porter le nom de voix que tous les autres bruits des animaux dont il a été question plus haut. »

La plupart des auteurs contemporains, et même les plus célèbres, n'ont attaché que peu d'importance aux notions qu'on vient de lire. Je donnerai bientôt des preuves irrécusables de cette assertion. Il est vrai que, des trois propositions physiologiques que ces notions contiennent, la dernière, celle qui est relative au bruit que fait l'Hirondelle de mer, est évidemment erronée; que les deux autres manquent essentiellement de précision et qu'elles sont marquées au coin des premiers linéaments des sciences physiques. Ce sont là, à ce qu'il paraît, les défauts qui ont frappé les auteurs auxquels j'ai fait allusion, savants dont le plus grand nombre ont complétement rejeté ces propositions sans plus ample examen.

Tant qu'a duré le culte que les auteurs du moyen âge et ceux mêmes du XVIe siècle rendaient à Aristote, on a accepté sans contrôle et avec une confiance passionnée toutes les notions émanées de ce génie universel; mais dès l'apparition de la méthode expérimentale de Galilée, toute donnée scientifique qui n'avait pas reçu une nouvelle consécration par cette méthode devait nécessairement inspirer de la méfiance; et si l'on joint à ce motif ceux que je viens de faire valoir comme capables de susciter des doutes sérieux sur la vérité des propositions physiologiques dont il s'agit ici, on s'expliquera pourquoi la portée scientifique de ces notions aristotéliennes a été méconnue, et par conséquent comment elles ont eu si peu d'influence sur la science contemporaine.

Il est sans doute à regretter, au point de vue du travail que j'entreprends ici, que le *Traité général des Animaux aquatiques* qu'avait écrit Cléarque, un des disciples d'Aristote, ne soit pas parvenu jusqu'à nous. Dans ce traité, s'il faut en croire Athénée (1), Cléarque dissertait sur les Poissons doués d'une voix sonore et parfaite, et entre autres sur ceux qui habitaient un fleuve d'Arcadie qu'il nomme Lacedon. Beaucoup de commentateurs ont écrit que ces Poissons étaient probablement de même sorte que ceux dont parle Pausanias dans son voyage en Arcadie (2). Les Arcadiens nommaient ces Poissons des Pœciles (*ποικίλαι*, de couleurs variées), et assuraient que, surtout au moment du coucher du soleil, ils poussaient des cris semblables à ceux des Grives. Ce célèbre historien rapporte qu'il a vu quelques-uns de ces Poissons, mais qu'ils n'ont émis aucun cri pendant qu'il les observait.

Bien qu'il n'y ait dans ce récit aucune explication du mécanisme du bruit, c'est déjà un indice propre à guider le physiologiste que la spécification précise et nouvelle du son rendu par ces Poissons.

Après Aristote, tous les auteurs grecs, et même les latins, qui

(1) Voy. Athénée, *Deipnosophites, ou les savants à table*, livre VIII, p. 332 (*Jacobi Dalechampi Cadomensis latina Interpretatio*, apud Hieronymum Commelinum, anno MDXCVIII).

(2) Voy. *Pausanias, ou Voyage historique de la Grèce*, traduit en français par l'abbé Gedoyn de l'Académie française, t. II, livre VIII, p. 171, 2 vol. in-4 (Paris, Didot, 1831). Si l'on veut s'en rapporter à certains commentateurs d'Aristote, Pline et autres, ces Poissons ne seraient autres que des Loches d'étang (*Cobitis fossilis*, Lin.).

ont parlé de Poissons bruyants, n'ont rien ajouté aux notions physiologiques que rapporte ce philosophe.

L'élégant littérateur, le grand érudit, Pline l'ancien lui-même, n'a fait, comme les compilateurs et commentateurs du Stagirien, que répéter ce qu'avait dit ce dernier. Il est vrai que Pline l'a dit quelquefois plus élégamment. En parlant, par exemple, des Poissons qui n'ont pas de voix, il affirme : « Stridorem cum dentibus fieri cavillantur. »

C'est une considération analogue à celle que j'ai fait valoir à l'égard du récit de Pausanias, qui m'engage à rapporter ici un passage du livre de Claude Elien, qui, le premier, indique une sorte de bruit dont les auteurs n'avaient pas fait mention. Il dit (1) : « Ils sifflent »; mais du reste il copie les notions aristotéliennes.

Les auteurs du moyen âge, dont plusieurs ne connaissaient les œuvres d'Aristote que par des traductions faites non pas sur le texte grec, mais sur l'arabe, et qui, pour la plupart, n'avaient pas vu les Poissons dont ils parlent, ont copié servilement, en les altérant plus ou moins, les notions qu'avait enseignées le philosophe.

De ces copistes j'excepte cependant Vincent de Beauvais (2) et Albert le Grand (3), qui paraissent avoir eu à leur disposition deux ou trois Poissons qu'ils ont observés; mais ces auteurs, du reste, n'en ont pas moins commis des erreurs notoires.

Il appartenait au plus illustre des fondateurs de l'ichthyologie moderne, à Rondelet, de sortir de l'ornière dans laquelle s'étaient traînés les précédents compilateurs d'Aristote, d'en revenir à l'observation de la nature. Le zoologiste de Montpellier a du

(1) Voy. *Æliani de natura Animalium,* lib. X, cap. XI, p. 171. Parisiensi editore Firmin Didot, 1858. *De Piscibus vocabilibus :* Elien dit, en parlant du Chalcis : συρίζει, *sibilat*, il siffle. Voy. Conradi Gesneri *Historia Animalium,* lib. IV : « qui est piscium et aquatilibus natura », p. 259, corollaire, 2e paragraphe, en marge *Chalcis.* Grand in-folio, Tiguri, apud Frachowerum, 1558

(2) Voy. *Bibliotheca mundi seu venerabilis viri Vincenti Burgundi,* lib. XVII, cap. XLVI. Grand in-folio, Dvaci, 1624.

(3) Voy. *Beati Alberti Ratisbonensis episcopi*, etc., *De Animalibus*, lib. XXIV, p. 652. Lugduni, 1651.

moins vu et examiné avec soin les Poissons qu'il a décrits, et a cherché à expliquer la cause des sons émis par quelques-uns des Poissons bruyants; mais trop fidèle à l'esprit de son temps, dont Aristote était le prophète scientifique, il n'a osé que de timides essais, dont encore il abrite les résultats sous l'égide tutélaire du philosophe de Stagire. Aussi dans son ouvrage sur les Poissons marins (1), en traitant de l'Hirondelle de mer, il dit : « Strident etiam marinæ Hirundines et sublime volant haud-» quaquam mare attingentes; sunt enim iis pennæ longæ et » latæ. Stridoris autem causa est branchiarum scissura parva et » stricta; aer enim cum affatim per angusta loca emissus, sonum » stridoremve edit : eadem causa Cuculus piscis astrepit, ut » eodem loco docet Aristoteles. »

Dans le même ouvrage, après avoir affirmé qu'il a entendu l'*Orthragoriscus* rendre un grognement, il ajoute (2) : « Ejus » soni causa rima est branchiarum stricta : id quod quum de aliis » piscibus sonum tractaremus, ex Aristotele exposuimus. »

Si l'on veut bien tenir compte de l'état des sciences physiques en France au milieu du XVIe siècle, on ne sera pas surpris de voir maître Rondelet, professeur à l'université de Montpellier, chercher la cause des bruits que font entendre deux Poissons dont l'organisation diffère autant que celle du Dactyloptère voltigeant de celle de l'*Orthragoriscus*, le Poisson-lune, dans la petitesse de l'ouverture des ouïes de ces animaux, à travers lesquelles l'air, en passant, produirait un bruit. Le fait énoncé par cette assertion n'offre rien d'invraisemblable chez le Dactyloptère pendant que ce poisson exécute des sauts dans l'atmosphère; mais durant tout le temps où il nage, aussi bien que le font continuellement le Poisson-lune et la Morrude, ou Coucou aristotélien, d'après l'opinion du naturaliste de Montpellier, l'explication de ce fait acoustique n'est plus même probable, elle n'est plus intelligible.

(1) Voy. *Gulielmi Rondoleti doctoris*, etc., *libri de Piscibus marinis*, lib. X, p. 286. In-folio, apud Mathiam Bonhomme, Lugduni, 1553.

(2) Voy. *Gulielmi Rondeleti doctoris*, etc., *libri de Piscibus marinis*, lib. XV, p. 426, ligne 8.

Il est vrai que l'auteur semble plutôt considérer ce qu'il avance à cet égard comme une présomption que comme une opinion bien arrêtée, puisqu'il ne donne pas la moindre preuve à l'appui de sa manière de voir sur ce point. En résumé, les timides et malheureux essais d'explication de Rondelet ne méritent pas d'être pris en sérieuse considération.

Un fait qui était loin d'offrir, quant à son explication physiologique, les difficultés que présentait la question que Rondelet se proposait de résoudre et qu'il a brusquée avec une légèreté regrettable, attira l'attention d'un des plus habiles maîtres de l'illustre école anatomique italienne au XVIe siècle, du maître du célèbre Harvey, de Jérôme Fabricius d'Acquapendente. Dans une partie de ses ouvrages intitulée : *De brutorum loquela* (1), après avoir cité le chapitre entier d'Aristote dont je n'ai donné qu'un extrait, il continue ainsi qu'il suit : « Ultimo pisces quos » Tineas Ausonius vocat, solent strepitum edere, dum os ape- » riunt et labia muto applicata et viscido humore glutinosa » deducunt ac separant. »

On ne peut assurément mettre plus de soin à déduire et à expliquer un bruit qui n'a pas une grande importance, car il accompagne l'ouverture de la bouche, comme effet inévitable, et conséquemment n'a pas un caractère essentiellement intentionnel; mais pourtant il méritait d'être expliqué, parce qu'il est commun à plusieurs Poissons et qu'il peut être confondu facilement avec plusieurs autres bruits.

Cette explication, du reste, est exacte, si évidente, si facile à vérifier, qu'il n'est pas d'ichthyologiste qui n'ait eu l'occasion de la contrôler ; et par conséquent elle doit être admise comme une donnée physiologique incontestable.

Quarante ans après, Paul Neucrantz, docteur en médecine mecklembourgeois, dans une dissertation plus médicale que zoologique (2), donnait une judicieuse appréciation de la cause

(1) Voy. *Hieronymi Fabricii ab Acquapendente omnia opera*, etc., Lugduni Batavorum, apud Johannem von Kerkem, 1738, caput IV, *De brutorum loquela*, p. 326.

(2) Voy. Paul Neucrantz, *De Harengo, exercitatio medica in qua principiis Piscium*

du bruit que le Hareng fait habituellement en mourant, bruit dont le titre seul du chapitre V de ce travail : *De Harengo pipiente, nec tamen respirante*, est presque une explication physiologique, que je compléterai en disant que, selon l'avis de l'auteur, l'air expulsé avec force de l'intérieur du corps, à travers le gosier, est le principe de ce bruit, que les Anglais ont cherché à imiter par la prononciation du mot qui leur sert à nommer le bruit : ils prononcent *squeak*, dont le son a quelque analogie avec le glossement émis par le poisson mourant. Toutefois cette appréciation de l'auteur n'a d'autre valeur que celle d'un exemple de possibilité de la production d'un bruit résultant du passage rapide de l'air à travers l'œsophage et les ouvertures naturelles d'un Clupe; encore, comme ce n'est qu'en mourant que, d'après l'auteur, ce poisson émet ce bruit, on peut se demander s'il ne provient pas des dernières convulsions de l'agonie, et se refuser à son admission comme n'étant pas physiologique, mais pathologique. Il faut pourtant tenir compte à l'auteur de ce qu'il est le premier qui ait constaté, je le crois du moins, le mode de production de ce bruit chez un Poisson.

J'arrive au premier tiers du XVIIIe siècle, au temps où parurent à peu de distance l'une de l'autre, l'*Ichthyologie* d'Artedi, et la seconde édition du *Systema naturæ* de Linné, ouvrages dont la publication fait époque en ichthyologie. Ces deux auteurs, qui étaient nés avec le génie de la méthode, ont, comme chacun le sait, immortalisé leur nom par l'élévation de leurs vues philosophiques proprement dites.

Le premier, dans son *Synonymia Piscium* (1), cite bien les auteurs qui ont mentionné les bruits que font entendre les Poissons, mais il s'en tient là, et reste aussi simple compilateur d'Aristote et de beaucoup d'autres auteurs.

Linné n'a rapporté dans ses écrits ichthyologiques que peu

exquisitissima bonitas summaque gloria asserta et vindicata. Lubeck, 1634, in-4, cap. V, p. 22.

(1) Voy. *Petri Artedi synonymia Piscium græca et latina emendata*, auctore Joh. Gottl. Schneider. Lipsiæ, 1789.

d'observations relatives aux bruits formés par les Poissons ; mais l'une d'elles était du plus haut intérêt, puisqu'elle pouvait mettre sur la voie d'une découverte : il dit que lorsqu'on tire de l'eau un *Trigla Hirundo* vivant, il produit un son et en même temps éprouve un tremblement que la main qui tient le poisson perçoit facilement (1). Au lieu de rechercher la relation de cause à effet qu'il y a entre les phénomènes concomitants dont il vient d'être parlé, il s'est borné à constater leur synchronisme ; un pas de plus, et il touchait au but, mais il s'est arrêté sans l'avoir aperçu.

Le *Traité général des pêches* de Duhamel de Monceau (2) contient deux articles, l'un sur les Grondins, l'autre sur le Maigre de l'Aunis, dans lesquels ce savant, d'après les communications qui lui étaient faites par ses correspondants, presque tous employés de la marine royale, qui rédigeaient leurs communications sur les renseignements qu'ils tenaient eux-mêmes des pêcheurs et d'autres gens de mer qu'ils avaient interrogés, répète les allégations, souvent contradictoires, contenues dans ces communications sur les bruits que font entendre ces Poissons ; mais, en vrai savant de la vieille roche, avant tout consciencieux, il fait les deux aveux que je consigne ici. Dans l'article consacré aux Grondins il dit : « Je me borne à exposer les faits qui sont venus à ma connaissance ; car, j'en ai déjà fait l'aveu, je n'ai point été à portée de faire des observations et des expériences qui auraient pu me conduire à découvrir la cause des bourdonnements dont il s'agit ici. » Et dans l'article relatif au Maigre, il s'exprime ainsi qu'il suit : « Si j'ai été embarrassé pour expliquer le bruit que font les Grondins, je le suis encore bien plus a l'égard de celui du Maigre. Je sais qu'on pense généralement qu'il est produit par l'air qui sort du corps de l'animal par l'anus ; mais, comme je ne trouve aucune preuve

(1) Voy. Linné, *Systema naturæ*, édit. de 1761 a 1773, art. du *Trigla Hirundo*.

(2) Voy. *Traité général des pêches et histoire des Poissons, etc.*, par Duhamel de Monceau et H. L. de Lamarre, in-folio, Paris, 1782. Division intitulée : *Suite de la seconde partie*, t. III, sect. 5, p. 106. Tome IVe et 6e section, chap. Ier, article 4, p. 136 et 139.

à l'appui de cette assertion, et comme il ne m'a pas été possible de rien constater par mes propres observations, je reste indécis. »

Du reste, le bruit émis par les Grondins serait, suivant les renseignements de quelques-uns des correspondants de l'auteur, « comme une espèce de ronflement ou mugissement semblable à celui des animaux terrestres qui mugissent, comme on dit, entre leurs dents. »

Suivant d'autres correspondants, ce bruit serait « comparable à celui des Porcs ». D'autres correspondants encore disent que « ce bruit fait *cou*, qui, étant répété, fait *cou-cou*. » Quant à l'explication de ce bruit, quelques-uns ont cru « que c'était de l'air qui était contenu dans leur corps, qui s'en échappait quand ils faisaient de grands mouvements ». Je dois faire remarquer que quelque vague que soit dans sa forme cette appréciation, elle est la seule qui mérite quelque attention, quoiqu'elle ne soit elle-même qu'une supposition. Elle est plus judicieuse que les autres. « On a encore imaginé qu'il pourrait être produit par le mouvement rapide de leurs nageoires, comparant ce bourdonnement à celui que font certains Scarabées en volant, ou ces Mouches qu'on nomme Bourdons. »

Pour le bruit des Maigres, ses informations mentionnent que « lorsque ces Poissons sont rassemblés, ils produisent un mugissement qui se fait entendre d'assez loin, et lors même que ces animaux sont à vingt brasses sous l'eau ». D'autres informations lui apprennent que « les uns disent que le bruit est comparable à un bourdonnement sourd, et d'autres disent qu'il est perçant et plus aigu que celui d'un sifflet ». La seule explication que Duhamel cite relativement à ce bruit, est celle que contient le second aveu de ce savant modeste, aveu que je viens de reproduire.

Pour conclusion : On voit que tous les documents fournis par l'auteur du *Traité général des pêches* ne sont étayés que sur des investigations faites par des gens inhabiles à recueillir des observations scientifiques ; que les explications ne sont fondées sur aucune preuve, et ont toute l'apparence d'allégations avancées à la légère, ou enfin de réponses improvisées pour se débarrasser d'interrogations importunes.

Il reste toutefois bien démontré que les assertions qui ont rapport au *Sciæna Umbra*, qui, après avoir été répétées par plusieurs savants et par Cuvier lui-même, ont eu cours dans la science jusqu'au moment où je me suis occupé des sons qu'émettent les Maigres, ne reposaient que sur les propos des gens de mer, publiés par Duhamel en 1782.

L'origine de la totalité de ces assertions doit ne les faire accepter qu'avec circonspection, comme de simples renseignements, mais non comme des documents scientifiques dignes de toute confiance.

L'*Histoire naturelle des Poissons* de Lacépède est encore (1) un des ouvrages dont la publication fixe aussi un temps notable dans l'histoire de l'ichthyologie. Malgré les nombreux défauts qui déparent cet ouvrage, il ne peut pas être passé sous silence dans cet historique, parce que l'auteur a essayé d'expliquer une des causes des bruits que produisent les Poissons. Son Discours sur la nature des Poissons renferme des considérations générales sur ces animaux, et en particulier sur les bruits qu'ils produisent. Il revient à ce sujet à l'article du *Cottus* grognant, article qui contient les assertions suivantes : « Ce n'est, dit-il, qu'un frôlement que les Cottes, les Balistes, les *Cobitis*, les Trigles et les *Zeus*, etc., font naître; ce n'est que lorsque, saisis de crainte, ou agités par quelque affection vive, ils se contractent avec force, resserrent subitement leur cavité intérieure, chassent avec violence les différents gaz renfermés dans ces cavités, que ces vapeurs, sortant avec vitesse et s'échappant principalement par les ouvertures branchiales, en froissent les opercules élastiques, et, par le frottement toujours puissant, font naître des sons dont le degré d'élévation est inappréciable, et qui par conséquent, n'étant pas une voix et ne formant qu'un véritable bruit, sont même au-dessous des sifflements des Reptiles. »

(1) Voy. l'*Histoire naturelle des Poissons*, par B. G. Étienne de la Ville, comte de Lacépède, en 5 vol. in-4. Paris, 1800 à 1804, t. I, p. 130, et à l'article *Cottus grognant*, p. 233.

Il est aisé de s'apercevoir que la manière de voir de l'auteur n'est point une innovation scientifique, mais la généralisation de l'explication donnée par Neucrantz, des bruits faits par le Hareng, ou d'une des présomptions émises à l'égard du bruit que produit le Grondin et répétée par l'un des correspondants de Duhamel.

Quoiqu'il ne parle pas d'expériences faites en sa présence, il semble pourtant avoir entendu le bruit de souffle de quelque Poisson d'eau douce, parce que lui, qui avait l'oreille exercée, qui avait écrit sur la musique, fait remarquer que « le degré d'élévation de ces bruits est inappréciable », d'où il conclut que ce bruit est au-dessous du sifflement des Reptiles. Reste à savoir s'il avait entendu le sifflement dont l'existence est révoquée en doute par tous les erpétologistes modernes compétents, qui soupçonnent fort les voyageurs, au récit desquels on s'en était rapporté jusqu'à présent à l'égard de ces sifflements, d'avoir singulièrement exagéré la sensation auditive que leur a donnée le *souffle menaçant* et très-intense, il est vrai, des plus grands Ophidiens.

Toutefois il résulte évidemment de ses affirmations que, pas plus que les auteurs qui l'ont précédé, Lacépède n'a eu la moindre idée des sons commensurables que peuvent rendre les Poissons des deux genres qu'il confond avec tous les autres, je veux dire les Trigles et les *Zeus*.

Néanmoins cet auteur est resté moins loin de la vérité que ses devanciers, puisqu'il indique mieux que ceux-ci ne l'avaient fait le parti qu'on pouvait tirer de la sortie des gaz par les différentes ouvertures naturelles de la tête des Poissons, pour rendre compte des bruits qu'ils font entendre. Mais sur les genres qu'il cite, il n'y en a que deux auxquels cette explication soit en partie seulement applicable; que quant aux autres genres qu'il nomme et surtout à la généralisation qu'il en fait, c'est le revers de la médaille, qui peut faire douter que l'auteur ait eu une entière confiance en l'explication qu'il avançait, sans la motiver par des données expérimentales. Ce qui vient à l'appui de mon appréciation, c'est que, dans le même ouvrage, il adopte comme probables les explications les plus hasardées de Rondelet, qui contredisent les siennes. Ces dernières réflexions empêchent de considérer les assertions de l'auteur comme des données physiologiques qui n'auraient plus besoin d'être vérifiées.

On lit dans un dictionnaire qui, au temps de sa publication, en 1800, a eu un succès d'estime justifié par le nom de l'auteur, Valmont de Bomare, professeur d'histoire naturelle à l'École centrale de Paris (1), une note très-substantielle dans laquelle il analyse d'abord et en peu de mots toutes les suppositions des correspondants de Duhamel sur les bruits que font entendre les Poissons, les critique, démontre qu'aucune d'elles ne doit être prise en considération. En résumant les critiques et prenant pour type le bruit que fait le Grondin, il dit : « Il faut recourir à d'autres causes physiques de ce ronflement, et il paraîtrait naturel de penser que le gosier des Poissons qui grognent est organisé de manière à produire certaines vibrations dans l'air environnant ; peut-être est-ce le mélange informe de l'air et de l'eau qui, chassé de l'organe de l'animal, produit, dans certaines circonstances, un bruit à peu près semblable à celui qu'on entend lorsque l'on fait tomber de l'eau dans un tuyau d'orgue en activité..... » Quoique l'auteur n'ait fait que substituer une présomption sans fondement expérimental aux suppositions qu'il réfute, cette supposition avait droit de figurer ici, au milieu des suppositions gratuites que j'ai rapportées, pour mettre en évidence le doute croissant de siècle en siècle sur les données scientifiques relatives à l'explication du bruit que rendent les Poissons, doute qui est porté à son comble au commencement du XIXe siècle, époque à laquelle on semble avoir oublié les notions d'Aristote, ou du moins les avoir confondues avec celles de plus en plus obscures de ses commentateurs et ne plus avoir en elles la moindre confiance.

Bosc, savant naturaliste, qui a été pendant quelque temps consul à New-York, et auquel on doit les connaissances les

(1) Voy. *Dictionn. d'histoire naturelle,* par Valmont de Bomare, professeur à l'École centrale de Paris, édition d'après la quatrième, revue, considérablement augmentée par l'auteur, t. XI, p. 247, en note au bas de la page. Lyon, chez Bruyset, 1800, in-8.

plus exactes sur les trois espèces d'Exocets, rapporte ce qui suit (1) :

« Les Poissons volants font entendre quand ils volent un bruissement que l'on a cru produit par le mouvement de leurs ailes; mais il est vrai qu'il l'est par la sortie de l'air contenu dans les cavités de leur corps, et frappant sur l'espèce singulière de tambour qu'ils ont dans la bouche. Ce bruit a continué d'avoir lieu jusqu'à la mort, c'est-à-dire pendant huit à dix minutes, dans un gros Exocet que j'ai trouvé sur le foin qui servait à la nourriture des moutons, et qui n'avait aucunement été blessé dans sa chute ; j'ai eu à regretter de n'avoir pas fait d'expériences sur l'accumulation de l'air dans le tambour. »

Cette observation est très-intéressante. Malheureusement l'auteur n'a pas eu assez de temps pour constater suffisamment l'existence du repli membraneux en forme de tambour qu'il a à peine entrevu, sans pouvoir se former une idée juste de ce singulier organe. J'ai plusieurs fois examiné chez de jeunes Exocets, il est vrai, le fond de la bouche, l'entrée de l'œsophage, le tour des os pharyngiens supérieurs et les parties voisines, et n'y ai vu aucune membrane, aucune portion de voile membraneux, assez libre pour s'allonger, se dresser en travers de la cavité buccale, et simuler une ampoule sous l'influence d'un courant d'air dirigé du dedans au dehors du corps du Poisson. Le résultat de cette investigation de Bosc n'est donc encore qu'une pierre d'attente, et non une donnée physiologique de quelque consistance.

Parmi les traits caractéristiques du génie de Cuvier, on a pu remarquer « qu'il repoussait avec une sorte d'effroi toute spéculation hasardeuse », comme l'a très-judicieusement dit Milne Edwards. Aussi, dans la première édition de ses *Leçons d'anatomie comparée*, publiée en 1800, arrivé à la description des organes qui produisent les bruits chez les Poissons, il ne dit que ce qui suit : « Les Poissons sont muets; ceux qui font entendre quelques bruits les produisent avec des organes entièrement

(1) Voy. *Nouveau Dictionnaire des sciences naturelles*, t. VIII, p. 182, art. EXOCET, ouvrage en 60 volumes, publié par Déterville.

étrangers aux instruments de la voix chez les autres Vertébrés. »

Les diverses éditions du *Règne animal* ne contiennent aucune mention des bruits que forment les *Cottus*, les *Cobitis*, les *Zeus*, les Cyprinoïdes; seulement, s'occupant des Trigles, Cuvier répète ce que l'on trouve dans maint ouvrage : que ces Poissons produisent un bruit qui leur a fait donner le nom de Grondin, et, à l'article relatif au genre *Lepidolepus*, il copie ce que Risso a avancé sur le son que rend ce Poisson.

C'était dans l'*Histoire naturelle des Poissons* de Cuvier et Valenciennes qu'on devait s'attendre à lire tout ce que la science possédait de connaissances certaines sur les bruits émis par les Poissons, et nous avons là encore une preuve du discrédit dans lequel étaient tombées les notions anciennes sur ce sujet, en constatant le peu d'efforts que ces savants ont fait pour élucider cette question si intéressante, et la méfiance qu'ils ont montrée relativement aux assertions des anciens auteurs.

Le tableau historique de cet ouvrage renferme des fragments de l'*Histoire des animaux* d'Aristote, que les auteurs présentent dans l'intention de prouver combien étaient approfondies les connaissances qu'avait ce philosophe sur la nature des Poissons, et parmi ces fragments se trouvent les premières phrases des notions que j'ai traduites en tête du présent travail; mais ils s'arrêtent juste au passage où commence la première proposition physiologique, et omettent tout le reste du paragraphe, sans doute parce qu'ils n'avaient pas confiance en la vérité de ces propositions (1). Ce qu'ils disent relativement aux bruits que rendent les Trigles est emprunté à Linné et à Rondelet; encore prennent-ils la forme dubitative pour exprimer quelques-unes de leurs assertions à ce sujet. Ainsi, en citant la coïncidence que Linné affirme qu'il y a entre le bruit que fait entendre le *Trigle Hirundo* quand on le tire de l'eau et le tremblement qui agite le corps de ce poisson, ils avancent timidement que les mêmes faits simultanés doivent probablement avoir lieu chez les autres

(1) Voy. Cuvier et Valenciennes, *Histoire naturelle des Poissons*, t. I, p. 21.

Trigles; ils n'ajoutent rien qui puisse indiquer qu'ils aient soupçonné le parti avantageux que l'on pouvait tirer de cette coïncidence.

Quant aux Chaboisseaux de mer (1), ils disent bien qu'ils forment un bruit quand on les prend et qu'on les presse entre les mains; mais ce qu'ils rapportent à cet égard est copié dans les écrits de Mitchell, de Kroyer et d'un correspondant de Lacépède, auteur dont, du reste, ils citent le nom.

A l'article DACTYLOPTÈRE, ils ne font mention du bruit de l'Hirondelle de mer, dont parle Aristote, que pour rappeler que ce philosophe explique ce bruit par le choc des nageoires contre l'air. Ils semblent n'avoir pas eu connaissance de l'explication que Rondelet a donnée de ce bruit, et ne font aucune critique de l'opinion du Stagirien à ce sujet.

Jusqu'à présent c'est avec un sentiment pénible que j'ai eu à montrer Cuvier réduit au rôle de copiste; aussi est-ce avec plaisir que j'ai maintenant à faire valoir la partie du même ouvrage de ce grand naturaliste dans laquelle il manifeste quelque intérêt pour l'étude des bruits et des sons que rendent les Poissons, et où il prend sous sa propre responsabilité, mais avec une grande circonspection, les idées qu'il avance à cet égard.

Le cinquième volume est réservé à l'histoire de la famille des Sciénoïdes, dont il parle toujours avec une sorte de prédilection, soit parce qu'il avait eu le mérite de retrouver et de rétablir l'espèce *Sciæna Aquila,* confondue par Artedi lui-même avec l'espèce *Corb*, soit parce qu'il a le premier décrit la vessie pneumatique de cette première espèce, dont l'anatomie est en effet des plus intéressantes. Toujours est-il que dans les généralités de cette famille (2), après avoir donné une idée des formes

(1) Voy. Cuvier et Valenciennes, *Histoire naturelle des Poissons*, t. IV, p. 156, édit. in-8. — On doit se rappeler que le premier, le quatrième et le cinquième volume de cet ouvrage portent la lettre initiale C, indiquant que Cuvier avait rédigé ces volumes, ou du moins qu'il a pris la plus grande part à leur rédaction.

(2) Voy. Cuvier et Valenciennes, *Histoire naturelle des Poissons*, t. V, p. 5, à l'initiale C.

singulières des vessies pneumatiques et des appendices extraordinaires qu'on observe chez ces Poissons, il avance une présomption qu'il présente sous la forme suivante : « Bien que ces vessies aériennes ne paraissent pas avoir de communication avec l'extérieur, comme tous les Sciénoïdes font entendre des bruits de grognement encore plus marqués que ceux des Trigles, il est difficile de ne pas croire que la disposition de ces organes ne soit pas en rapport avec cette propriété. » Mais quand il veut donner quelques détails sur les bruits que font les Maigres, il retombe dans les redites, et copie presque mot à mot ce qu'il trouve dans le *Traité général des pêches* de Duhamel (1).

Dans le chapitre où il traite du *Pogonias* (2), que les pêcheurs de New-York appellent *Drum*, ou en français *Tambour*, poisson qui se fait remarquer par la taille (trois ou quatre pieds) à laquelle il parvient, et par le bruit qu'il fait entendre, ce qui lui a valu son nom vulgaire, il cite ce qu'en ont dit Schœpf, M. John White et de Humboldt. Il revient sur la présomption qu'il a exposée dans les généralités sur les Sciénoïdes, et la complète en s'expliquant ainsi qu'il suit (3) : « Ce serait une recherche très-curieuse que celle des organes qui servent à ces Poissons à produire des sons aussi forts et si continus, et cela au fond de l'eau et sans communication avec l'air extérieur. J'ai déjà fait remarquer que la plupart des Sciénoïdes les plus remarquables par cette faculté ont de grandes vessies natatoires, épaisses, munies de muscles très-forts, et qui, dans plusieurs espèces, ont des proéminences, des productions plus ou moins compliquées qui pénètrent même dans les intervalles des côtes, ce qui pourrait diriger de ce côté les vues des physiologistes. Mais en même temps je dois faire remarquer que ces vessies n'ont aucune communication, ni avec le canal intestinal, ni en général avec l'extérieur. »

Je dois faire observer d'abord que Cuvier, tout en appelant

(1) Voy. Cuvier et Valenciennes, *Histoire naturelle des Poissons*, t. V, p. 40 à 42.

(2) Voy. même ouvrage, t. V, p. 197.

(3) Voy. même ouvrage, t. V, initiale C, page....

les recherches des physiologistes sur ces vessies pneumatiques, s'empresse de laisser entrevoir les difficultés qui lui paraissent contredire ses premières prévisions, et donne ainsi la mesure du peu de responsabilité qu'il veut encourir dans cette occasion ; et qu'ensuite, tout en dirigeant les vues des investigateurs sur les organes vaguement indiqués par Aristote, il omet de citer cet auteur et ne s'en rapporte qu'à ses dissections : il montre ainsi le peu de cas qu'il faisait des notions introduites dans la science par ce philosophe. En résumé, on voit avec quelle hésitation il répétait les assertions des auteurs qui avaient écrit avant lui sur le même sujet, et avec quelle réserve il évitait d'engager sa responsabilité sur tout ce qui était relatif aux bruits que font entendre les Poissons.

Le laborieux naturaliste que George Cuvier avait choisi pour son collaborateur, Valenciennes, cet érudit qui a rendu tant de services à la science, soit par les nombreux travaux de classification qu'il a exécutés dans les galeries du Muséum d'histoire naturelle de Paris, soit par ses doctes écrits, Valenciennes, dis-je, en continuant l'œuvre commencée en commun et dont les quinze derniers volumes sont entièrement de lui, a fait trois tentatives expérimentales dans le but d'élucider la question relative aux phénomènes acoustiques produits par les Poissons, et s'est fait aussi l'écho des assertions de ses devanciers. En s'occupant du Poisson Saint-Pierre (1), il dit « qu'on s'accorde à attribuer au *Zeus faber* une espèce de grognement plus ou moins semblable à celui des Trigles », et dans la description anatomique de ce Poisson, il ne signale à la vessie pneumatique que « deux fortes attaches musculaires », comme s'il n'avait pas reconnu les deux muscles très-bien isolés, très-distincts, qui constituent les muscles intrinsèques de ce viscère.

Au milieu des généralités sur le genre Schal (2), l'auteur réfute une explication du bruit que produit le *Schal A'rabic*, Cuv. (*Pimelodus Clarius*, Geoffr. Saint-Hil.), avancée par Isidore

(1) Voy. Cuvier et Valenciennes, *Histoire naturelle des Poissons*, t. XI.

(2) Voy. même ouvrage, t. XV, p. 251. — Le nom scientifique du genre Schal est *Synodontis*, Cuvier et Valenciennes.

Geoffroy Saint-Hilaire, et se sert des termes suivants : « A ce sujet, je ferai remarquer que M. Isidore Geoffroy Saint-Hilaire a donné une explication bien peu heureuse, et éloignée de tous principes physiologiques, de la production du son chez ces Poissons, quand il dit que ces sons résultent du frottement des épines dorsales et pectorales dans leurs cavités articulaires. Ces os, articulés par des têtes arrondies, à double mouvement, ont leurs surfaces recouvertes de cartilages lubrifiés, et le mouvement se fait dans l'articulation sans frottement, *et ne fait entendre aucun bruit.* Tous ceux d'ailleurs qui connaissent l'histoire naturelle des Poissons savent que les sons que ces animaux font entendre sont dus au mouvement qu'ils peuvent donner à l'air de leur vessie natatoire, en exerçant sur cet organe une compression plus ou moins forte, quand il est pourvu de muscles constricteurs. On en a des exemples dans les Sciènes, dans les Trigles et dans un grand nombre de Poissons qui n'ont pas de rayons osseux à faire mouvoir avec un frottement assez rude pour produire un son. Le Barbeau de nos rivières (*Cyprinus Barbus*, Lin.) fait entendre un son sous l'eau quand on le tient enfermé dans un vase et qu'on le tourmente, et surtout quand on le presse un peu fort dans les mains. Dans ce cas, il n'y a pas de muscles comme dans l'exemple précédent, *mais je crois* que ces bruits sont produits par l'air qui s'échappe de la vessie aérienne..... » Si Valenciennes n'a pas complétement tort de contredire l'explication qu'il censure, il ne semble pas entrevoir qu'elle ne manque que d'un peu de précision dans l'indication des surfaces osseuses dont le frottement produit le bruit, pour être parfaitement exacte, et de plus il avance, sur la cause des manifestations de sonorité que forment d'autres Poissons, des propositions tellement hasardées, que si l'on n'admettait pas que dans la chaleur de la discussion il n'a pas pu mesurer la portée de ses allégations, on y trouverait beaucoup à reprendre. Mais dans le volume suivant (1), n'ayant plus de contradicteurs en présence, il en vient à une tentative expérimentale dont il expose

(1) Voy. Cuvier et Valenciennes, *Histoire naturelle des Poissons*, t. XVI, p. 14.

assez naïvement le résultat : « En étudiant, dit-il, aussi ces Cyprinoïdes dans le baquet où on les place au moment de la pêche, j'ai souvent observé que plusieurs d'entre eux, et plus particulièrement le Barbeau (*Barbus*, Lin.), font entendre un son guttural très-prononcé. Ils le produisent sous l'eau, et dans ce cas aucune bulle d'air ne s'échappe de leurs ouïes ni de leur bouche. *Je ne connais pas encore le moyen que l'animal emploie pour émettre ce bruit*, qui doit être de même nature que celui que les Trigles et les Cottes font entendre. » Il est évident que la déclaration par laquelle l'auteur termine le précis de son expérience doit montrer qu'il ne craignait pas de se contredire lui-même pour réparer quelques témérités, et par conséquent cet aveu tardif doit désarmer la critique, tout en reconnaissant que son expérience est empreinte de légèreté.

La dernière occasion que Valenciennes ait eue de revenir sur les bruits qu'émettent les Poissons, est celle où il décrit le *Cobitis fossilis*, Lin. (la Loche des marais), que, selon lui, les riverains du Rhin nommeraient Misgurn, mais qui maintenant en Prusse et dans presque toute l'Allemagne est appelé *Schalmmpeitzger :* « Quand on le prend, dit l'auteur (1), il se contourne et fait entendre un bruit semblable à celui d'un sifflet. Il est très-vrai que quand on prend notre Misgurn (2) vivant, il fait toujours entendre un bruit très-distinct ; mais je dois ajouter que nos petites Loches rubanées (*Cobitis Tænia*, Lin.) font la même chose. » Cette dernière assertion suppose que l'auteur a fait une autre tentative expérimentale sur les petites Loches : ce qui porterait à trois le nombre de ces essais, comme je l'ai dit plus haut ; mais il ne s'est pas plus nettement expliqué à cet égard.

Enfin, dans la seconde édition des *Leçons d'anatomie comparée* de Cuvier, dont le huitième volume a paru après sa mort, Duvernoy a aventuré l'assertion suivante : « Il paraît que les bruits que font entendre les Sciénoïdes, et d'une manière plus

(1) Voy. Cuvier et Valenciennes, *Histoire naturelle des Poissons*, t. XVIII.

(2) L'auteur entend parler ici d'une Loche de marais envoyée de Strasbourg à Paris, qui y a vécu huit ans dans les cours d'eau du Muséum d'histoire naturelle.

particulière les *Pogonias* ou Tambours, sont dus au frottement des larges dents dont leur bouche est armée. » Ce n'était certainement pas la peine de contredire la judicieuse hypothèse de G. Cuvier sur les vessies pneumatiques des Sciénoïdes, quand on n'avait à lui opposer qu'une supposition ; que dis-je ! pas même une supposition ! mais l'apparence d'une idée conjecturale.

Somme toute, on reconnaît que dans les œuvres de Cuvier et de ses collaborateurs, que je viens d'analyser, si l'on trouve réunis presque tous les faits traditionnels sur l'existence des bruits que font entendre les Poissons, elles ne renferment qu'une seule confirmation expérimentale de la réalité des bruits que produisent les *Cobitis*, et l'exposé d'une présomption de Cuvier, mais qu'on y chercherait en vain une seule autre donnée plus physiologique, bien prouvée expérimentalement et due à l'initiative des auteurs. La proposition hypothétique présentée par Cuvier sur les vessies des Sciénoïdes n'est pas par elle-même sans valeur, parce qu'elle résulte de profondes études anatomiques; mais ce qui ajoute beaucoup à cette valeur, il ne faut pas l'oublier, c'est qu'elle confirme, en partie du moins, une des propositions physiologiques aristotéliennes. Cet accord sur ce point d'aussi grandes autorités scientifiques devait inspirer aux physiologistes modernes quelque confiance en la présomption de notre Aristote français ! Tel n'a pas été le sort de cette proposition hypothétique, qui est restée complétement infructueuse. Quel que soit du reste le mérite de cette confirmation et de cette présomption, on conviendra que, malgré le grand intérêt que Cuvier a montré pour la solution de la question que je traite en ce moment, lui et ses collaborateurs ont peu contribué à ses progrès pendant le demi-siècle, pour ainsi dire, qu'a duré (depuis 1800 jusqu'à 1846) la publication de ses œuvres ci-dessus mentionnées.

Comme je n'ai pas voulu interrompre l'analyse que je faisais des œuvres de Cuvier pour y intercaler l'examen de travaux qui, par la date de leur publication, avaient droit d'y trouver place, il faut que je revienne sur mes pas, et sans me contraindre trop rigoureusement à l'ordre chronologique, que je m'occupe des travaux qui ont paru pendant les quarante-six dernières années.

Le premier en date est le grand ouvrage qui porte pour titre : *Description de l'Égypte* (1). Le célèbre chevalier Étienne Geoffroy Saint-Hilaire, après avoir décrit le *Tetraodon Fahaca*, Geoffroy Saint-Hilaire, a intitulé un paragraphe : « De la voix des Tétraodons », qui, malgré ce titre spécial, contient l'opinion de l'auteur sur les bruits que produisent les Poissons en général, opinion qu'il exprime ainsi qu'il suit : « On ne croit pas les Poissons susceptibles de voix dans la propre acception du mot ; le vulgaire l'a dit à la vérité de quelques-uns ; mais un examen plus attentif a toujours appris que le bruit ou l'espèce de cri que certaines espèces font entendre est produit, ou par le battement des mâchoires, le jeu des opercules, le mouvement de quelques nageoires, ou par le frottement de forts rayons osseux. En effet, le renversement des organes pectoraux, leur passage en avant des extrémités antérieures, la simplicité de la langue et de ses dépendances, l'absence enfin du larynx, semblent rendre toute voix impossible.

» Néanmoins les Tétraodons, qui cependant à cet égard ne diffèrent en rien de leurs congénères, produisent un son, non pas exactement de la même manière, mais par un mécanisme analogue à celui des Reptiles. Ils portent quelquefois en avant leur langue, et, en la refoulant sur le palais, ils peuvent en faire une barrière qui sépare en deux la cavité des branchies et celle de la bouche. Si dans ces circonstances, agissant sur les tuniques musculeuses de l'estomac, les Tétraodons en expulsent de l'air, qui s'échappe d'abord dans la cavité des branchies, et le moment d'après dans celle de la bouche, cela n'a pas lieu sans qu'il éprouve, surtout en passant à la portée de la langue, un refoulement, qu'il subisse une certaine modification, et qu'il fasse enfin explosion. C'est absolument ce qui arrive à quelques Reptiles placés dans des circonstances semblables par l'état

(1) Voy. *Description de l'Égypte* (histoire naturelle), t. I, p. 300.

vésiculeux de leurs poumons. Ils emploient pareillement ces sacs aériens à souffler l'air de dedans au dehors et à produire la voix qui leur est propre. »

Des quatre modes de mécanisme que l'auteur indique, il n'en est qu'un seul, le dernier, qui offre de l'intérêt; les trois autres ont pour agents producteurs principaux des organes qui sont capables d'engendrer plusieurs sortes de bruits, selon le jeu imprimé à leurs différentes pièces organiques, et Geoffroy, ne s'étant nullement expliqué sur le bruit qu'il attribue à chacun de ces mécanismes, on ne peut comprendre exactement, ni quels sont les phénomènes acoustiques qu'il a voulu désigner, ni quel sorte de mécanisme il a eu l'intention de signaler. Toutefois le défaut de clarté que je viens de faire remarquer ne doit causer aucun regret, parce que ces trois modes de mécanisme ne peuvent donner naissance qu'à des bruits d'une bien minime importance. Quant au quatrième mode, ou celui que l'auteur n'a indiqué que par les mots suivants : « frottement de forts rayons osseux », j'y reviendrai après avoir discuté son opinion sur le mécanisme de ce qu'il appelle « la voix des Tétraodons ».

Lacépède avait expliqué, comme nous l'avons vu plus haut, le bruit que fait le Baliste vieille (*Balistes capriscus*, Lin.) par le froissement de l'air chassé avec force de l'intérieur du poisson à travers les *intestins*, l'*œsophage*, le *gosier*, et peut-être aussi les bords élastiques des opercules, d'après les généralités énoncées dans le Discours préliminaire de l'ouvrage de cet ichthyologiste et l'article du *Cottus grognant*.

Mais il n'avait assigné aucun rôle à la langue de l'animal dans la production des phénomènes sonores. De tous les auteurs qui jusqu'à présent se sont occupés des bruits émis par les Diodons, Tétraodons et Balistes, Geoffroy Saint-Hilaire est le seul qui ait fait intervenir le jeu de la langue, en l'assimilant à celui qu'il attribue au même organe chez les Reptiles. Quoi qu'il en soit de cette assimilation, il est certain que l'on ne comprend guère comment une langue aussi mince, et surtout aussi peu mobile qu'elle l'est en général chez les Poissons, puisse facilement s'appliquer assez exactement au palais pour remplir la cavité de la bouche et y constituer un diaphragme momentané séparant cette cavité en deux parties, en s'appliquant contre les branchies, dont les parois sont si inégales et percées de tant d'ouvertures à bords anfractueux.

Dans ces derniers temps, ces espèces de Poissons ont été mieux étudiées par Pope (1) et surtout par le docteur Bennet (2), et les nouvelles données anatomiques fournies par ce dernier expliquent assez bien la formation du bruit, pour qu'on s'en rapporte à son opinion plutôt qu'à celle de ses devanciers, qui semblent n'avoir pas connu le jabot décrit par Cuvier, jabot qui, chez ces Poissons, part de l'œsophage et s'étend en une poche plus ou moins longue au-dessous du péritoine. C'est à l'entrée de ce jabot que le docteur Bennet aurait trouvé un muscle sphincter circulaire qui en fermerait l'ouverture.

On conçoit facilement comment les gaz chassés violemment de ce jabot viendraient forcer ce sphincter, acquerraient une vitesse proportionnelle à la résistance vaincue, et comment, en traversant l'appareil branchial, ces gaz pourraient produire le bruit dont il est ici question.

L'exposition de l'opinion d'Étienne Geoffroy Saint-Hilaire sur le mécanisme des bruits que produisent les Tétraodons étant la seule qu'il ait rédigée lui-même avec des détails suffisamment étendus, j'ai cru devoir en faire d'abord l'examen avant d'en venir à celui qu'il n'a décrit nulle part, mais qu'il a simplement désignée par les mots « frottement de forts rayons osseux ». Pour comprendre ce qu'il a entendu dire par ces mots, il faut avoir lu certains passages des écrits d'Isidore Geoffroy Saint-Hilaire, qui, en publiant les travaux posthumes de son père, nous a appris que ce dernier, en observant vivants les Poissons du Nil, a le premier reconnu que le bruit que produit le Schal A'rabic (Cuvier et Valenciennes) provient du frottement des premiers rayons des nageoires pectorales et *de la première et grosse épine de la première nageoire dorsale* dans leurs cavités articu-

(1) Voy. *Synopsis of the edible Fishes of the cape of Good-Hope.* Cape-town, 1853, p. 8.

(2) Voy. *Zoologie of captain Beechey's Voyage*, p. 51, 1839, Bonnet chirurg.

laires (1). C'est assurément à Étienne Geoffroy Saint-Hilaire que l'on doit cette découverte ; mais il l'a laissée incomplète en n'indiquant pas l'endroit précis de l'articulation du premier rayon de la pectorale où le frottement a lieu, et l'a déprécié en avançant, par erreur, que la grosse et première épine de la première dorsale produit également le même bruit.

Les remarques critiques que je présente ici complètent l'énoncé de mon sentiment sur cette observation, sentiment dont j'ai donné à entendre une partie, lorsque j'ai rapporté la réfutation exagérée et elle-même entachée d'erreur que Valenciennes en a faite (2).

Il est à regretter qu'Étienne Geoffroy Saint-Hilaire, lui qui avait l'esprit éminemment philosophique, n'ait entrevu la question des phénomènes acoustiques engendrés par les Poissons que du côté où elle a le moins d'ampleur, et qu'il ait comme la plupart des naturalistes contemporains, méconnu la valeur des notions physiologiques relatives à ces phénomènes, introduites dans la science par Aristote.

En résumé, on voit que l'opinion d'Étienne Geoffroy Saint-Hilaire, sur les bruits émis par les Tétraodons, est contredite par le raisonnement et par les faits nouveaux, qui du reste eux-mêmes manquent de sanction scientifique, et que de toutes les autres assertions de l'auteur mentionnées ci-dessus, il n'y a que la détermination un peu vague qu'il a faite des organes producteurs du bruit qu'émet le Schal A'rabic qui soit définitivement acquise à la science.

Jurine rapporte que quand les Corégones (*Coregonus Thymallus*), appelés vulgairement *Gravenches*, sont en troupe, on peut être averti de leur approche par le bruit qu'ils font entendre de loin en ouvrant et fermant alternativement la bouche à fleur d'eau (3). Ce bruit, qui a quelque ressemblance avec celui du barbotement des Canards, est analogue à celui que produisent les Tanches. Bref, il n'est qu'un bruit irrégulier, accidentel, et,

(1) Voy. *Description de l'Égypte* (histoire naturelle), t. I, p. 300.

(2) Voy. *Ibid.*, t. I, p. 19.

(3) Voy. *Histoire des Poissons du lac Léman*, par L. Jurine. Genève, 1818.

à ces titres, il n'a pas plus d'importance que l'espèce de coassement des Tanches.

Je n'en ai malheureusement pas fini avec cette longue suite de propositions conjecturales dont je crois devoir faire mention ici.

En voici encore quelques-unes :

De la Roche, dans une description anatomique des vessies différentes par leur forme que l'on rencontre dans deux races du genre *Ophidium barbatum*, Cuv., cherche à expliquer cette différence. Il se demande si elle ne tiendrait pas au sexe, et si cet organe ne serait pas propre à rendre des sons capables de servir d'appel au temps du frai (1) : c'est une supposition toute gratuite.

C. G. Carus, ce savant anatomiste, ce philosophe trop spéculatif, en s'occupant de la respiration intestinale de la Loche des marais, termine le paragraphe relatif à ce sujet par les quelques mots suivants (2) : « Je ne puis pas non plus omettre de dire que c'est peut-être cette respiration intestinale qui seule produit l'espèce de voix qu'on observe dans le *Cobitis fossilis*, Lin., et la Truite. » Cette supposition aurait besoin d'être plus clairement exprimée et surtout plus développée : telle qu'elle est, on ne peut la discuter; elle n'est conséquemment d'aucune valeur.

L'*Histoire naturelle de New-York* par E. Dukay contient, sur le bruit que forme le *Pogonias*, les assertions suivantes (3) : « A peine y a-t-il deux observateurs qui soient d'accord sur la nature de ce bruit. Les pêcheurs le comparent, quand il est produit au large et entendu pendant une nuit calme, au son lointain d'un tambour, d'où vient le nom populaire qu'on a donné au poisson. Schœpf le décrit comme un murmure sourd. Mitchell, dans une partie de ses écrits, en parle comme d'un grognement, et dans une autre partie comme d'un bruit de tambour. Quand

(1) Voy. *Annales du Muséum d'histoire naturelle*, t. XIV, p. 278.

(2) Voy. *Traité d'anatomie comparée*, par C. G. Carus, traduction de Jourdain, t. II, p. 200. Paris, Baillière, 3 vol., 1835.

(3) Voy. *Natural History of New-York*, by E. Dukay, 2e vol., p. 80. Deux parties in-4°. Albany, 1842.

on le tire de l'eau, il rend un bruit semblable à celui que l'on produit en frottant deux pierres l'une contre l'autre..... Je suis conduit à soupçonner que ce bruit est occasionné par le serrement de ses larges dents pharyngiennes l'une contre l'autre. »

De tous les naturalistes qui ont dépeint le bruit que fait entendre le *Pogonias*, Dukay est le seul qui note le bruit analogue à celui qui résulterait de l'attrition de deux pierres. Ce fait serait très-intéressant, s'il était appuyé sur une investigation faite et énoncée par l'auteur, mais il ne s'explique pas sur ce point : aussi sa manière de voir se réduit-elle au plus faible indice conjectural : à un soupçon !

Un trait qui peint bien l abandon dans lequel le monde savant a laissé, durant les trente-cinq premières années de ce siècle, toutes les idées relatives aux phénomènes acoustiques que produisent les Poissons, est celui-ci : aucun des traités plus ou moins élémentaires de physiologie comparée qui ont paru pendant ce laps de temps, tels que ceux de Tiedemann, de Wil. B. Carpenter, de Burdach (1), de Ducrotay de Blainville même, ne fait aucunement mention des bruits et des sons émis par les Poissons.

Ce n'est que vers l'année 1838 que deux auteurs se ravisent, dénoncent l'état déplorable des connaissances scientifiques à cet égard, et font quelques tentatives pour sauver de l'oubli les vestiges de notions qui surnagent. C'est, d'une part Ant. Dugès, et de l'autre Johannes Müller, tous deux naturalistes et surtout physiologistes d'un haut mérite, qui ont donné des gages non équivoques de leur savoir et de leur sagacité dans les observations expérimentales.

A. Dugès est le premier physiologiste français qui ait fait une étude aussi étendue, aussi soignée des phénomènes acoustiques formés par l'homme et les animaux. A l'exemple d'Aristote, il comprend tous ces sons dans un même chapitre auquel il donne pour titre un nom nouveau : « *De la psophose, ou de la production des sons* ». Quand il en vient à exposer son opinion sur les

(1) Voy. *Traité de physiologie considérée comme science d'observation*, par C. F. Burdach, 8 ou 10 volumes in-8. Chez Baillière, libraire, Paris, 1837. Traduction en français.

bruits que font entendre les Poissons, il montre qu'il est bien au fait de ce qui a été écrit sur cette question, en réfutant au moyen de ses connaissances anatomiques les assertions contradictoires hasardées sur ce sujet, et s'attache à démontrer que l'hypothèse de Cuvier sur les vessies pneumatiques des Sciénoïdes est inacceptable. « Tout ce que l'on y a trouvé de remarquable, dit Dugès, c'est une vessie natatoire fort grande (1) et divisée en nombreux sinus qui vont se disséminer même dans les chairs; une couche de fibres musculaires revêt l'une des parois : servirait-elle à comprimer la vessie, à faire circuler l'air dans ces appendices? C'est là une théorie fort douteuse, et voici des faits contradictoires : ce n'est qu'en comprimant fortement, étranglant entre mes doigts une vessie trilobée de Perlon, que j'ai pu obtenir une sorte de coassement perceptible sous l'eau, et j'ai fini par la crever dans ces tentatives. Il serait plus facile, ce me semble, d'obtenir le même effet de la vessie bilobée de la Carpe, qui offre un étranglement considérable entre les deux lobes, et qui pourtant ne produit aucun grognement. Il y a plus : la vessie est simple chez le Saint-Pierre ou Dorée, dans le Gronau..... elle n'est qu'échancrée chez le Corb grognant (*Corvina Rhonchus*)..... Enfin elle manque totalement aux Chaboisseaux, à la Mole (*Orthragoriscus Mola*, Lin.), que Rondelet dit avoir entendue lui-même. » Puis, sans s'apercevoir que Rondelet n'a fait que copier servilement Aristote, quant aux deux premières théories qu'il critique, et qu'il n'y a que la supposition relative au Dactyloptère qui appartienne en propre à l'ancien maître en l'université de Montpellier, Dugès continue ainsi : « Rondelet attribue bien ces sons vocaux à quelques mouvements d'air intérieur. Mais il est aussi porté à croire qu'ils dépendent en partie du frottement des branchies, et même pour le Dactyloptère, de l'air qui traverserait une ouverture étroite. Et Lacépède, s'écrie-t-il, a conjecturalement adopté toutes ces idées ! » Puis il ajoute : « La première de ces théories est facilement réfutée par l'expérience ; quant à

(1) Voy. *Traité de physiologie comparée*. Montpellier, 1837, 3 vol. in-8. T. II, p. 237.

la dernière, elle se rapproche de celle que nous croyons pouvoir présenter avec plus de *probabilité* et de précision. » C'est au moment où l'auteur blâme Lacépède d'avoir trop facilement adopté les conjectures de Rondelet, que lui-même s'arrête à la fausse supposition et à la localisation de l'ancien ichthyologiste de Montpellier ; seulement il cherche à l'aide d'une expérience une autre explication, conservant l'étroite ouverture comme un élément essentiel du problème à résoudre : « Il est assez commun, poursuit-il, de voir, chez les Poissons osseux, que la fente branchiale est horizontale à la partie supérieure, et c'est surtout par là que sort l'eau qui a servi à la respiration, quand les ouïes se resserrent. La portion supérieure de l'opercule qui correspond à ce point est échancrée profondément dans le Perlon et les autres Trigles, les Chaboisseaux, et, si j'en juge par des figures, il en est de même de la Dorée et de divers Sciénoïdes, des Diodons, et cette échancrure est remplie par une valvule cutanée demi-circulaire. Lorsque sur le Perlon je dilatais d'abord ces larges ouïes, qui lui ont fait donner le nom de Cabotte, et que je les resserrais ensuite subitement, l'air soulevait et faisait vibrer cette valvule avec une sorte de souffle exprimant à peu près *vou ;* tantôt si plusieurs bulles se succédaient avec rapidité, la syllabe *crau* eût pu donner une idée du son faible qui se produisait alors, mais qui, dans l'état de vie et par le jeu simultané et naturel des pièces, doit acquérir une intensité très-notable. »

On ne comprendrait pas comment une telle expérience faite sur un Perlon mort ait pu satisfaire un esprit aussi sagace que celui de Dugès, si l'on ne se rappelait pas qu'il était très-porté aux spéculations scientifiques pures. Montpellier est si près de Cette, qu'au lieu de se borner à interroger des pêcheurs, il eût mieux fait de les suivre à la mer pour vérifier l'hypothèse qu'il a si légèrement introduite dans la science et qui était assez spécieuse pour en imposer à quelques naturalistes.

Johannes Müller est sans contredit celui des physiologistes modernes qui a fait les plus laborieux efforts pour faire avancer la théorie de la voix dans les quatre premières classes des Animaux vertébrés. Il était naturel qu'il s'occupât des bruits que produisent les Poissons, et que le monde savant attendit de ses recherches à ce sujet des résultats d'autant plus satisfaisants, qu'il avait fait une étude toute spéciale de l'acoustique appliquée aux manifestations sonores que produisent les animaux.

Comme le *Manuel de pyysiologie* qu'il a publié de 1840 à 1845 fait autorité dans la science, je ne puis mieux faire, pour donner une idée bien précise des notions physiologiques qui avaient cours dans le monde savant au temps où ce livre a paru, que de copier en son entier le chapitre que l'auteur a intitulé : *Voix des Poissons :* « Les Poissons, dit-il, qui font entendre des sons étaient déjà connus d'Aristote. Ce sont ceux qu'il nomme *Lyra*, *Chromis*, *Capros*, *Chalcis*, *Coccyx*, et qu'on rapporte aux genres : Trigle, *Cottus*, *Sciæna*, *Pogonias* et autres. Il est difficile d'assigner un principe commun pour la production de ces sons. Les Sciènes et les Trigles possèdent une vessie natatoire qui a souvent des prolongements en cæcum et des muscles à sa partie moyenne ; mais les Cottes sont dépourvus de vessie natatoire. On ne voit pas non plus comment la compression de cette vessie pourrait donner lieu à des sons. Le *Sciæna Aquila*, qui rend aussi des sons, à ce qu'on assure, manque de muscles à la vessie natatoire, et celle-ci est dépourvue d'appendices chez les Trigles. La vessie natatoire du *Sciæna Aquila*, et celles du *Trigla Gurnardus* (qui a des cæcums) et du *trilineata* (qui n'a pas de cæcums), ne m'ont rien offert, ni à l'extérieur, ni à l'intérieur, qui puisse donner lieu à la formation de sons.

» La première chose à faire serait de chercher si l'un de ces Poissons fait entendre dans l'eau les sons qu'on lui attribue. On assure qu'ils n'en produisent que hors de l'eau et quand on les comprime. Mais l'animal peut alors avaler de l'air, et les sons dépendre de la même cause que les borborygmes chez l'homme.

» On dit que les Sciènes et les *Pogonias* font entendre des sons dans l'eau, mais le fait n'est pas encore suffisamment constaté. »

Personne ne pouvant contester qu'en écrivant les lignes précédentes, Müller traçait le tableau exact des connaissances accréditées alors dans la science, je puis, avec son témoignage, affirmer : 1° que les ichthyologistes en étaient encore, comme le fait ici Müller, à se demander s'il était vrai que les Poissons puissent faire entendre dans l'eau, dans le milieu qu'ils habitent, dans les conditions normales de leur vie, les bruits que ces naturalistes n'étaient pas même certains que ces animaux formassent dans l'atmosphère, parce qu'en général ils n'avaient pour garants de l'authenticité de ces faits que les propos des pêcheurs; 2° que pas une seule notion physiologique positive n'était admise généralement sur le point scientifique qui fait l'objet du présent mémoire.

Müller ne s'est pas contenté de constater l'état de la question, il s'est occupé beaucoup, et avec le plus grand soin, des Poissons bruyants; c'est du moins là ce qu'il affirme au commencement d'un mémoire qu'il a présenté à l'Académie de Berlin en 1856, et qui a pour titre : *Des Poissons qui produisent des sons, et du mode de production de ces sons* (1).

Ce mémoire commence par une savante dissertation sur la détermination des Poissons connus d'Aristote et d'autres auteurs anciens. Mais George Cuvier, qui s'est montré tellement curieux de ces sortes de recherches, qu'il s'excuse presque (2) d'y avoir insisté dans ses écrits relatifs à l'histoire naturelle, n'a laissé à ses successeurs que bien peu de chose à glaner dans l'histoire de l'ichthyologie; aussi Müller n'a guère pu accroître les connaissances acquises avant lui sur ces recherches de pure érudition.

Il donne ensuite, suivant la méthode de classification qu'il a publiée en collaboration avec M. Trochel, une liste de Poissons bruyants connus jusqu'à présent : c'est à la vérité la première liste de ces Poissons qui ait été encore faite. Elle n'est pas complète, et c'est encore un travail sans critique, ne contenant que des citations, dans lequel l'auteur n'a fait que rassembler ce qui se trouve dans divers ouvrages, laissant à chacun des savants

(1) Voy. *Ueber die Fische welche Töne von sich geben, und die Entstehung dieser Töne*, von Joh. Müller, *Archives für Anatomie und Physiologie*, 1857, p. 249.

(2) Voy. Cuvier et Valenciennes, *Histoire naturelle des Poissons*, t. IV, p. 14.

qui les ont écrits la responsabilité des allégations qu'ils avancent (1); il est à noter qu'il n'indique pas un seul Poisson nouveau dont il ait découvert lui-même la faculté d'émettre des sons.

Müller, avant d'entreprendre des expériences sur les Poissons vivants, avait fait sur un Schal A'rabic, conservé dans l'eau alcoolisée, quelques heureux essais au moyen desquels il avait en effet reconnu qu'en faisant mouvoir les premiers rayons des pectorales dans leurs cavités articulaires, on produit un bruit, et s'en était tenu à vérifier le bruit annoncé par Etienne Geoffroy Saint-Hilaire, sans remarquer que l'observation était incomplète dans une de ses parties les plus essentielles et complétement erronée dans une autre partie. Aussi, n'apercevant que le beau côté de cette investigation, s'était-il fait illusion sur la valeur scientifique des autres opinions du célèbre anatomiste français, relatives aux principales causes des bruits que font entendre les Poissons, et avait-il aveuglément adopté toutes ces

(1) Voici la liste des Poissons bruyants qu'on trouve dans le mémoire ci-dessus cité de Müller :

Famille des CATAPHRACTI.

Genre *Dactylopterus volitans*.
Genre *Trigla* (Lin.).
Genre *Cottus* (Lin.).
Esp. Cottus Scorpius (Lin.).

Famille des SCIÆNOIDEI.

Genre *Sciæna* (Cuv.).
Esp. Sciæna Aquila (Cuv.).
Genre *Corvina* (Cuv.).
Esp. Corvina Rhonchus (C. V.).
Esp. Corvina ocellata (C. V.).
Esp. Corvina Dentex (C. V.).
Genre *Otolithus* (Cuv.).
Esp. Otolithus regalis (Cuv.).
Genre *Pristopoma* (Cuv.).
Esp. Pristopoma Jubelini (Cuv.).
Esp. Pristopoma crocro (Cuv.).
Esp. Pristopoma Gouraca (C. V.).
Genre *Pogonias* (Lacép.).
Esp. Pogonias Chromis et fasciatus (Schöpf.).

Famille des SCOMBEROIDEI.

Genre *Zeus*.
Esp. Zeus faber (Gyllius).

Famille des PEDICULATI.

Genre *Batrachus* (Bl. et Schn.).
Esp. Batrachus grunniens (Bl. et Schn.).

Famille des GYMNODONTI.

Genre *Orthragoriscus*.
Esp. Orthragoriscus Mola (Bl.).
Genre *Tetraodon* et *Diodon* (Lin.).

Famille des SCLERODERMI.

Genre *Balistes* (Lin.).

Famille des SILUROIDEI.

Genre *Synodontis* (Cuv.).

Famille des CYPRINOIDEI.

Genre *Cyprinus* (L.).
Esp. Cyprinus Tinca (Lin.).
Esp. Cyprinus Barbus (Lin.).
Genre *Cobitis* (Lin.).
Esp. Cobitis fossilis (Lin.).
Esp. Cobitis Tænia (Lin.).

opinions. Ainsi s'expliquent presque toutes les erreurs qu'il a commises en expérimentant sur les Poissons vivants. J'ai dit plus haut mon sentiment sur les opinions de Geoffroy dont il est question ici (voy. page 28 du présent mémoire), je n'y reviendrai pas en ce moment.

Le physiologiste de Berlin n'a pu faire des expériences que sur quatre espèces de Poissons vivants. Sur un Grondin gris, il a constaté le synchronisme du bruit et d'un mouvement de la paroi abdominale de l'animal, mais il n'a pas su déduire de la simultanéité de ces deux faits une seule conséquence utile. Il a de plus tenu entre les mains un Perlon vigoureux. Malheureusement, ces expériences ont été faites dans des conditions si peu favorables, qu'il est excusable de n'en avoir pas obtenu de meilleurs résultats. Mais il a eu tout le temps dont il a voulu disposer pour son observation en faisant des investigations sur une Loche d'étang; pourtant il n'a pas mieux réussi dans cette dernière occasion que dans les deux précédentes, car il avoue qu'il n'a pas su distinguer exactement quels sont les organes qui entrent en jeu pour produire le son aigu que forme ce Poisson.

Enfin, à Messine, il a été bien servi par les circonstances; il a pu tout à son aise examiner un Dactyloptère plein de force et de vie, dans son laboratoire. Pendant que le sujet agitait ses opercules, il l'a entendu rendre spontanément dans l'air un son vibrant qu'il compare à celui de la prononciation du mot *knarren*. Il s'est de plus assuré, en plaçant le Poisson au fond d'un baquet rempli d'eau de mer, qu'il émettait également le même bruit, et que chaque émission sonore était accompagnée d'un mouvement des opercules; il exprime ainsi qu'il suit le résultat de cette expérience : « Je ne doute pas, dit-il, que le bruit ne provienne du mouvement de l'opercule dans son articulation avec le crâne. »

Il n'est pas non plus douteux pour moi que dans cette expérience Müller n'ait confondu un bruit accidentel, irrégulier, de quelques-unes des articulations des opercules, avec les sons qui caractérisent cette espèce de Poisson, et qui résultent de la vibration des muscles intrinsèques et extrinsèques de la vessie pneumatique.

En définitive, Ant. Dugès et J. Müller ont rendu service à la science en démontrant quel était réellement l'état de nos connaissances sur la question des phénomènes acoustiques que produisent les Poissons, au moment où ces auteurs écrivaient sur ce sujet. Ils ont tous les deux cité Aristote; mais, comme l'avait fait Cuvier, ils ont méconnu la valeur des notions de ce philosophe que j'ai traduites plus haut.

Toutes les spéculations scientifiques et les expériences physiologiques sur des cadavres, faites par Dugès, ne l'ont conduit qu'à introduire dans la science, déjà si encombrée de propositions conjecturales, une hypothèse de plus, très-spécieuse, et conséquemment plus dangereuse que celles avancées par ses devanciers.

Quel que soit le mérite de la première partie du mémoire de Müller, de celle dans laquelle il a montré beaucoup d'érudition, la partie expérimentale de ce travail n'est pas à la hauteur du talent de cet investigateur, et il n'en restera acquis à la science que la vérification de la réalité du bruit découvert par Étienne Geoffroy Saint-Hilaire chez le Schal A'rabic.

Une réflexion qui se présente d'elle-même à l'esprit, à la suite de l'appréciation que je viens de faire, est la suivante :

En voyant Dugès et Müller, ces deux savants, ces deux physiologistes qui ont tant contribué à enrichir la science, arriver, en traitant la même question scientifique, à de tels résultats, le monde savant a dû se faire une idée approximative des difficultés qu'il y avait à vaincre pour approcher davantage de la solution de cette question, et ces difficultés ont dû décourager beaucoup d'observateurs qui auraient voulu faire de cette question l'objet de nouvelles recherches (1).

(1) Je n'ai pas cru devoir exposer dans le texte de l'historique physiologique qu'on vient de lire les récits des voyageurs modernes sur les bruits et les sons que font entendre certains Poissons, parce que ces récits n'ont pour objet que des Poissons exotiques, et que les circonstances dans lesquelles leurs observations ont été faites n'ont pas permis à ceux d'entre eux qui possédaient des connaissances en science naturelle de

En terminant cet historique, je dois déclarer que les documents qu'il contient sont les seuls, parmi tous ceux qui ont été publiés dans les temps anciens et modernes sur les Poissons

faire des investigations vraiment physiologiques tendant directement à l'explication du mécanisme de la production des bruits qu'ils ont constatés. Pourtant, en rapprochant certaines particularités que chacun rapporte, je pourrais, dans le courant du présent mémoire, faire ressortir la confirmation de faits bien observés et la concordance d'autres phénomènes qui pourraient engager des naturalistes voyageurs à entreprendre de nouvelles recherches sur les Poissons bruyants habitant les mers de l'Asie, de l'Amérique et de l'Océanie. C'est ce qui me décide à citer ces récits en les abrégeant le plus possible.

Le célèbre de Humboldt, dont le témoignage aura toujours tant d'autorité, raconte que, le 20 février 1803, vers les sept heures du soir, naviguant dans la mer du Sud, il a été témoin d'un fait dont il n'a pu découvrir la cause : dans le vaisseau où il se trouvait tout l'équipage fut effrayé d'un bruit extraordinaire qu'on entendit tout à coup. « Ce bruit, dit-il, ressemblait à celui de tambours qu'on aurait battus dans l'air. » On l'attribua d'abord à des brisants. Bientôt on l'entendit dans tout le bâtiment; il imitait un bouillonnement, le bruit de l'air qui s'échappe d'un liquide en ébullition, et *l'on craignit quelque voie d'eau au bâtiment*. Il s'étendit successivement à toutes les parties du vaisseau; enfin, vers les neuf heures, il cessa entièrement, sans que l'on soupçonnât la cause de cet étonnant phénomène (*a*).

J'ai déjà cité une partie de l'observation de Schœpf sur les *Pogonias;* pour compléter cette citation, j'ajoute ici que ce naturaliste prussien a remarqué que « dans les circonstances où les Drums (Tambours) sont rassemblés autour de la cale des navires à l'ancre, ils font entendre un bruit plus fort et plus continu » (*b*).

Dans la mer de la Chine, près de l'embouchure du Sang ou Donnaï, dont le cours est très-borné et qui passe par la ville de Saïgon, le capitaine américain John White rapporte qu'il fut grandement étonné, ainsi que l'équipage du bâtiment qu'il commandait, d'un bruit bizarre et fort intense qui se fit entendre tout à coup.

Il compare ce bruit à un mélange de sons, à ceux de la basse profonde d'un orgue associés aux clameurs creuses de la Grenouille, monstre nommé aussi Grenouille taureau. « Il s'y joignait, dit-il, comme les vibrations du son d'une cloche et d'autres sons que l'imagination aurait attribués à une guimbarde gigantesque (*Jews-harp*). Cette combinaison de sons déterminait une sensation d'ébranlement dans tout le système nerveux, qui faisait croire à tous les marins que le navire tremblait. » Désireux de découvrir la cause de ce concert spontané, ce capitaine se rendit dans sa cabine, qui était également bruyante, et où il acquit la certitude que le son sortait de la cale du bâtiment, formant un chœur sonore et non interrompu. Les impressions qu'il ressentait alors ressemblaient à celles qu'il avait éprouvées en recevant les commotions de la Torpille ou de l'Anguille électrique. Mais ces secousses étaient-elles le résultat du choc même du son ou des vibrations du navire ? c'est ce dont il n'a pu, ni alors, ni depuis cette époque, se rendre compte. Bientôt après, quand on entra plus avant dans la baie,

(*a*) Voy. Cuvier et Valenciennes, *Histoire naturelle des Poissons*, t. V, p. 109.
(*b*) Voy. *Écrits de la Société des naturalistes de Berlin*, t. VIII, p. 138.

bruyants (*Pisces vocales*), qui, suivant mon opinion, aient quelque rapport à la physiologie et plus particulièrement à la démons-

on s'aperçut d'une diminution du nombre des musiciens qui suivaient le navire, car à peine avait-on fait un demi-mille, que le silence se fit de nouveau (*a*).

Dans la description de son voyage en Amérique, M. le comte de Castelnau relate « qu'un soir, dit-il, étant dans la partie de l'Uruguay qui est obstruée de bas-fonds et de rapides, tout à coup un son étrange attira son attention. C'était d'abord une plainte solitaire, puis d'autres voix répondirent. A chaque instant le bruit devenait plus fort et plus discordant; bientôt ce fut un concert singulier de gémissements et de grognements bizarres articulés sur tous les tons..... Un des hommes de l'équipage, vieillard plus habitué que les autres à la vie des bois, annonça que le bruit venait du fleuve, et peu d'heures après il apportait à M. de Castelnau un petit Hypostome long de quelques pouces au plus et dont les troupes nombreuses garnissant les bas-fonds étaient la cause de ce vacarme extraordinaire (*b*). »

De l'an 1847 à l'année 1859 quatre voyageurs anglais affirment avoir observé dans les mers des Indes des Poissons qui font entendre des sons.

M. George Buist, dans une lettre datée d'Allahabad, rappelle qu'il a déjà parlé de ces Poissons en janvier 1847 dans le *Bombay Times :* « Une société, affirme-t-il, passant en bateau du promontoire de Salsette à Sewree, vers le coucher du soleil, fut frappée d'entendre des sons prolongés comparables au bruit d'une cloche éloignée ou à la cadence mourante d'une harpe éolienne, ou à celle d'une cornemuse ou d'une guimbarde (*pitch-pipe* or *pinch-fork*)..... Ces sons sortaient de l'eau tout autour du bateau....; en plaçant l'oreille près des planches du bateau, les notes paraissaient plus élevées et plus distinctes et se suivaient l'une l'autre dans une succession constante. Les matelots firent entendre que ces sons étaient produits par des Poissons très-abondants dans ces bas-fonds. Ces matelots apportèrent le lendemain des exemplaires de ces Poissons, qui ressemblaient beaucoup par leur forme et leur grandeur à la *Perche d'eau douce* d'Europe. » M. Buist était au nombre des personnes de cette société (*c*).

Sir Emerson Tennent, dans un ouvrage estimable sur Ceylan (*d*), rapporte que, montant un vaisseau sur le lac Chilka, crique d'eau salée près de Batticaloa, sur les rivages orientaux de Ceylan, il fut vivement frappé de l'audition de sons musicaux : « J'entendis, dit-il, les sons en question : ils s'élevèrent de l'eau comme les douces émissions sonores d'une onde musicale ou les faibles vibrations d'un verre dont on frotte les bords avec le doigt..... Les plus doux de ces sons élevés se mêlaient aux sons les plus bas..... Les sons étaient différents, suivant les endroits que traversait le bâtiment, comme si le nombre des musiciens qui le produisaient était plus grand dans un point que dans un autre.... En appliquant l'oreille sur les parois du vaisseau, les vibrations augmentaient beaucoup d'intensité (*e*). »

(*a*) Voy. *History of a voyage to the China*, 1823, p. 187.

(*b*) Voy. *Description des Poissons recueillis pendant l'expédition de M. de Castelnau dans les parties centrales de l'Amérique du Sud*, 1855. Introduction, p. 9.

(*c*) Voy. *the Athenæum, Journal of English and foreign Literature, Sciences and fine Arts*. London, Saturday, August 11, 1860, nº 1711.

(*d*) Voy. *Ceylon, an Account of the physical, historical, typographical*, by sir James Emerson Tennent. London, 1859, 2 vol. in-8.

(*e*) Voy. le numéro cité de l'*Athenæum*.

tration des causes des phénomènes acoustiques dont il s'agit ici. Pour rester fidèle au titre du présent chapitre, je n'ai point

M. Ward, gouverneur de Ceylan en l'an 1858, en compagnie du général Lokyer, du capitaine Gosset et du docteur Johnston, a entendu « les phénomènes naturels, dit ce gouverneur, qui rendent ce lac remarquable (le lac Chilka), le poisson chantant..... Le son s'élevait de l'eau, vibrait autour de moi.... Son caractère est indescriptible, il n'est semblable à aucun autre; on ne l'entend que la nuit. Il n'a rien d'harmonieux ou de musical. » En terminant son récit, cet observateur dit qu'il doute que ce bruit provienne du poisson auquel le public l'attribue (*a*).

Un employé de l'administration anglaise, à la résidence de Vesagapatam, sur la côte du Coromandel, à 498 milles de Madras, écrit au directeur du *Bombay Times* (13 janvier 1860) pour apprendre aux lecteurs de ce journal que, dans cette résidence, on connaît très-bien les sons qu'émettent certains Poissons habitant les eaux salées des rivages environnants, où il y a un grand nombre de criques peu profondes, comme celles qui existent sur les côtes orientales de Ceylan et tout le long de la côte du Malabar (*b*).

Le docteur Adam, chirurgien et naturaliste, d'une expédition dans les parages de Bornéo, a publié dans le journal de Samarang le récit suivant : « Quand j'étais à bord du brick *Ariel*, alors en panne à l'embouchure de la rivière de Bornéo, j'eus la bonne fortune d'entendre le *concert solennel* aquatique du Poisson orgue, ou Tambour, dont la réputation s'étend si loin : c'est une espèce de *Pogonias*. Ces singuliers Poissons produisent un son chantant aigu, monotone, qui s'élève et retombe, et quelquefois s'évanouit ou prend le caractère d'un tambour très-bas. Ce bruit semblait venir mystérieusement du fond du navire. Cet étrange concert sous-marin continua à nous amuser à peu près un quart d'heure, quand la musique cessa soudainement, probablement par la disparition des animaux qui l'exécutaient (*c*). »

Durant son voyage dans l'Amérique du Sud, Alcide d'Orbigny a eu occasion de prendre connaissance des bruits que font plusieurs poissons de la famille des Siluroïdes. L'*Arius albicans* fait entendre, au dire de ce paléontologiste, un bruit sourd et cadencé, quand on le tire de l'eau, et une autre espèce de Bagre, qu'on nomme à Cayenne *Coumacouma*, rend un bruit analogue à celui que nous produisons en prononçant cette double diphthongue.

Enfin, dans la séance de l'Académie des sciences de l'Institut de France, en date du 9 décembre 1861, a été lue une lettre de M. O. de Thoron, contenant, entre autres détails, les suivants : « En faisant une expédition dans la baie du Pailon, située dans la république de l'Équateur, je longeais, dit ce voyageur, une plage au coucher du soleil. Tout à coup un son étrange extrêmement grave et prolongé se fit entendre autour de moi. Je crus au premier moment que c'était un moucheron ou un bourdon d'une grosseur extraordinaire. Ayant avancé un peu plus loin, j'entendis une multitude de voix qui s'harmoniaient et imitaient les sons graves et moyens de l'orgue d'église entendus non au-dessous des voûtes, mais du dehors, comme lorsqu'on est près de la porte (*d*). »

J'aurai occasion de revenir sur les réflexions que peut inspirer le rapprochement des

(*a*) Voy. le numéro de l'*Athenæum* cité plus haut.
(*b*) Voy. *loc. cit.*
(*c*) Voy. *loc. cit.*
(*d*) Vo *Comptes rendus de l'Académie des sciences*, Institut de France, séance du 9 décembre 1861.

admis tous les documents, toutes les notions conjecturales, toutes les données de convention traditionnelle qui n'offrent aucun indice physiologique, comme sont, par exemple, ces renseignements ressassés qui abondent dans les volumineux in-folio des compilateurs, commentateurs et annotateurs de tous les siècles. Je ne me flatte pas, du reste, d'avoir pu prendre connaissance de tous les livres anciens et modernes renfermant quelques passages qui ont trait au sujet de ce mémoire. Ce n'est pas quand on a vécu, comme je l'ai fait depuis plusieurs années, loin de Paris, loin des trésors scientifiques que contiennent les bibliothèques de la capitale, que l'on peut avoir la prétention, soit d'avoir pu consulter avec assez de loisir les œuvres des anciens auteurs pour qu'aucun document n'ait pu vous échapper, soit d'être parfaitement au courant des différentes branches des sciences biologiques; néanmoins j'espère n'avoir omis aucun document de la plus minime valeur physiologique mentionné dans les nombreux ouvrages dont j'ai pu avoir communication.

Du résumé de toutes mes appréciations des documents compris dans l'historique, on peut inférer avec moi :

1° Que beaucoup d'entre eux sont presque sans valeur;

2° Que le plus grand nombre ont besoin d'être vérifiés avant d'avoir droit de domicile dans le domaine scientifique;

3° Qu'un seul entre tous peut être admis tel qu'il est dans la science, mais que malheureusement il a pour objet un fait peu important;

faits analogues mentionnés par plusieurs voyageurs. Je me borne ici à faire observer que tous ceux qui semblent avoir apporté le plus d'attention et de savoir dans leurs observations ont comparé les sons qu'ils ont entendus aux sons de l'orgue d'église, de la harpe, ou au bourdonnement des cloches, ou à celui que produit le vol des Hyménoptères ou des Diptères; que les voyageurs qui se trouvaient embarqués au moment de leurs observations ont remarqué que les vibrations sonores de l'eau d'où émanaient ces sons ébranlaient et faisaient vibrer les parois du navire ou bateau qu'ils montaient, et l'effet d'étonnement, de crainte, de stupeur que ces sons étranges, accompagnés de ces ébranlements, faisaient éprouver aux marins et à tous ceux qui, pour la première fois, étaient témoins de ces phénomènes. Le rapprochement de ces faits, assurément très-curieux eux-mêmes, a un côté instructif que plus loin je ferai valoir.

4° Et enfin qu'il y a un ou deux documents dont la portée scientifique n'a pas été comprise par les auteurs modernes.

Je conclus donc que les seuls et principaux documents que possède la science sur la question des bruits et des sons qu'engendrent les Poissons n'ont pas assez d'autorité scientifique pour mériter la confiance du monde savant, et que s'il est vrai que deux ou trois documents relatifs à l'existence des bruits peuvent servir de point de départ et de demi-vérification pour des faits analogues, toute la partie physiologique proprement dite, l'étude de la cause et du mécanisme de la production des bruits et des sons, manquent complétement de base, et qu'on ne peut leur en donner une solide qu'à l'aide de nouvelles recherches expérimentales.

J'ai dit que la portée scientifique de deux documents avait été méconnue par les auteurs contemporains. On a pu se convaincre de la vérité de l'assertion que j'ai avancée, en retrouvant dans l'historique les preuves du peu de cas que les auteurs modernes ont fait des notions aristotéliennes. Suivant mon opinion, ces notions ont une vraie valeur scientifique, malgré les défauts que j'y ai signalés. Les circonstances spéciales dans lesquelles je me suis trouvé lorsque j'ai pris connaissance de ces notions expliquent, je crois, la différence qu'il y a entre mon appréciation et celle des contemporains. Quand j'entrepris le présent travail, je n'avais que des données superficielles sur ce qui avait été écrit au sujet des bruits et des sons que font entendre les Poissons. Je commençai immédiatement mes recherches expérimentales qui, dans mes prévisions, devaient être la base de mon mémoire. Mes premières expériences sur les Poissons vivants furent si fructueuses, que je n'en interrompis le cours qu'après en avoir fait un assez grand nombre pour avoir acquis, sur les trois modes de production des phénomènes acoustiques, les premières données principales. Ce n'est que muni de ces connaissances expérimentales que je me suis mis à lire les principaux écrits qui traitent de l'objet dont je m'occupais.

Je laisse à comprendre quelle fut ma satisfaction quand, en

traduisant pour la première fois le texte grec des notions que nous devons à Aristote, je constatai une coïncidence évidente entre les données que j'avais acquises d'une façon tout expérimentale et celles de cet illustre philosophe. Comme j'étais arrivé à peu près au même but par la même voie, l'expérimentation, il m'était facile alors de comprendre les moindres détails de ces notions et de suppléer ce qu'elles paraissent avoir d'obscur, d'inexplicable aux yeux des auteurs contemporains. Voilà du reste, sans restriction aucune, mon sentiment sur ces notions :

Elles renferment trois propositions physiologiques, deux générales et une spéciale. Les deux propositions générales qu'établit Aristote impliquent qu'il possédait, sur les bruits que font entendre les Poissons, des connaissances bien plus approfondies que tous les autres auteurs qui, après lui, ont écrit sur le même sujet; du moins, aucun de ces derniers n'a compris ni traité la question d'une façon aussi ample, aussi générale que l'a fait le philosophe.

Pour apprécier la portée de ces deux propositions, il faut savoir que chacune des propositions générales a pour objet l'explication de l'un des mécanismes communs à un si grand nombre de Poissons; que ces deux modes de formation de vibrations sonores sont applicables à dix-sept des vingt genres de Vertébrés de la cinquième classe, connus jusqu'à présent pour produire des phénomènes acoustiques.

Dans la première proposition, l'auteur établit que c'est l'attrition des aspérités qui garnissent une partie des branchies qui est la cause du bruit que produisent certains Poissons bruyants. Cette proposition, qui, à la vérité, ne précise pas assez nettement le siége du mécanisme de la formation des bruits, a pourtant une grande valeur scientifique, non-seulement parce qu'elle révèle la cause réelle et le mécanisme d'un des modes de production des phénomènes acoustiques émis par les Poissons, mais encore parce que c'est ce mécanisme qu'on rencontre chez une bien grande quantité de Poissons bruyants; mais il faut ajouter que c'est un des mécanismes les plus grossiers, le plus facile à reconnaître de ceux employés par la nature chez les Vertébrés de la cinquième classe.

Dans la seconde proposition, il attribue le bruit, non sans quelque raison, aux mouvements de l'air renfermé dans certaines parties intérieures qu'il ne définit pas; mais ce qu'il en dit suffit à faire comprendre qu'il a voulu indiquer la vessie pneumatique, organe qui, à la vérité, a dans beaucoup de cas une grande part à la propagation des sons et souvent à leur formation. Néanmoins il n'a pu se former une idée exacte du mode particulier du mécanisme producteur des vibrations sonores qu'il observait, et, en définitive, il a pris l'effet pour la cause. Le froissement et l'agitation de l'air, dont il est question ici, lui ont paru suffisants pour expliquer le phénomène, et il s'en est tenu là sans rechercher le moteur premier de ces mouvements. Loin d'amoindrir la valeur de cette explication, on doit, ce me semble, admirer la perspicacité dont elle est la preuve, en raison de l'état où Aristote a trouvé les données constituant toutes les sciences physiques au temps où il s'en est occupé. Il faut lui rendre cette justice, qu'en considérant l'accumulation d'air contenu dans le ventre de quelques Poissons comme l'organe principal des sons, il a mis le doigt sur le nœud gordien sans pouvoir le délier.

Dans tous les cas, il faut reconnaître que ce mode de mécanisme est plus commun encore chez les Poissons bruyants que celui dont il est question dans la première proposition ; ce qui confirme de tout point mon assertion, à savoir : que ce philosophe a traité la question sous le point de vue le plus général.

Quant à la troisième proposition, celle qui est relative à l'Hirondelle de mer, elle est complétement fautive.

Quoique ces notions renferment des propositions d'une portée bien différente, quoique l'une d'elles soit entachée d'inexactitude, ces propositions sont encore actuellement les plus générales, les plus approfondies, les plus *consciencieusement étudiées et les mieux réussies* de celles que la science possède sur les bruits et les sons que produisent les Poissons, et conséquemment elles sont les plus dignes de l'intérêt des physiologistes.

Sans avoir l'enthousiasme si primitif, si naïf des auteurs du moyen âge qui ont commenté les œuvres d'Aristote, sans avoir la moindre prétention au titre du dernier commentateur de cet homme de génie, je ne nie pas que, dans le seul but de rendre hommage à la vérité, je m'estimerais heureux si je parvenais à remettre en crédit ces notions du père de la zoologie.

CLASSIFICATION

DES BRUITS ET DES SONS QUE PRODUISENT LES POISSONS D'EUROPE.

TABLEAU ANALYTIQUE DE CETTE CLASSIFICATION.

Phénomènes acoustiques.

PREMIÈRE CATÉGORIE.	SECONDE CATÉGORIE.
Phénomènes acoustiques irréguliers.	Phénomènes acoustiques réguliers

Deux sections :

PREMIÈRE SECTION.

Bruits expressifs ou sons incommensurables expressifs.

Deux divisions :

Première division.

Bruits de stridulation.

Subdivision unique.

Bruits de stridulation par frottement d'organes odontoïdes.

Deux modes : A et B.

A. Bruits de stridulation par frottement des os pharyngiens.

B. Bruits de stridulation par frottement de productions éburnées intermaxillaires (1).

Deuxième division.

Tous les bruits de souffle.

DEUXIÈME SECTION.

Tous les sons expressifs commensurables.

Division principale (unique).

Sons produits par la contraction musculaire.

(1) Voyez, à l'appendice, *Bruits de stridulation par frottement intra-articulaire du Schal A'rabic.*

PREMIÈRE CATÉGORIE.

SECONDE CATÉGORIE.

Première subdivision.

Sons produits par des muscles indépendants de la vessie pneumatique et renforcés par ce dernier organe.

Seconde subdivision.

Sons produits par les muscles intrinsèque ou extrinsèques de la vessie pneumatique et renforcés par ce dernier organe.

SOUS-SECTION.

Première division.

Sons produits par les muscles dépendants presque tous de l'appareil respiratoire et renforcés par la cavité buccale.

RECHERCHES SUR LES BRUITS

ET LES SONS EXPRESSIFS

QUE FONT ENTENDRE LES POISSONS D'EUROPE

et sur

LES ORGANES PRODUCTEURS DE CES PHÉNOMÈNES ACOUSTIQUES

ainsi que sur

LES APPAREILS DE L'AUDITION DE PLUSIEURS DE CES ANIMAUX

Par M. DUFOSSÉ (1).

PREMIÈRE PARTIE

CHAPITRE PREMIER

CLASSIFICATION DES BRUITS ET DES SONS PRODUITS PAR LES POISSONS D'EUROPE.

§ 1.

Pour échapper à la confusion qui a régné jusqu'à ce jour dans la science au sujet de phénomènes acoustiques que font entendre les Poissons, il est indispensable de les partager en deux groupes primordiaux, que j'appellerai catégories.

(1) Note de toutes les communications et des deux rapports faits à l'Académie des sciences sur le présent Mémoire :

Voyez : Compte rendu de la séance du 15 février 1858 : *Des divers phénomènes physiologiques nommés voix des Poissons, ou de l'ichthyopsophose.* — Compte rendu de la séance du 29 mars 1858 : *Rapport sur un mémoire de M. Dufossé relatif à la voix des Poissons* (MM. Valenciennes, Coste, Cl. Bernard, Duméril, *rapporteur*). — Compte rendu séance du 6 décembre 1858, même titre que ci-dessus. Extrait fait par un sous-secrétaire de l'Académie. — Compte rendu séance du 17 février 1862, même titre que ci-dessus, troisième communication. — Compte rendu séance du 14 janvier 1864, même titre, quatrième communication. — Compte rendu séance du 30 avril 1866, même titre que ci-dessus. — Compte rendu séance du 2 juin 1872, *Sur les bruits et les sons expressifs que font entendre les Poissons.* — Compte rendu séance du 4 novembre 1872, *Rapport* sur un mémoire de M. le docteur Dufossé, intitulé : *Sur les bruits et les sons expressifs que font entendre les Poissons*, etc., etc.

Je range dans la première catégorie les bruits divers et très-nombreux qu'une foule de Poissons produisent dans la circonstance si commune où les pêcheurs, après avoir tiré ces animaux de leurs filets, les laissent dans leurs corbeilles hors de l'eau, épuiser d'abord leur vigueur physiologique, puis bientôt se débattre en proie à divers degrés de l'asphyxie. Bien que ces phénomènes acoustiques, à raison de leurs variétés multiples, ne se prêtent à aucune définition générale et précise, je tenterai d'énoncer en peu de mots ce que le plus grand nombre d'entre eux a de commun.

Ils sont accidentels, passagers, pour la plupart évidemment involontaires, souvent convulsifs, produits tantôt par une partie de l'organisme, tantôt par une autre partie, ou bien ils sont nécessairement liés à l'exécution d'un acte fonctionnel inexpressif; enfin on ne peut leur trouver aucun rapport avec l'intention de l'animal.

Les plus fréquents de ces bruits sont ceux que les Poissons engendrent en imprimant des mouvements outrés, insolites aux différentes pièces osseuses ou cartilagineuses de leurs mâchoires et de leurs appareils operculaires. Les Barbeaux, les *Cobitis*, les Meuniers, les Carpes et beaucoup d'autres Cyprinoïdes, des Dactyloptères, des Trigles, etc., sont dans ce cas.

D'autres bruits résultent du choc fortuit ou du rude frottement des pointes, des aspérités, qui souvent hérissent le crâne ou la tête entière, contre les rugosités de la ceinture humérale ou des os des nageoires pectorales, ou du froissement des appendices de ces derniers sur les écailles voisines.

D'autres encore proviennent des distorsions que les contorsions violentes faites par les Poissons infligent aux articulations profondes de la tête et à quelques-unes de la colonne vertébrale.

Les Mandoles nous offrent un exemple des bruits de cette dernière sorte.

D'autres bruits encore doivent être attribués à des déplacements subits des pièces osseuses articulaires, pouvant jouer librement dans leurs attaches aponévrotiques et dans leurs cavités articulaires. Tel est le bruit que produit la brusque sortie d'un petit os en forme de chevron, contenu normalement entre les angles postérieurs des deux os préoperculaires, et articulé lâchement avec chacun d'eux chez l'Hippocampe à museau court.

Attiré brusquement en dehors des préoperculaires, cet os saute plutôt qu'il ne glisse dans ses articulations, et produit un choc qui engendre un son analogue à celui d'un coup de fouet.

Ce bruit rappelle celui du claquement causé par la rentrée subite des tendons dans leurs gouttières osseuses, à la suite d'un déplacement anormal des tendons des muscles des pieds ou des jambes opéré volontairement chez l'homme.

Enfin les Tanches, les Carpes, les Loches, et un grand nombre d'autres Poissons ayant des lèvres longues, épaisses et enduites d'épaisses mucosités, engendrent, en les écartant brusquement pour ouvrir la bouche, un bruit qui doit être mis au nombre de ceux que je décris ici. Le bruit que font ainsi les Tanches est assez fort, et quelquefois ces animaux le répètent si fréquemment, qu'il devient comparable au coassement des Grenouilles ; mais cette circonstance n'en change pas le caractère.

Je viens de nommer plusieurs Poissons, tels que les Barbeaux, les Loches, les Dactyloptères, les Hippocampes, qui, en outre des *bruits irréguliers* que je leur ai attribués, produisent encore, soit des *bruits expressifs réguliers*, soit même des *sons commensurables*. Ce mélange, chez le même individu, de sons irréguliers grossiers et insignifiants et de sons expressifs, a été la cause la plus fréquente des erreurs commises par les auteurs mes devanciers. Aussi j'ai pensé qu'il était nécessaire de décrire avec détail les plus communs des bruits de la première catégorie, pour mettre les investigateurs en garde contre certaines méprises; mais il serait superflu d'insister ici pour faire connaître tous ceux que j'ai observés, et conséquemment je n'en dirai pas davantage à ce sujet.

Je donnerai désormais le nom de *phénomènes acoustiques irréguliers* aux manifestations sonores de la première catégorie.

Je place dans la seconde catégorie les bruits et les sons qui, bien mieux que ceux de la première, méritent l'attention des physiologistes. On peut les définir par les propriétés suivantes :

ils sont volontaires, constants, toujours formés par les mêmes organes; se reproduisent dans des circonstances analogues; peuvent servir à caractériser l'espèce, et sont de toute évidence intentionnels.

Dorénavant, je désignerai les bruits et les sons de cette catégorie par la dénomination de *phénomènes acoustiques réguliers*.

Cette catégorie, comprenant tous les bruits et les sons que j'aurai à examiner sous plusieurs rapports et principalement au point de vue physiologique, il m'importe, pour faciliter l'étude, d'en former plusieurs groupes, en me laissant guider par leur nature, par leurs propriétés physiques et physiologiques. Je partage donc tous les phénomènes acoustiques de cette seconde catégorie en deux groupes ou sections.

Je réunis dans la première section tous les bruits expressifs ou sons incommensurables expressifs.

Tous ces bruits n'étant pas engendrés par le même mécanisme, il devient nécessaire d'établir deux groupes secondaires; je les nommerai *divisions*.

La première de ces divisions contient tous les bruits expressifs de stridulation, et ne renferme pour les Poissons d'Europe qu'une seule subdivision, celle de la stridulation ayant pour cause le frottement d'organes odontoïdes.

Cette subdivision enfin comporte deux modes :

A. *Bruits de stridulation par frottement des os pharyngiens.*

B. *Bruits de stridulation par frottement de productions éburnées intermaxillaires.*

§ 2.

A. — Bruits de stridulation par frottement des os pharyngiens.

Les bruits de cet ordre ont pour caractères acoustiques d'être composés d'émissions sonores, claires, courtes, stridentes, rudes, sans souplesse, sans moelleux aucun, et de commencer et de finir brusquement sans traîner.

Ces bruits sont produits généralement par le frottement de la surface inférieure, hérissée de dents, des os pharyngiens supérieurs contre la surface supérieure, également couverte de dents, des bouts antérieurs des os pharyngiens inférieurs.

J'ai choisi pour type des bruits dont il s'agit ici ceux que le Saurel (*Scomber brachyurus*, Lin.) a la faculté de former.

Ce Poisson, l'un des plus communs dans les eaux du littoral de la France, qui est connu dans les halles de Paris sous le nom de *Maquereau bâtard*, et sous celui de *Séverau* sur les côtes de l'ancienne Provence, que Cuvier et Valenciennes ont nommé *Trachurus*, et que le dernier de ces auteurs a compris dans la première subdivision de ce genre, n'a pourtant été cité par aucun naturaliste comme possédant la faculté que je signale en ce moment aux ichthyologistes.

Je le recommande aux investigations pour plusieurs motifs, et particulièrement parce qu'il peut demeurer plus de dix minutes dans l'air atmosphérique sans paraître souffrir de cette privation de son habitat. J'ai même vu, dans des journées pluvieuses, des sujets qui supportaient bien cette privation pendant seize ou dix-sept minutes.

Les mâles et les femelles de cette espèce de Poisson sont également bruyants; ils frayent dans le temps le plus chaud de l'été, généralement en juin et juillet.

CONSIDÉRATIONS ANATOMIQUES (1). — L'appareil hyoïdien de l'espèce de Saurel ci-dessus déterminée est plus court, plus ramassé sur lui-même que celui de beaucoup d'autres Scombéroïdes, que celui des Maquereaux par exemple ; il en résulte que les différentes parties de cet appareil sont plus rapprochées les unes des autres; que, dans l'état de repos, les os pharyngiens supérieurs sont presque en contact avec les os pharyngiens inférieurs, ou au moins à une très-petite distance au-dessus de ces derniers os; que les os supérieurs correspondent aux inférieurs dans la plus grande partie de leur étendue; que

(1) Toutes les descriptions anatomiques qui sont dans ce mémoire supposent le Poisson placé comme il l'est en nageant.

la pointe antérieure seulement de ces os inférieurs reste en avant des os supérieurs, et que quelques portions des surfaces internes, rugueuses et munies de dents, des os cérato-branchiaux et hypo-branchiaux (Owen, Milne Edwards) du cinquième segment hyoïdien, ou autrement dit des quatrièmes arceaux branchiaux, sont bien rapprochées, durant l'occlusion de la bouche, des os pharyngiens supérieurs.

J'ai compté constamment chez tous les jeunes Saurels que j'ai examinés six os pharyngiens supérieurs, trois de chaque côté. C'est du reste le nombre le plus commun de disques odontoïdes qu'on trouve chez les Poissons osseux.

Dans les Saurels, le plus antérieur de ces os est le plus petit; c'est un disque à surface piriforme, à grand axe transversal, qui est adhérent au deuxième arc branchial.

En arrière de cet os, on en rencontre un autre qui est nettement séparé; c'est aussi une sorte de disque allongé d'avant en arrière avec quatre angles mousses; il tient plus particulièrement au troisième arc branchial, mais il s'appuie aussi sur le deuxième arc. Son bord postérieur s'unit par engrenages au troisième os pharyngien; celui-ci est encore un disque ovoïde plus étroit que le précédent, surtout en arrière; il a quelque rapport avec le quatrième arc branchial. Chez les vieux Saurels, qui sont si rares sur les marchés de Marseille, j'ai vu ces deux derniers os plus solidement réunis, mais pourtant encore distincts. Tous ces os ont leur surface inférieure plus ou moins convexe et couverte de dents très-serrées les unes contre les autres. Un très-grand nombre sont courbées en crochet, les autres sont droites; on n'y remarque aucune production piliforme; en un mot, leur face entière est aussi dure que le sont les dents elles-mêmes, qui, sous le rapport de la dureté, ne le cèdent pas aux dents implantées dans les os intermaxillaires.

Les deux os pharyngiens inférieurs rapprochés l'un de l'autre dans leur position naturelle, et vus par leur face supérieure, ont l'aspect d'un triangle isocèle dont on aurait prolongé les côtés égaux au delà du troisième côté. Chacun de ces os a une forme allongée; les deux tiers antérieurs de son étendue sont déprimés, élargis en triangle, et terminés par une longue pointe en avant; son tiers postérieur est cylindrique. La surface de la partie antérieure élargie est légèrement concave, et peut par conséquent emboîter plus exactement la convexité des os pharyngiens supérieurs, quand ces os viennent à être en contact; elle est de plus hérissée de dents très-rapprochées les unes des autres, qui sont pour la forme et la dureté semblables à celles des os pharyngiens supérieurs. Entre elles, ni nulle part ailleurs sur cette surface, il n'y a de production ciliforme ou fongueuse.

Les arcs branchiaux des Saurels diffèrent aussi de ceux de beaucoup de Scombéroïdes par la nature de leur surface interne. La membrane muqueuse qui revêt cette face chez les Saurels n'offre aucune production mollasse, cartilagineuse, ni ciliforme; elle est encroûtée presque partout de plaques calcaires, et porte des organes dentiformes.

Ceux-ci sont, les uns simplement coniques, d'autres comprimés d'avant en arrière et triangulaires, d'autres encore ont la forme d'une crête de coq ; de tous les points de leur surface s'élèvent des pointes ou des crochets inclinés tous dans le même sens. Ces organes et leurs appendices ont la dureté de l'émail dentaire ; à l'exception du premier arc branchial, qui n'a qu'une rangée de ces corps odontoïdes, tous les arcs branchiaux en ont deux, une sur chaque bord de leur surface interne.

Parmi les muscles de l'appareil hyoïdien, j'indiquerai d'abord, au nombre des organes moteurs des os pharyngiens supérieurs, les muscles élévateurs, les abaisseurs, par suite du mouvement de bascule [Duvernoy (1), Cuvier (2)], et les rétracteurs (de tous les auteurs), comme présentant tous des dimensions relativement assez grandes; et je mentionnerai, au nombre des moteurs des os pharyngiens inférieurs, les muscles élévateurs, le muscle adducteur impair, le protracteur ou l'hyo-pharyngien [Duver-

(1) Voy. Duvernoy, 2e édition des *Leçons d'anatomie comparée* de Cuvier, t. VII, p. 281, 282.

(2) Voy. *Histoire naturelle des Poissons*, par Cuvier et Valenciennes. MYOLOGIE : *Rubans internes des muscles, des arcs branchiaux et des os pharyngiens supérieurs*, p. 411 ; et les *transverses supérieurs* (n° 32, p. 413).

noy (1) et J. F. Meckel (2)], qui sont tous aussi comparativement des muscles plus puissants que ceux qui remplissent les mêmes fonctions chez un grand nombre d'autres Scombéroïdes.

J'ai examiné avec soin les oreilles des Saurels, et n'y ai trouvé que peu de particularités notables. Pourtant je signalerai : 1° le volume comparativement grand des otolithes sacculaires et cysticulaires (Bréchet); 2° le gros volume des nerfs qui s'épanouissent sur ces otolithes; 3° le volume de l'urticule et de l'otolithe qu'il contient; 4° et enfin les fortes dimensions des nerfs qui se rendent aux trois ampoules et à l'utricule.

Considérations physiologiques. — Il m'est arrivé maintes fois, sans tirer les Saurels de l'eau de mer, de les faire passer du filet des pêcheurs dans un baquet de métal rempli du même liquide, et de les conserver ainsi vivants et vigoureux pendant plus de six heures, en ayant soin de renouveler cette eau par un courant continu.

Ces Poissons s'agitaient durant quelques minutes, mais ils reprenaient bientôt leurs allures habituelles, et se mettaient ordinairement à tourner en côtoyant les parois du baquet sans paraître nullement inquiets de ma présence.

J'ai suivi des yeux beaucoup de Saurels placés dans les conditions que je viens d'indiquer, tant qu'ils ont pu y rester sans présenter de symptômes de l'affaiblissement de leur force, et j'ai ausculté à de courts intervalles les parois du baquet au moyen d'un stéthoscope courbe : je me suis assuré ainsi qu'ils peuvent passer tout ce temps en pleine quiétude sans émettre le moindre bruit.

En reproduisant autant que possible quelques-unes des circonstances de la vie qu'ils mènent au sein des eaux, j'ai soumis à bien des épreuves des Saurels dans le but de les exciter à sortir du repos silencieux dans lequel je viens de les montrer. Les

(1) Voy. Duvernoy, *op. cit.*, p. 284.

(2) Voy. J. F. Meckel, *Anatomie comparée*, trad. par Reister et Sanson, t. VII, p. 341, alinéa n° 3.

moyens d'expérimentation qui ont le mieux réussi se ressemblent trop pour que je donne des détails sur plusieurs d'entre eux. Je n'en décrirai qu'un seul.

A l'aide d'une pince à disséquer, j'ai saisi successivement pendant qu'ils nageaient paisiblement plusieurs de ces animaux par un de leurs appendices natatoires; tous se sont mis immédiatement à faire en avant des élans de plus en plus violents jusqu'à ce que j'aie lâché prise ou qu'ils aient laissé entre les mors de l'instrument les parties que j'y avais serrées; puis ils ont continué à nager sans avoir fait entendre le son le plus léger. Il n'en a pas été de même quand, au lieu de les saisir par une de leurs nageoires, je les ai pris par le corps, ne fût-ce que tout à fait en arrière; alors ils ont semblé être très-effarouchés, ont plus ou moins vite cessé toute tentative de fuite, et ont commencé à produire des sons continus ou intermittents pendant quelques instants. J'ai fréquemment répété ces deux dernières expériences sur les mêmes sujets et tant qu'ils ont conservé leur vigueur normale. J'ai eu beau entraver leurs mouvements de progression en pinçant l'une de leurs nageoires, ils sont restés silencieux; mais dès que j'ai arrêté ce mouvement en les tenant par le corps, ils ont recommencé à bruire.

J'ai examiné attentivement des Saurels qui étaient depuis plusiours heures entièrement plongés dans l'eau, et j'ai constaté nombre de fois que, dans ce cas, ils ne rejettent pendant qu'ils émettent des bruits aucune bulle de gaz, soit par la bouche, soit par aucune autre ouverture naturelle, et ne viennent pas à la surface de l'eau avaler la moindre quantité d'air. Quand on les a laissés se débattre hors de l'eau, avant de les mettre dans le vase à expérience, ils rendent quelquefois pendant qu'ils sont en train de bruire, sous forme de bulles, l'air qui est resté attaché à leurs branchies ou a pénétré plus avant, mais cet air n'a aucune influence sur le son, à la production duquel il ne contribue aucunement.

En étudiant les sons prolongés ou intermittents que forment les Saurels, j'ai reconnu qu'ils sont tous composés de plusieurs émissions sonores, courtes, stridentes, rudes, sans souplesse, sans moelleux aucun, qu'elles commencent et finissent bruyamment sans traîner.

Ces émissions sonores n'affectent pas l'oreille d'une manière identique ; elles présentent même des modifications de trois ordres différents : celles du premier ordre tiennent aux divers degrés d'intensité de ces bruits ; celles du second ordre proviennent d'émissions sonores formées successivement sans interruption aucune contrastant avec des émissions en séries interrompues, puis reprises, puis interrompues de nouveau, et ainsi de suite, mais du reste en combinaisons différentes peu nombreuses.

J'ai souvent entendu à plus d'un mètre de distance des sons qu'engendraient sous l'eau de mon vase à expérience des individus adultes de cette espèce, jouissant de la plénitude de leurs facultés physiologiques.

J'ai pratiqué les cinq expériences qui me restent à faire connaître dans les mêmes circonstances que je rapporterai ici une fois pour toutes. Je n'ai pris pour sujets de mes épreuves que des Saurels pleins de vie et de force ; j'ai opéré avec la plus grande célérité au moment même où les Poissons étaient tirés de l'eau, et j'ai mis ainsi à profit les courts instants durant lesquels tous ces animaux en pareilles circonstances épuisent, pour ainsi dire, la vigueur qui leur reste à produire un grand nombre de sons, avec une énergie et une persistance assez grandes pour que le jeu des organes producteurs continue, lors même qu'un obstacle physique rend impossible la production du son.

Première expérience. — Pour savoir si le tact donnerait une première indication du siége du mouvement vibratoire chez les Saurels, j'ai entouré de mes deux doigts la tête et une partie du tronc de plusieurs de ces Poissons qui bruissaient avec force, et j'ai senti à chaque émission sonore qu'un léger mouvement, un frémissement vibratoire avait lieu sous la base du crâne et au-dessous de l'isthme charnu qui s'avance entre les deux cavités branchiales, ou plus exactement au-dessus de la queue de l'os hyoïde (Cuvier). Ce frémissement était avec l'émission sonore dans des rapports de temps, d'intensité de vibrations tels, qu'il devenait presque certain, j'allais dire palpable, que ce mouvement était la cause du bruit et qu'il s'effectuait dans la profondeur du pharynx.

Deuxième expérience. — J'ai placé successivement entre les os pharyngiens supérieurs et les inférieurs tantôt des fragments de peau de gant, tantôt des morceaux de linge, tantôt une feuille de papier, soit sur toute l'étendue de ces os, soit entre les os d'un côté seulement, et j'ai remarqué : 1° que lorsqu'un morceau de gant ou de linge sépare la surface entière de ces os, le bruit manque complétement; 2° que dans le cas où le morceau de peau ou de linge est mis seulement entre les os d'un seul côté, le son s'entend encore, mais a perdu beaucoup de son intensité; 3° que si l'on étale entre ces os une feuille de papier mince, le son, d'abord interrompu, redevient peu à peu sensible, mais persiste faible et modifié dans son timbre, suspension et changement de sonorité qu'on s'explique facilement en retrouvant le papier trempé d'humidité, ramolli et percé par la pointe des dents des os entre lesquels il a été froissé.

Troisième expérience. — A l'aide d'une pince, j'ai pris et abaissé doucement chez un Saurel la queue de l'os hyoïde, et ainsi je suis parvenu à écarter un peu les os pharyngiens inférieurs des supérieurs. Le son a cessé et ne s'est reproduit que lorsque j'ai laissé les parties organiques reprendre leur situation normale.

Quatrième expérience. — Pendant que plusieurs Saurels bruissaient avec force, j'ai ausculté les parois abdominales de ces animaux et n'ai entendu qu'un bruit lointain, évidemment formé au delà de la cavité du ventre; j'ai de plus, avec un long et très-mince trocart explorateur, traversé tantôt plusieurs anses intestinales, tantôt l'estomac et percé la vessie pneumatique de ces Poissons : ces blessures, qui livraient passage aux gaz contenus dans la cavité de ces organes, n'ont pas anéanti, n'ont pas même modifié les bruits.

Cinquième expérience. — Après quelques tâtonnements, je suis arrivé à savoir comment m'y prendre pour tenir deux doigts appliqués sur l'isthme séparant les deux cavités branchiales, tout en entr'ouvant la bouche des sujets de façon à ne pas séparer complétement les uns des autres les os pharyngiens et en même temps à écarter un des opercules, manœuvres qui m'ont permis de voir tout à mon aise ces os et une partie de l'œsophage. J'ai alors pu observer avec la plus parfaite certitude que chaque fois que les animaux soumis à cette expérience retiraient brusquement en arrière et en bas les os pharyngiens supérieurs, ces os venaient frotter sur les pharyngiens inférieurs et les aspérités et dents des quatrièmes arcs branchiaux, et qu'au même instant mes doigts sentaient le frémissement vibratoire, et mon oreille percevait une émission sonore un peu plus faible, il est vrai, mais de même nature que celle qu'on entend quand tous les organes sont dans leur position naturelle. J'ai en outre constaté que, durant l'émission sonore, l'œsophage ne faisait aucun mouvement, ne projetait ou n'attirait dans sa cavité aucun corps gazeux ou liquide, ne prenait, en un mot, aucune part à la production du bruit.

A ces faits relatifs aux Saurels j'ajouterai le suivant, que j'ai constaté expérimentalement sur un bon nombre de Poissons. Plusieurs Acanthoptérygiens qui, naturellement, ne sont pas bruyants, font entendre des bruits de la même sorte que ceux formés par les Saurels, lorsqu'au moyen d'une pression méthodique exercée sur l'isthme des ouïes, on amène les os pharyngiens inférieurs au contact des os pharyngiens supérieurs.

Je citerai comme se prêtant mieux à ces expériences, les individus du genre Orphie (Cuvier, *Esox Belone*, Lin.) avancés en âge, et ceux de l'espèce Pagel commun (*Pagellus erythrinus*, Cuvier et Valenciennes), quand ils sont jeunes.

Quelques courtes réflexions vont mettre mieux en lumière certains faits probants contenus plus ou moins implicitement dans les précédentes expériences, faits dont j'aurai bientôt à tirer des conclusions.

En traitant une question débattue depuis tant de siècles, aussi complexe, aussi embrouillée que celle dont il s'agit ici, on ne me reprochera pas trop sévèrement, je l'espère, d'avoir accumulé preuves sur preuves démonstratives, lors même qu'une seule d'entre elles pouvait suffire à ma propre conviction. J'ai cru qu'en pareille matière tous mes efforts devaient tendre à ne laisser aucun doute dans l'esprit du lecteur sur les points principaux, et pensé qu'on me pardonnerait d'avoir sacrifié à ce résultat toute autre considération d'appréciation et de rédaction.

Dans les conditions normales de leur existence, les Poissons produisent-ils des sons? L'incertitude dans laquelle sont encore la plupart des naturalistes à l'égard de la proposition dubitative que je viens d'énoncer prouve sans réplique que la science manque des premières données nécessaires à la solution de la question qui fait le sujet de ce travail. Les circonstances dans lesquelles j'ai expérimenté étant aussi semblables qu'on puisse le désirer aux conditions normales de la vie des Saurels, on m'accordera, je le suppose, que les sons que ces animaux ont fait entendre au fond de mon vase à expérience démontrent péremptoirement que ces Scombéroïdes, à leur état normal, ont la faculté de produire certains phénomènes acoustiques que j'ai décrits ci-dessus.

Les motifs qui m'ont déterminé à distinguer les sons et les bruits formés par les Poissons en phénomènes acoustiques réguliers et irréguliers m'ont fait mieux sentir la nécessité de montrer que la production des phénomènes acoustiques réguliers est chez ces animaux un acte volontaire.

Les résultats de plusieurs des expériences dont on vient de lire les détails répondent à cette nécessité, et prouvent que les bruits qu'engendrent les Saurels sont volontaires. Tous les muscles moteurs des os pharyngiens supérieurs et inférieurs sont évidemment les principaux agents de la déglutition, et comme on sait de science certaine que cet acte physiologique est volontaire, en prouvant que ces mêmes muscles sont ceux qui opèrent les mouvements de frottement des os pharyngiens supérieurs sur les inférieurs, frottement d'où résulte la production des bruits, j'ai démontré d'une manière irréfragable que ces bruits procèdent de la volonté de l'animal qui les fait entendre.

Les résultats d'autres expériences font connaître quelques-unes des principales circonstances dans lesquelles ces Poissons font usage de la faculté qu'ils possèdent de former des bruits.

Les épreuves ci-dessus décrites que j'ai fait subir à beaucoup de Saurels reproduisent en effet les incidents les plus communs de la vie inquiète que mènent les Poissons qui, pour la plupart, étant ichthyophages et très-voraces, s'attaquent incessamment les uns les autres avec acharnement; aussi ces épreuves simulant ces attaques sont-elles graduellement de plus en plus inquiétantes pour le sujet qui y est soumis, et donnent ainsi une idée approximative du degré de danger qu'il peut courir avant que s'éveille en lui l'instinct qui le porte à bruire.

Les phénomènes acoustiques qu'il produit dans cette occasion sont-ils des cris de détresse? Pour apprécier la valeur de cette présomption, il faut savoir que les Saurels vivent en compagnie ou du moins en troupe plus ou moins nombreuse, et que les bruits qu'ils font entendre doivent parvenir aux oreilles d'un grand nombre d'individus de la troupe dont ils font partie.

Car, quoique ce soit seulement à la distance d'un mètre et demi que j'aie entendu les bruits que quelques Poissons de cette espèce formaient au fond de mon vase à expérience, ce n'est pas une raison pour croire que ces vibrations sonores, engendrées à une certaine profondeur sous l'eau en pleine mer, ne puissent être perçues à une bien plus grande distance par les organes auditifs d'autres Poissons. Quand je m'occuperai des expériences qui ont été faites sur les phénomènes acoustiques produits et recueillis sous l'eau, je dirai ce qu'on doit penser de la distinction que je viens de signaler. Il convient d'ajouter que les Saurels ne sont pas les seuls Poissons bruyants qu'on rencontre vivant habituellement en troupe, et qu'il en est de même de la plupart des Poissons produisant des sons qui habitent les mers de l'Europe.

En rendant compte de l'étude que j'ai faite des bruits expressifs qu'émettent les Saurels, j'ai constaté qu'ils offrent des modifications. La cause de ces différences, des nuances même les plus légères, s'explique facilement, malgré la grossièreté apparente du mécanisme de la formation de ces bruits en général, par la remarquable mobilité dont jouissent les os pharyngiens supérieurs et inférieurs. Il est en effet peu d'os du squelette des Poissons sur lesquels agissent soit directement, soit indirectement, un aussi grand nombre de muscles bien nettement distincts les uns des autres, que ceux qui exercent leur action sur ces disques odontoïdes; aussi sont-ils mus dans les sens les plus divers avec la plus grande précision.

Je dois enfin faire observer que les muscles des os pharyngiens ont plusieurs fonctions, et toutes d'une haute valeur physiologique.

Ils sont effectivement les principaux moteurs de la déglutition; ils prennent une part non moins importante aux mouvements respiratoires, et les considérations que j'ai présentées dans le présent paragraphe prouvent jusqu'à l'évidence que ces muscles sont les agents les plus actifs de la production des bruits, et en cette qualité exercent l'acte principal d'une des fonctions les plus intéressantes de la vie de relation : celle de la formation des manifestations sonores expressives. En résumé, fonctions digestives, fonctions de la respiration, fonctions de production des phénomènes acoustiques expressifs, avec relations intimes entre ces deux dernières fonctions, telles sont les attributions considérables de ces muscles.

Il me resterait à examiner au point de vue physiologique la proposition que j'ai établie ici, avec une précision dont, je l'espère, on ne me contestera pas l'initiative, à savoir :

Les os pharyngiens supérieurs et inférieurs sont les organes producteurs des bruits expressifs qu'engendrent certains Poissons.

On ne peut douter de l'intérêt qu'il y aurait à discuter cette proposition, et je m'estimerais heureux d'être le premier zoologiste à faire valoir l'appui que cette proposition paraît d'abord prêter aux opinions d'Étienne Geoffroy Saint-Hilaire sur les analogies de l'appareil hyoïdien (branchial et pharyngien des Poissons), et de joindre avec circonspection les appréciations qui me sont personnelles à celles de tant d'autres savants, qui ont considéré le pour et le contre de ces opinions de l'auteur de la *Philosophie anatomique*. Mais comme mes appréciations diffèrent assez des notions généralement admises, pour que je ne puisse pas les exposer sans entrer dans d'assez longs développements, ceux-ci dépasseraient trop les limites déjà bien étendues que j'ai assignées à ce mémoire. Je me vois donc contraint de renoncer à discuter immédiatement cette proposition, sur laquelle je conserve l'espoir de publier plus tard une note.

§ 3.

B. — Stridulation de productions éburnées tenant lieu de dents intermaxillaires.

Caractères acoustiques. — Les bruits de cette sorte sont sourds et saccadés, et du reste analogues aux grincements de dents des Porcs et de quelques Ruminants.

Je n'ai pu observer qu'une seule espèce de Poisson qui fait entendre des bruits de cet ordre : c'est l'espèce *Tetraodon Mola* de Linné (*Orthragoriscus* Sch., adopté par Cuvier) ; c'est la Mole ou le Poisson-lune, dont le corps en forme de meule de moulin peut acquérir une taille d'un mètre et demi, et un poids de 150 kilogrammes.

J'ai eu l'occasion de voir pêcher une trentaine de ces Poissons. Sur le premier que j'ai pu examiner pendant qu'il produisait le bruit qui le caractérise, j'ai reconnu, en lui écartant les lèvres, après y avoir pratiqué deux incisions, que ce bruit provenait uniquement du frottement des productions éburnées qui, chez cet animal, sont au nombre de deux seulement, une à chaque mâchoire, et font fonction de dents intermaxillaires.

Il est très-facile d'observer, sans crainte de se tromper, ces mouvements énergiques, mais contenus, peu étendus, de la mâchoire inférieure sur la mâchoire supérieure d'un aussi grand Poisson, et le puissant frottement qui, par suite, ne peut manquer d'avoir lieu entre les productions éburnées qui garnissent les mâchoires.

On comprend combien il est aisé de constater de pareils faits ; aussi je crois ne pas avoir besoin d'insister sur les détails d'une observation aussi simple.

L'ouverture de la bouche est comparativement petite ; aussi le bruit est-il sourd et a-t-il quelque ressemblance avec un grognement.

J'ai pu examiner plusieurs Moles qui étaient dans l'eau, retenues dans un très-large filet de pêche, et, dans ces circonstances, j'en ai entendu quelques-unes émettre le bruit qui leur est propre; mais il est à remarquer qu'elles n'étaient pas là complétement en repos ou en pleine liberté.

Les raisons que j'ai fait valoir pour prouver que le bruit que font entendre les Saurels est volontaire, s'appliquent également au bruit que produit l'*Orthragoriscus*, et conduisent à la même conclusion.

Toutefois ce dernier bruit n'est ni aussi varié, ni aussi intéressant que celui que forme le Saurel; aussi je m'empresse de passer à un autre sujet.

§ 4.

Deuxième division.

Dans cette division, je réunis tous les bruits de souffle.

Ces bruits présentent un si grand nombre de variétés d'une espèce de Poisson à une autre, et quelquefois des vibrations sonores si différentes chez le même individu, qu'on ne saurait leur assigner de caractères acoustiques communs. Pourtant le plus grand nombre d'entre eux sont presque instantanés, et leur courte durée peut servir de premier indice déterminatif.

Ces sons expressifs incommensurables ont pour cause générale des gaz chassés de l'intérieur du corps du Poisson, et venant faire éruption par une ou à la fois par plusieurs de ses ouvertures naturelles.

Plusieurs Poissons, et entre autres des Cyprinoïdes, des Anguilliformes, et, parmi les Siluroïdes, le Saluth (*Silurus Glanis* Lin.), font entendre des bruits de cet ordre; mais les plus remarquables sont, sous le rapport des manifestations qu'ils émettent, les Loches de marais (*Cobitis fossilis*, Lin.), les Loches franches (*C. barbatula*, Lin.), les Loches de rivière (*C. Tænia*), les Barbeaux (*Cyprinus barbatus*, Lin.), les Carpes (*C. Carpio*, Lin.), et les Meuniers (*Cyprinus Dobula*, Lin.).

Considérations anatomiques. — Tous ces Poissons ont une vessie aérifère munie d'un canal pneumatique, qui vient déboucher en avant de l'entrée de l'œsophage.

Ces vessies pneumatiques sont ordinairement, chez les Cyprinoïdes, composées de deux lobes situés l'un devant l'autre, séparés par un rétrécissement transversal, et communiquant entre eux sous la portion rétrécie.

Le lobe antérieur est gros, ovale, solidement fixé à la colonne vertébrale; le lobe postérieur est plus petit, conique, et libre dans la cavité abdominale. Chez les Anguilliformes, la vessie est pleine ; sa forme est celle d'un ovale allongé.

Le canal pneumatique est un conduit étroit, ordinairement assez long, qui s'étend, chez les Cyprinoïdes, de la partie la plus avancée du lobe postérieur de la vessie à l'entrée de l'œsophage, et chez les Anguilliformes, de la partie moyenne de la poche aérienne au fond du pharynx.

Chez la Carpe, le Barbeau, le Meunier, ce canal est étroit dans la plus grande partie de sa longueur, et s'abouche à l'œsophage par sa portion antérieure, qui est dilatée comme le pavillon d'une trompette. Cette dilatation est maintenue, dans la forme que je lui ai assignée, par une paroi cartilagineuse. Dans les Anguilliformes, au contraire, ce canal est large dans toute sa longueur, et se rétrécit à son embouchure œsophagienne, où son ouverture se présente sous la forme d'un point enfoncé, au milieu d'une papille saillante à la face interne du tube digestif.

Ces vessies pneumatiques sont constituées par deux membranes ou tuniques : l'une, externe, fibreuse, d'un aspect nacré, résistante, assez épaisse dans le premier lobe des Carpes et plus mince dans le second et dans le canal pneumatique, plus forte en général dans les Barbeaux et les Meuniers, dans les deux lobes ainsi que dans le canal. La deuxième tunique est muqueuse ; elle recouvre la surface interne de la fibreuse dans toute son étendue, tapisse également le canal pneumatique, et, plus en avant, se continue en se confondant avec la muqueuse pharyngienne dans l'évasement du pavillon terminal. Avant d'atteindre cet évasement dans le bout de la partie rétrécie, cette muqueuse présente quelques petites duplicatures qui forment des valvules disposées de façon à empêcher la sortie des gaz; la volonté de l'animal paraît indispensable pour lever cet obstacle à l'écoulement des gaz. Dans l'évasement du pavillon, la muqueuse offre aussi aux environs de l'ouverture du canal des enfoncements, des sortes d'alvéoles moins profonds que ceux de la muqueuse pharyngienne. Dans les Meuniers, il y a dans le pavillon, un peu en avant de l'orifice du canal, deux fossettes bien marquées, séparées par une cloison longitudinale située sur la ligne médiane; mais ces deux fossettes et cette membrane sont si petites, qu'il n'est pas probable qu'elles puissent avoir la moindre action sur le bruit de souffle.

Le tube digestif de ces Malacoptérygiens diffère du même organe chez la plupart des autres Poissons par la forme de l'estomac, qui n'a aucune dilatation, aucun cul-de-sac. Ce tube, qui manque aussi de cæcums, décrit deux ou au plus trois sinuosités dans la cavité abdominale. Ses parois sont épaisses, en général; il n'y a pas de valvule séparant les deux intestins; sa muqueuse présente beaucoup de petites cavités polygonales, comme des alvéoles dont les côtés sont saillants, et forme une façon de réseau.

Chez les *Cobitis*, la vessie pneumatique n'est pas contenue dans l'abdomen; mais en avant de cette cavité, au milieu des lames osseuses que lui fournissent les apophyses transverses de la seconde et de la troisième vertèbres, ces lames constituent une coque osseuse, à laquelle une dépression peu profonde, portant sur sa face postérieure, donne la forme de deux sphères rapprochées, entre lesquelles est une petite ouverture. Cette coque entoure la vessie, dont les dimensions sont fort réduites. Cette vessie a deux lobes sphériques se confondant sur la ligne médiane, et une enveloppe membraneuse si mince, que, lors même qu'elle serait double, comme on l'a avancé, il est certain qu'elle ne pourrait chasser au dehors les gaz avec intensité par le petit canal très-court sortant du milieu de la vessie par l'ouverture dont je viens de parler, et venant déboucher dans le pharynx à quelques millimètres en avant de l'entrée de l'œsophage.

Cette première partie du tube digestif est très-courte, doublée à son extrémité antérieure par un anneau charnu au bord rentré en dedans. Cet anneau a une partie adhérente et une autre libre, comme s'il résultait du renversement en dedans du bord même de l'ouverture dans une étendue de 4 ou 5 millimètres du bord renversé, dont la moitié antérieure serait soudée au pourtour de l'entrée de l'œsophage, et dont le reste demeurerait libre et flottant dans la cavité œsophagienne.

Ce rebord interne est plissé longitudinalement, et entre ses plis la muqueuse forme de petites saillies plus rouges que le reste de cette membrane dans les parties environnantes. Il constitue, pour ainsi dire, à lui seul tout l'œsophage proprement dit, après lequel commence l'estomac. Dans l'épaisseur de ce rebord se trouve une forte couche de tissu musculaire faisant office de sphincter.

On comprend facilement que plus les matières solides, liquides ou gazeuses qui distendront la cavité de l'estomac seront volumineuses, plus aisément, si elles sont animées d'un mouvement antipéristaltique, elles soulèveront la partie flottante de ce rebord, qui, en se repliant sur la portion adhérente, fermera l'entrée de l'œsophage, comme le ferait une valvule circulaire. Le jeu de ce rebord peut servir à expliquer certaine particularité physiologique propre à ce Poisson.

Le canal intestinal parcourt presque directement d'avant en arrière la cavité abdominale. Après le premier quart de ce canal qui appartient en grande partie au duodénum, il forme des festons, et se rend directement à l'anus, sans offrir aucune valvule.

L'anus est entouré d'un gros bourrelet saillant, dont les bords, en se touchant, forment une sorte de grosse papille. En avant de ce bourrelet, et même dans son épaisseur aussi bien que sous la muqueuse, on voit de nombreuses fibres musculaires qui sont disposées circulairement. Ces fibres forment des faisceaux charnus, dont plusieurs sont plus forts que les autres et comme hypertrophiés. Cette couche musculaire s'étend aux parois de la portion de l'intestin qui précède immédiatement l'anus, portion qu'on rencontre très-souvent, surtout chez les individus avancés en âge, dilatée, et pouvant servir de réservoir momentané aux matières qui ont parcouru toute la longueur du tube intestinal.

Les Loches ont le museau pointu, cartilagineux et souple, au-dessus duquel s'ouvre la bouche, qui a des lèvres longues entourées de cinq paires de barbillons, si larges à leur base, que les plus grands simulent des doubles lèvres dans les endroits où leurs bases sont en contact les unes avec les autres. Cet appareil labial rend la bouche propre à la succion, et peut la clore hermétiquement, d'autant plus facilement, qu'il est sans cesse enduit d'épaisses mucosités. Une particularité notable est la bifurcation de la lèvre inférieure, dont les prolongements constituent les deux barbillons inférieurs.

Les bords des appareils operculaires sont également prolongés en une courte membrane élastique, et sécrètent de la mucosité, qui leur permet de fermer parfaitement tout le pourtour des ouvertures des ouïes.

L'examen anatomique des appareils auditifs des corps des Barbeaux et des Loches ne pouvait me conduire qu'à revoir des faits bien connus, depuis la publication des recherches de Eh. Weber sur l'oreille de ces animaux (1), recherches dont les résultats sont presque généralement adoptés par les savants, après avoir été vérifiés par plusieurs d'entre eux, et entre autres par Bréchet (2), qui, dans un bon travail sur l'anatomie de la Carpe, a complétement confirmé les découvertes de Weber, et non-seulement a reproduit les plus minutieux détails de l'anatomiste allemand, mais encore les a représentés dans un dessin fait avec soin. Néanmoins j'ai été jusqu'au bout de la révision des principaux points de ces découvertes relativement aux Poissons que je viens de nommer.

Ces principaux faits sont évidemment exacts. La vessie pneu-

(1) Voy. E. H. Weber, *De aure et auditu Hominis et Animalium*, pars I. Lipsiæ, pl II et IV.

(2) Voy. Bréchet, *Mémoires de divers savants publiés par l'Académie des sciences*, t. V, 1838, dernière planche. — *Mémoire sur les organes auditifs des Poissons.*

matique est assurément en rapport avec le bout postérieur d'une chaîne d'osselets renfermés dans une capsule aponévrotique remplie de périlymphe (liquide des cavités auriculaires), et s'étendant de la partie postérieure de la vessie jusqu'aux parois osseuses du labyrinthe, à travers lesquelles un pertuis est ménagé, en sorte que la périlymphe contenue dans la capsule est doublement en rapport avec celle qui, à l'intérieur du crâne, baigne tous les autres organes auditifs, et par le pertuis et par une autre ouverture creusée dans l'os occipital inférieur.

Il en résulte que la plus légère vibration des parois vésicales peut être transmise aux organes essentiels de l'audition par deux voies différentes : par le mouvement vibratoire de la chaîne d'osselets et par les ondulations sonores de la périlymphe. On ne peut douter que le surcroît de pièces organiques ajoutées à l'appareil auditif ordinaire des Poissons ne soit un véritable complément de mécanisme, qui donne à l'ensemble de l'appareil un plus grand degré d'analogie avec l'oreille moyenne des Mammifères, et n'apporte en même temps un degré de perfectionnement proportionnel dans l'audition elle-même des individus, chez lesquels on trouve les agents organiques d'un mécanisme aussi complet.

La nouvelle fonction que Weber a attribuée à la vessie pneumatique, en l'assimilant à une sorte de caisse de tympan ou à un organe de renforcement des sons qui sont transmis au corps du Poisson par le milieu ambiant, est trop important et trop analogue à la fonction nouvelle, que j'ai reconnue aussi à cet organe, pour que je n'insiste pas sur cette distinction bien naturelle, quand la vessie est, comme elle est en effet chez les Carpes et les Barbeaux, etc., divisée en deux lobes placés l'un devant l'autre. Cette distinction est la suivante : Le lobe antérieur de la vessie pneumatique, qui est le plus grand, est solidement attaché aux premières vertèbres ; sa position, sa grandeur, le disposent le plus favorablement possible à remplir seul l'office de caisse du tympan ; tandis que le lobe postérieur, qui est plus petit, ne tenant au premier que par la partie étranglée et très-rétrécie de la vessie, reste libre et flottant dans la cavité abdominale. Dans de telles conditions, ce dernier lobe est plus propre à jouer un rôle différent de celui auquel le premier est destiné ; en effet, je dirai bientôt de quelle nature est l'acte fonctionnel qu'il exerce réellement.

CONSIDÉRATIONS PHYSIOLOGIQUES. — On n'a qu'à se promener sur les bords des étangs ou bassins où l'on élève plusieurs espèces de Cyprinoïdes et des Anguilles, pour voir plusieurs des Poissons de cette première famille venir ouvrir leur bouche à la surface de l'eau, soit pour y prendre une provision d'air, soit pour s'emparer d'une proie vivante et flottant sur l'eau. Le bruit que font ces animaux en décollant subitement leurs lèvres pourvues de plus ou moins de mucosité est connu de tout le monde, et j'en ai déjà parlé plus haut ; mais ce que l'on ne remarque pas, c'est que les Carpes et plusieurs espèces voisines de cette dernière émettent en même temps un petit bruit de souffle, qui, se confondant avec le bruit plus intense qui provient de l'ouverture de la bouche, passe ordinairement sans éveiller l'attention des promeneurs. Les Anguilles, qui viennent aussi avaler de l'air à la surface de l'eau, et plus particulièrement celles qu'on rencontre dans les herbes des prairies, font entendre, quand on les saisit avec la main, un petit bruit de souffle faible, aussi difficilement appréciable. Du reste, il faut se rappeler que ce n'est pas fréquemment que les Poissons des deux espèces dont je viens de parler émettent ces faibles soufflements, et qu'il faut quelquefois les examiner longtemps et avec une grande attention pour observer ces bruits. Je ne puis négliger de mentionner ici que beaucoup de ces animaux produisent souvent d'autres bruits qui, émis dans l'eau, ressemblent à des murmures très-sourds, et qui ne proviennent que d'éruptions gazeuses effectuées par l'ouverture anale.

Toutefois, si l'on veut avoir une idée bien nette des véritables bruits de souffle, c'est chez les Barbeaux et chez les Meuniers qu'il faut les observer. Ce n'est pas à dire que la plupart de ces Poissons forment assez souvent de ces bruits pour qu'une investigation superficielle suffise pour les entendre, car ce n'est que dans certaines circonstances, à ce qu'il paraît, qu'ils les produisent, quand on les tire de l'eau par exemple, et surtout lorsqu'on les inquiète. En prêtant dans ces occurrences une oreille attentive, on parviendra à entendre quelques-unes de ces émissions sonores. Ces bruits ressemblent exactement à ceux que nous pouvons produire en soufflant légèrement dans le tuyau d'une grosse plume, celle d'une Oie par exemple, et sont bien plus forts que ceux qu'engendrent les Anguilles. Ce sont les seuls *bruits réguliers*, *les seuls sons incommensurables expressifs* que, dans diverses occasions où j'ai pu les observer, ces Poissons m'aient fait entendre spontanément.

Comme on connaît un grand nombre d'Acanthoptérygiens à vessie pneumatique complétement fermée, ou même sans vessie aérienne, qui produisent, quand on les tire de l'eau, un bruit de souffle des mieux accusés, ainsi que j'ai souvent constaté le fait sur des Scombéroïdes et d'autres Poissons, il devenait pour moi très-probable que l'air atmosphérique avalé par ces Poissons, ou les gaz développés dans leur tube intestinal, devait suffire à la formation de ce bruit que j'ai bien souvent reproduit chez beaucoup d'individus vivants, soit simplement en comprimant brusquement l'abdomen sans aucune autre préparation, ou mieux, et plus infailliblement, après avoir préalablement insufflé l'air dans leur estomac à l'aide d'une sonde de gomme élastique.

Mais ces simples bruits de souffle sont-ils les seuls qu'un léger courant d'air instantané, ou de courte ou de plus longue durée, sortant par l'œsophage et traversant librement le pharynx et la bouche, pourrait produire, et jusqu'à quel point ces cavités antérieures à l'œsophage sont-elles propres à propager les sons ou à les modifier?

C'est pour répondre à ces questions que j'ai fait les expériences que je vais décrire le plus succinctement possible.

J'ai d'abord introduit par l'œsophage une sonde flexible dans l'estomac d'un Meunier bien vivant et bien vigoureux, et, au moyen de cet instrument, j'y ai accumulé une bonne quantité d'air; puis cela fait, en comprimant convenablement l'abdomen, j'ai à volonté fait rendre à ce Poisson des bruits de souffle plus variés, plus clairs et plus sonores que ceux qu'il m'avait fait entendre naturellement. De plus, en dirigeant à ma guise les gaz contenus dans le tube digestif à l'aide de pressions ménagées sur les parois abdominales, j'ai déterminé la production de borborygmes et d'éructations accompagnés de bruits qu'on ne pouvait prévoir.

Encouragé par les résultats de ces premiers essais chez plusieurs Meuniers très-vigoureux, et exécutant avec force et régularité leurs mouvements respiratoires, j'ai fait une petite incision dans la paroi du ventre; j'ai ensuite perforé l'intestin tenant lieu de duodénum, dans lequel j'ai introduit un petit tube métallique sur lequel j'ai attaché solidement les bords de la petite plaie intestinale; puis, après avoir maintenu rapprochées les lèvres de l'incision pratiquée dans les parois abdominales, j'ai fait passer par l'estomac et l'œsophage un courant d'air, dont j'ai méthodiquement augmenté ou diminué la vitesse, la quantité, et modifié de toutes les façons que j'ai pu imaginer, toutefois avec tous les ménagements possibles.

Au moyen de ce courant d'air, j'ai d'abord reconnu que pendant que j'empêchais le Poisson d'exécuter ses mouvements respiratoires, il ne pouvait guère produire qu'un murmure, il est vrai assez retentissant, mais bien peu varié, et quelques bruits de souffle imparfaits; quand au contraire je lui rendais la liberté de ces mouvements, il s'empressait de les exécuter avec une régularité parfaite, et alors il pouvait former des bruits de souffle modifiés de plusieurs manières, mais tous plus prononcés que ceux qu'il émettait naturellement pendant que leurs appareils bronchiques, operculaires et buccal, étaient complétement au repos.

Puis, en insistant sur les insufflations courtes, saccadées ou soutenues, ou associées deux à deux ou trois à trois, etc., enfin diversifiées de bien des façons, je n'ai pas été peu surpris d'entendre ce Poisson produire successivement, soit des sifflements, soit des cris analogues à ceux d'une Souris ou à ceux d'un petit Oiseau, soit d'autres cris semblables aux miaulements d'un Chat ou aux aboiements d'un petit Chien. Finalement, quand je prolongeais les insufflations avec force, ces bruits ressemblaient à des hurlements bizarres, et tous les sons étaient retentissants et quelquefois même éclatants.

D'après ces faits, il devenait évident pour moi que la portion antérieure et rétrécie de l'œsophage, le pharynx, et surtout les mouvements non interrompus des branchies et de toutes les parties de la tête qui s'agitent avec elles pour contribuer à l'accomplissement de la fonction de la respiration, modifiaient différemment ce très-faible courant d'air; que la partie antérieure de l'œsophage, qu'il franchissait en premier lieu, le changeait en un murmure qu'ensuite toutes les diverses cavités placées en avant de l'œsophage, et à travers lesquelles passaient les vibrations sonores de ce bruit primitivement si faible, transformaient en ces phénomènes acoustiques si singuliers et relativement bien plus parfaits dont je viens d'essayer de donner une idée approximative.

J'ai répété un très-grand nombre de fois ces expériences, et j'ai constamment obtenu des résultats semblables à ceux que je viens d'exposer.

Il n'est nullement besoin d'entrer ici dans le développement d'une discussion approfondie de tous ces faits pour en déduire les circonspectes conséquences qui suivent : Les cavités œsophagienne, branchiales et buccale sont par leur conformation très-retentissantes, et à l'aide des mouvements de leurs parties constitutives non-seulement elles peuvent renforcer considérablement le plus petit murmure, mais encore le modifier de façon à lui donner des qualités acoustiques inouïes jusqu'à ce jour et moins imparfaites que celles qu'il produit ordinairement.

J'ai répété la même expérience en plaçant le sujet sous l'eau à une profondeur d'une trentaine de centimètres environ. Dans ces nouvelles circonstances les sons ont en général perdu beaucoup de leur éclat et de leur intensité ; ils étaient pour la plupart sourds, et ressemblaient à des murmures variés, quelques-uns à des borborygmes, mais d'autres conservaient mieux leurs qualités agréables à l'oreille, et l'ensemble offrait encore beaucoup d'intérêt (1).

(1) Un moyen de simplifier beaucoup les expériences précédentes, est de laisser

Ces faits une fois constatés, il en restait un dernier à examiner, à savoir : si le canal pneumatique est capable de laisser passer à la fois une assez grande quantité de gaz pour produire des bruits de souffle.

Sur les Poissons vivants il m'est arrivé bien des fois, après avoir ouvert l'abdomen, de percer le second lobe de la vessie pneumatique, d'attacher les bords de l'ouverture que je venais de faire à ce réservoir à gaz sur un tube métallique, et d'accumuler par insufflation de l'air dans ce lobe avec l'intention de faire passer une partie de ces gaz à travers le canal pneumatique et de le chasser au dehors.

Je n'ai pu parvenir à ce but tant que le sujet était vigoureux; mais quand il s'affaiblissait ou quand il était près de mourir, ou après la mort, sous l'impulsion de mon souffle, l'écoulement des gaz par l'orifice antérieur du canal devenait praticable, et dans ces derniers cas j'ai entendu quelquefois de légers bruits de souffle, mais si faibles, que j'ai eu recours à une autre expérience pour confirmer ces premières données.

J'ai pratiqué une ouverture dans les parois buccales à l'aide d'une incision formant un lambeau avec lequel on peut facilement fermer presque hermétiquement et à volonté cette plaie; puis, au moyen de pinces recourbées, j'ai introduit dans l'embouchure du canal pneumatique un petit tube de verre dont l'un des bouts tourné en dehors était évasé en pavillon de trompette; j'ai ensuite fait passer un courant d'air par l'extrémité opposée du tube que j'avais maintenue saillante en dehors de la plaie faite à l'estomac, et l'animal n'a pas tardé à émettre des bruits de souffle très-appréciables et fort analogues à ceux que ce Poisson rendait spontanément et normalement avant la vivisection.

J'ai essayé ensuite, en variant les insufflations, de faire rendre au sujet des sons plus ou moins semblables à ceux que j'avais obtenus chez les Meuniers dans les expériences décrites plus haut,

les sujets, les *Meuniers*, qu'on veut soumettre à ces investigations, jeûner pendant deux ou trois jours. Alors, au lieu de vivisections compliquées, il suffira d'introduire une sonde flexible dans l'anus du Poisson, et d'y faire passer un courant d'air, qui franchira facilement toute la longueur du tube digestif et sortira par l'œsophage.

mais le résultat n'a pas été satisfaisant; les précautions gênantes qu'exige la fragilité des tubes de verre si mince, les mouvements désordonnés des sujets, ne m'ont pas permis de prolonger autant que je l'aurais désiré les expériences, et j'ai fini par briser tous les tubes que j'avais à ma disposition.

Ces expériences, tout incomplètes qu'elles sont, ne laissent pas que d'être probantes sous un rapport : on peut en inférer qu'un léger courant d'air ayant les dimensions initiales de celui qui peut passer par le canal pneumatique est capable de produire le bruit de souffle normal.

Des précédentes expériences faites sur des Barbeaux et des Meuniers, de déductions et des réflexions y relatives, il résulte, à mon avis :

1° Que les bruits que forment les Barbeaux et les Meuniers sont volontaires, puisqu'une des conditions essentielles de leur production est la sortie des gaz par le bout antérieur du canal pneumatique, sortie qui ne dépend pas d'une certaine accumulation de gaz dans la vessie aérifère; mais est soumise à la volonté de l'animal, qui peut à son gré maintenir ouvertes ou fermées les petites valvules de l'intérieur de ce canal.

2° Qu'en outre des fonctions qu'ils remplissent chez les autres Poissons, la vessie aérifère et son canal pneumatique sont chargés, chez les Barbeaux et les Meuniers, d'une autre fonction ; que celle-ci consiste à fournir une certaine quantité de gaz animés d'une certaine vitesse nécessaire à la formation des bruits expressifs, et qu'ainsi, dans le mécanisme de la production de ces phénomènes acoustiques, ils agissent à l'instar d'un appareil de soufflerie.

3° Que le principal agent de la propulsion des gaz est le lobe postérieur de la vessie pneumatique, mieux disposé à cet effet que le lobe antérieur.

4° Qu'il est de la plus grande probabilité que nous sommes loin de connaître tous les phénomènes acoustiques que les Poissons dont il s'agit ici peuvent engendrer à l'aide de tous les organes qui, chez eux, contribuent à la formation des sons, comme tend à le prouver le retentissement tout à fait imprévu des cavités œsophagienne, branchiales et buccale, ainsi que les nombreuses et non moins inattendues modifications que les mouvements respiratoires peuvent imprimer à des vibrations sonores qui viennent à les traverser; et qu'enfin il y a des conditions relatives aux instincts de ces animaux, dans lesquelles ils deviennent capables d'émettre des manifestations sonores moins imparfaites que celles que nous les avons entendus former.

Les bruits que font entendre les *Cobitis* sont les plus intenses, les plus variés de ceux du même ordre. L'espèce de ce genre qui a depuis bien longtemps, depuis plusieurs siècles s'il faut en croire certains auteurs, attiré l'attention des naturalistes, est celle qui atteint la plus grande taille : près de 32 centimètres de longueur. C'est la Loche d'étang (*Cobitis fossilis*, Lin.; *Misgurne*, Lacép.).

Sur des individus de cette espèce j'ai fait un grand nombre d'observations dont je vais brièvement exposer les résultats.

Depuis les savantes recherches faites par Paul Erman, de l'université de Berlin, sur les Loches d'étang, dans un autre but que celui que je me propose, tout le monde sait que ces Malacoptérygiens, durant les saisons chaudes de l'année, viennent à des intervalles inégaux, mais bien plus fréquemment que les autres Poissons en général, avaler de l'air à la surface de l'eau.

Je dois immédiatement faire remarquer deux particularités concomitantes s'accomplissant pendant que ces Loches viennent ainsi s'approvisionner d'air.

La première consiste en ce que ces animaux expulsent constamment des bulles de gaz par l'anus en même temps qu'ils introduisent de l'air dans leur bouche; et la seconde, en ce que cette entrée et cette sortie des gaz s'effectuent le plus fréquemment sans autre bruit que le murmure occasionné par les bulles de gaz qui, rejetées par l'orifice anal, viennent en barbotant crever à la surface du liquide. Forcés de venir incessamment à la surface de l'eau, l'instinct de conservation de ces animaux leur impose le soin d'exécuter cette manœuvre silencieusement. Mais ils semblent se complaire quelquefois à se départir de cette prudence instinctive. Quand ils sont, par exemple, assemblés en grand nombre dans un vaste vase rempli d'eau et mieux encore dans un bassin, ils viennent tumultueusement à la surface et exécutent leur manœuvre habituelle, mais alors plus ou moins bruyamment et comme s'ils s'excitaient mutuellement à augmenter l'intensité des phénomènes acoustiques qu'ils produisent.

Les faits que je viens d'énoncer sont assez intéressants pour que je m'y arrête quelques instants.

D'abord on pourrait croire, si je ne m'expliquais pas à ce sujet, que j'ai confondu les mouvements singuliers auxquels les Loches se sont, à diverses reprises, livrées sous mes yeux, et dont la description précède, avec cette agitation à laquelle ces Poissons sont quelquefois en proie pendant les temps orageux. Je sais parfaitement à quoi m'en tenir sur ces derniers phénomènes, qui ne sont ni aussi extraordinaires, ni, comme signes du temps, aussi infaillibles qu'on s'est plu à le dire, et par conséquent je suis autorisé à affirmer qu'il n'y a pas eu de méprise de ma part sur ce point.

J'ajouterai que, pour me mettre à l'abri de toute confusion, j'ai pris la précaution, pendant les investigations que j'ai faites sur ces Loches, de consulter des instruments de physique qui, dans ces circonstances, n'ont jamais indiqué l'existence de perturbations atmosphériques, et en dernier lieu, qu'on ne doit pas oublier que ces Loches, toutes assez grandes, toutes assez développées pour avoir frayé indubitablement plusieurs fois, n'étaient pas isolées, mais réunies en assez grand nombre, réunion dont l'influence est évidemment déterminative d'actes spéciaux, bizarres et encore peu connus chez un grand nombre d'autres Vertébrés.

Après avoir donné cette explication, je reviens à la conséquence que je veux immédiatement tirer de ces premiers faits et qui est la suivante : d'une part, dès qu'il est péremptoirement constaté que les Loches accomplissent le même acte fonctionnel tantôt silencieusement, tantôt en l'accompagnant d'émissions sonores, il devient évident que ces dernières sont indépendantes de l'acte fonctionnel de la préhension d'une certaine quantité d'air. D'autre part, comme on peut établir qu'en général, dans le Règne animal, tout son produit et qui n'est pas la conséquence *nécessaire* d'un autre acte fonctionnel, est, à quelques douteuses et rares exceptions près, une manifestation instinctive de l'animal qui l'a produite; conséquemment les bruits que les Loches engendrent sont non-seulement volontaires, mais encore doivent être considérés comme des manifestations ou comme des actes d'expression.

En continuant mes investigations sur des Loches qui se trouvaient dans les conditions spéciales que j'ai dépeintes avant la digression qu'on vient de lire, j'ai reconnu qu'on ne saurait choisir de meilleures occasions que celles-ci pour apprécier le nombre de sons différents que chaque individu peut former et tout le parti qu'il peut tirer de la provision de gaz contenue dans son tube digestif. On peut observer que dans le cas où les sons deviennent intenses, ces animaux rendent bruyamment par la bouche et par les ouvertures branchiales des gaz qui proviennent évidemment d'une ou plusieurs éructations ; ils en rendent également par l'anus avant de renouveler leur provision d'air.

On peut aussi s'assurer que l'air entrant brusquement dans la bouche, qui alors agit par succion, produit certain bruit *sifflant.* Ce fait est aussi très-évident. Il est essentiel de noter que ces bruits diffèrent les uns des autres : le bruit qui accompagne la succion de l'air n'est pas le même que celui qui résulte des éruptions gazeuses s'accomplissant par la bouche ; ce dernier n'est pas non plus semblable au bruit éruptif des gaz sortant par les ouïes ; les éructations produites quand tous les orifices de la tête sont ouverts forment aussi un bruit qui leur est propre ; enfin tous les précédents sons incommensurables diffèrent beaucoup de ceux qui sont dus aux éruptions gazeuses s'effectuant par l'anus.

Tous ces phénomènes sont d'une évidence incontestable.

Tous ces bruits, qu'on le remarque bien, peuvent être produits naturellement par ces Loches, quelques-uns seulement à la surface de l'eau, mais le plus grand nombre à la surface aussi bien que sous l'eau.

Dussé-je faire perdre au sujet que je traite un peu de l'intérêt qu'il comporte, je ne saurais passer sous silence que de tous les sons formés dans les circonstances que je viens de rapporter, les plus forts, les plus variés, quelquefois très-doux, quelquefois aigus comme celui d'un sifflet, résultent des éruptions gazeuses qui ont lieu par l'anus.

Jusqu'à présent la plupart des auteurs qui se sont occupés des bruits que font entendre les Loches ont parlé uniquement du sifflement aigu que ces Poissons émettent quand on les saisit, qu'on les tire brusquement de l'eau, et que surpris, effarouchés, ils se contournent, se plient et se replient sur eux-mêmes, et expulsent avec toute la force dont ils sont capables les gaz renfermés dans leur tube intestinal.

C'était là le seul bruit produit, on doit bien le reconnaître dans des circonstances exceptionnelles, qui ait attiré l'attention, et l'on s'évertuait à en chercher la cause sans observer méthodiquement les bruits émis normalement dans les conditions ordinaires de la vie de ces Poissons.

J'ai, moi aussi, examiné attentivement ces sifflements aigus que ces animaux poussent quand on les arrache à leur habitat et qu'on les inquiète, et j'ai constaté que la plupart de ces sons sont complexes, que de plus ils ne sont pas identiquement les mêmes ; qu'ils se ressemblent, il est vrai, par leur intensité et leur éclat, mais qu'ils n'ont ni le même timbre, ni les mêmes nuances sonores, toutes modifications de sons que je ne suis parvenu à bien apprécier qu'après en avoir fait une étude assidue.

J'ai remarqué de plus que ces bruits ne sont pas d'une autre nature que ceux que ces animaux rendent normalement quand ils sont en pleine quiétude; ce sont les mêmes bruits, mais exagérés dans de telles proportions par les efforts extrêmement violents, presque convulsifs, qui contribuent à les engendrer, qu'ils deviennent méconnaissables, et qu'en outre les bruits les plus disparates, qui restent bien distincts quand ils sont formés spontanément, sont au contraire émis simultanément dans les cas insolites dont il est ici question : ce mélange augmente encore la difficulté de remonter à leur type primitif.

En procédant comme je l'ai fait dans les observations précédentes, la question relative au mécanisme de ces bruits offre encore des difficultés, mais de celles qui ne sont pas insurmontables.

J'établis d'abord que la cause générale de ces bruits ne doit pas être cherchée ailleurs que dans la contraction des muscles du canal digestif et de tous ceux qui, directement ou indirectement, peuvent rétrécir subitement les cavités du corps, et plus particulièrement celle de l'abdomen, contraction qui chasse avec plus ou moins d'intensité les gaz qui sont incessamment tenus en réserve dans le tube intestinal.

Il y a ensuite plusieurs causes spéciales ou modificatrices dont il faut tenir grandement compte, quoiqu'elles soient secondaires.

On en trouve une première dans le bourrelet muqueux et musculaire qui entoure l'anus, dont l'action ne peut être douteuse sur la production des sons si singuliers, si variés, engendrés par des éruptions ayant lieu par cette ouverture.

A l'extrémité antérieure du tube digestif proprement dit, le gros rebord intérieur de l'œsophage peut rendre sonores toutes les éructations.

Plus en avant : d'une part, les ouvertures des ouïes si bien closes par les bords des appareils operculaires, assez longs et élastiques, peuvent facilement vibrer sur un ou plusieurs points de leur étendue, étant mis en mouvement par les gaz, et, d'autre part, les longues lèvres munies de huit barbillons larges à leur base. Cette lèvre inférieure séparée sur la ligne médiane et se prolongeant en deux petits barbillons, cet appareil labial complexe est bien propre à produire des sifflements, soit au moyen de gaz chassés de dedans en dehors, soit à l'aide de ceux humés par la cavité buccale, et à jouer, ainsi comme cause spéciale, un rôle qui ne manque pas d'une certaine importance.

La diversité des mécanismes, dont chacun est propre à l'une des causes spéciales ou modificatrices si multiples de ces sons incommensurables, explique facilement les différences qu'ils présentent.

Ces mécanismes du reste sont si simples, si évidents, comme

je l'ai dit plus haut, que toute démonstration à leur égard serait superflue.

La cause générale étant connue, les causes spéciales perdent beaucoup de leur intérêt, surtout si l'on admet avec moi que ces causes spéciales peuvent jusqu'à un certain point, non-seulement se suppléer mutuellement, mais encore combiner leurs effets pour produire des bruits complexes qui, seuls jusqu'à présent, avaient captivé l'attention des auteurs mes devanciers.

J'ai fait aussi quelques observations sur deux autres espèces de Loches : les Loches franches (*Cobitis barbatula*, Lin.), et la Loche de rivière (*Cobitis Tænia*, Lin.). Les seuls sujets que j'aie eus à ma disposition n'avaient pas plus de 10 centimètres de longueur, mais ils étaient bien vivants et pleins de vigueur.

Quelque difficile qu'il soit d'étudier les bruits formés par d'aussi petits Poissons, je suis parvenu à découvrir qu'ils rendent des bruits de deux ordres.

Le plus fréquent est un bruit irrégulier que je rapporte au décollement des lèvres et des appareils operculaires pendant l'ouverture brusque de la bouche et des ouïes. Le second est plus rare, il est semblable à un léger bruit de souffle et provient d'une éructation gazeuse. Toutefois ces bruits sont si faibles et offrent si peu d'intérêt, que je crois en avoir dit assez à leur égard.

Je terminerai l'exposé de tous les faits relatifs aux Cyprinoïdes par une réflexion qui s'applique également à bien d'autres Poissons bruyants dont j'aurai à m'occuper dans ce mémoire, mais je ne saurais trop tôt en présenter l'expression ; la voici :

On ne saurait nier que les fonctions de l'instinct de l'audition et celles de l'expression des sons n'aient entre elles des rapports si intimes, tellement connexes, que la certitude d'un certain degré de développement de l'instinct dans une espèce animale ne soit un excellent argument à faire valoir pour justifier, à priori, la découverte d'un degré correspondant de perfectionnement dans les fonctions auditives de la même espèce, et qu'un semblable argument ne devienne plus puissant dans le cas où la réalité de cette première découverte ayant été démontrée, on viendrait, au moyen de recherches faites dans un autre but tout spécial, à découvrir l'existence de la troisième de ces fonctions *dans la même espèce*. Les découvertes successives se prêteraient alors un mutuel appui sur lequel on pourrait établir une des plus fortes présomptions que comporte un raisonnement fondé sur les rapports de plusieurs fonctions entre elles. Or, une suite de déductions pareilles à la précédente est applicable aux faits physiologiques dont nous nous occupons.

En effet, on savait depuis des siècles que des Carpes et d'autres Cyprinoïdes avaient donné, en mainte circonstance, des preuves irrécusables de leur aptitude à recevoir quelques linéaments d'éducation, et particulièrement à percevoir certains sons.

En cet état de choses, c'est d'abord E. H. Weber qui constate l'existence de tout un appareil de perfectionnement des organes auditifs dans ces espèces de Poissons, et c'est enfin chez elles que je viens de signaler la présence d'organes reproducteurs de sons et l'émission de manifestations sonores et caractéristiques. La coexistence d'un certain degré de perfectionnement de ces trois fonctions dans le même animal n'est-elle pas à elle seule une véritable révélation ? Ne donne-t-elle pas une sanction presque démonstrative aux belles découvertes de E. H. Weber et à mes propositions sur les phénomènes acoustiques que produisent en particulier les Barbeaux et les Meuniers ?

DEUXIÈME PARTIE

CHAPITRE PREMIER

DES SONS RÉGULIERS QUI ONT POUR CAUSE LA VIBRATION DE CERTAINS MUSCLES.

§ 1.

Les caractères généraux de ces sons normaux sont les suivants :

Leur timbre est plus ou moins doux, plus ou moins moelleux, et ne provoque jamais cette sensation auditive, d'où résulte le grincement de dents.

Ce timbre est d'une mutabilité extraordinaire; il varie souvent, et change même pendant la tenue d'un son (1).

Un autre caractère, qui n'appartient qu'au plus grand nombre de ces sons, consiste en ce que ces sons peuvent être appréciés musicalement, ou, en d'autres termes, sont commensurables.

Le phénomène physiologique connu généralement sous le nom de *trépidation* ou *trémulation* musculaire, et que Wollaston (2) a assimilé, avec raison, à un mouvement de vibration, n'a pour ainsi dire été observé que chez l'Homme, et n'a jamais été le sujet d'une étude approfondie, soit au point de vue biologique, soit au point de vue de la physique proprement dite. Quelques physiologistes pensent même encore que ce mouvement assez rapide pour produire un léger bruit, désigné sous le nom de *bruit de rotation* par Laënnec et sous celui de *bruit de contraction des muscles* par d'autres auteurs, est trop faible par lui-même et trop peu important par ses effets pour devenir jamais d'un certain intérêt en physiologie générale. Si les savants dont je viens de citer l'opinion sont arrivés à cette conviction, c'est que jusqu'à présent l'observation de ce mouvement n'avait pas été suivie dans les différentes classes de Vertébrés et chez plusieurs animaux appartenant à d'autres embranchements du Règne animal (3). Les recherches que j'ai entreprises sur la vibra-

(1) Ce son, après avoir subi cette modification, est aisément reconnaissable à son ton et à son intensité.

(2) Voy. *On the Duration of muscular action* (N. Wollaston, *Philosophical Transactions of the Royal Society of London for the year* 1810, p. 1) : *Sur la durée de l'action musculaire, etc.*

(3) Je dois rappeler que le commencement du chapitre qu'on vient de lire a été écrit en 1858.

Depuis cette date, plusieurs physiologistes se sont occupés de la vibration musculaire. Les plus savants d'entre eux n'ont considéré cette vibration que comme une question secondaire dans l'étude qu'ils faisaient de la contraction musculaire. Aussi on ne doit pas s'étonner qu'ils se soient contentés, après avoir perfectionné un procédé d'observation employé en 1812 par Erman, de Berlin, de déterminer, il est vrai, avec plus de précision qu'on ne l'avait fait avant eux, *la tonalité* du son musculaire de quelques-uns des muscles de l'Homme, entre autres de ceux de la mâchoire inférieure, de ceux de l'avant-bras, etc. Dans un autre but, un médecin praticien, voulant faire certaines investigations sur ce phénomène, demanda, en 1862, conseil à M. König. Cet habile acousticien répondit à l'appel qui lui était fait en inventant un

tion musculaire comparée m'ont déjà mis à même de constater des faits intéressants que je me propose de publier ; mais il ne doit être question ici que du résultat de mes recherches expérimentales relatives aux Vertébrés de la cinquième classe.

Et d'abord il faut démontrer expérimentalement les deux propositions suivantes, que je considère comme fondamentales :

Première proposition : Quelques muscles de certains Poissons

instrument compteur très-ingénieux à l'aide duquel on peut apprécier plus exactement la manifestation acoustique de ce phénomène. Il est à regretter que cet instrument n'ait servi qu'à l'observation d'un petit nombre de muscles de l'Homme dont les médecins praticiens connaissaient depuis longtemps *le bruit de rotation*. Du reste, je ne crois pas que ces physiologistes aient étendu leur examen au grand nombre de muscles humains explorés en 1826 par R. Th. Laennec et quelques autres de leurs prédécesseurs ; et je suis certain qu'aucun d'eux n'a examiné sous le même rapport *tous* les muscles de l'Homme accessibles au moyen d'investigation que nous possédons. Je ne sache pas non plus qu'aucun d'eux ait abordé l'observation comparative de la vibration musculaire dans les êtres des différentes classes du règne animal où ce phénomène se produit.

Enfin, une des particularités les plus remarquables de la propriété acoustique de ce fait naturel a complétement échappé à tous ces investigateurs ; car, pas un seul n'a fait la moindre mention de l'observation de cette manifestation sonore chez des animaux où elle acquiert un assez grand développement pour que le sujet puisse s'en servir à exprimer ces perceptions instinctives.

Ces quelques lignes suffisent, je crois, à montrer combien l'étude de la vibration musculaire est encore incomplète. En résumé, des assertions que j'avançais il y a *quatorze années*, pour énoncer mon opinion sur les connaissances acquises alors à la science au sujet de la vibration musculaire, je n'en vois qu'une seule à modifier légèrement, pour que mon appréciation, écrite en 1858, soit de tout point semblable à celle que je crois devoir aujourd'hui exprimer comme il suit : La vibration musculaire attend encore son historien ; le savant qui, au moyen de recherches expérimentales assez multipliées, pour faire une étude bien approfondie, bien complète de ce fait naturel, l'élèvera au rang des phénomènes les plus intéressants de la biologie.

Comme un grand nombre de phénomènes sur lesquels la science ne possède encore que des notions insuffisantes, ce fait physiologique est maintenant encore connu du monde savant, sous plusieurs noms dont je ne cite ici que quelques-uns (extraits d'une synonymie inédite) : *Agitatio spiritum*, P. François Grimaldi, 1575 ; *De murmure auditu*, Theodori Crœmeu, 1689 ; *Perpetua fibrarum muscularum palpitatione*, Joseph. Lud. Rogers, 1769 ; *Vibration musculaire*, Wollaston, 1810 ; *Bruit de rotation*, R. Th. Laennec, 1826 ; *Bruit de la contraction musculaire*, 1836. Beaucoup de docteurs anglais : *Trémulation musculaire*, Dugès et beaucoup d'autres auteurs : *Titubation musculaire; Grésillement musculaire ; Son musculaire ; Vibration Wollastonienne*, etc., etc.

bruyants deviennent en se contractant susceptibles d'un mouvement de vibration.

Deuxième proposition : Ce mouvement est le principe des sons que font entendre ces animaux.

Pour parvenir au but que je me propose, il importe, en premier lieu, de signaler la faculté physiologique la plus notable des Poissons que j'ai choisis pour sujets de mes expériences, et de faire connaître la disposition anatomique de quelques parties du corps de ces Acanthoptérygiens : ce sont les individus de l'espèce Lyre (*Trigla Lyra* Lin.), et d'autres de la seule espèce du genre Malarmat (*Peristedion* Lac., *Trigla cataphracta* Lin.).

En donnant le nom de *Lyra* aux Trigles qui le portent aujourd'hui, Rondelet reconnaissait en eux les λύρα d'Aristote, renommés anciennement, comme ils l'étaient au temps du naturaliste de Montpellier, aussi bien qu'ils le sont de nos jours, pour les bruits qu'on sait très-bien qu'ils produisent, et qu'on a généralement comparés à des grognements. Que ces animaux soient ou ne soient pas de la même espèce que celle des Poissons que le philosophe de Stagyre désignait par ce nom ; toujours est-il que je me suis assuré que nos Lyres sont capables de former des sons assez parfaits pour qu'on puisse apprécier le nombre de leurs vibrations.

Quant au Malarmat, Rondelet affirme qu'il ne fait aucun bruit. Je crois être le premier observateur qui ait prouvé que ce Poisson est bruyant, et qu'il émet des sons commensurables.

Les sons que rendent les mâles, et ceux que font entendre les femelles des espèces *Lyra* et Malarmat, ne diffèrent que par leur intensité, qui est plus grande chez les mâles. Toutefois, c'est surtout au printemps, qui est le temps du frai, que les manifestations acoustiques de ces Poissons acquièrent le plus haut degré de leur perfection.

§ 2.

Parmi les différences organiques qui distinguent les Lyres de leurs congénères, il en est peu de plus nettement tranchées, de plus caractéristiques que celles que présentent leur vessie pneumatique, et deux muscles qui n'ont pas, à ma connaissance du moins, été décrits, et qu'on pourrait nommer *intra-costaux*.

Chez les Poissons de ces deux espèces, la vessie pneumatique est grande, ovoïde, a une cavité simple, sans trace de cloison, et n'a aucune communication avec le tube intestinal.

Ces membranes constitutives sont si minces, qu'elles en sont transparentes. Ses parois, qui ne sont munies d'aucun muscle, adhèrent en partie aux aponévroses de l'abdomen.

Ces animaux ont deux muscles *intra-costaux* situés en dedans de l'espèce de voussure (1) constituée par la courbure des côtes le long de la colonne vertébrale, et leur face supérieure adhère solidement à cette voussure.

Chez les Lyres, ces muscles intra-costaux forment dans l'intérieur de l'abdomen, où leur surface inférieure est presque entièrement libre, deux fortes saillies qui s'étendent obliquement de dehors en dedans et d'avant en arrière. Séparés antérieurement par l'épine dorsale et une portion des reins, ces muscles se rapprochent en arrière, et confondant, à l'aide d'expansions aponévrotiques, leurs tendons sur la colonne vertébrale, ils y constituent un plan tendineux, auquel adhère la face supérieure et médiane de la vessie pneumatique, tandis que les parties latérales de cet organe sont en contact seulement avec la portion moyenne et la plus renflée de ces muscles. Le bout antérieur de chacun d'eux dégénère en un tendon aplati qui, après avoir traversé la grande échancrure supérieure de l'os huméral, se fixe à la face interne du scapulaire. Le bout postérieur se partage en quatre faisceaux charnus, inégaux en longueur aussi bien qu'en grosseur, et terminés chacun par un tendon. Ces faisceaux se fixent : le premier et le plus court, à la septième vertèbre; le second faisceau, à la huitième; le troisième, à la neuvième; et le quatrième, à la dixième vertèbre dorsale.

Considérés uniquement comme agents moteurs du squelette, ces muscles *intra-costaux* ont évidemment pour fonctions : d'une

(1) En supposant le Poisson placé comme il l'est quant il nage. Cette supposition est celle que j'ai faite dans toutes les descriptions anatomiques contenues dans cet écrit.

part, de fléchir latéralement ou de maintenir l'épine dorsale dans sa rectitude ordinaire, suivant qu'un seul muscle se contracte, ou bien que la contraction de ces deux muscles est simultanée, quand les os scapulaires leur servent de point fixe ; d'autre part, d'attirer en dedans ces derniers os, et par suite les scapulaires et les huméraux (Cuvier), lorsque la colonne vertébrale est préalablement fixée. Il est certain que, dans ce dernier cas, ces muscles tendent tous les ligaments qui unissent entre eux les scapulaires aux sus-scapulaires et ces derniers os aux mastoïdiens, tension dont le but sera prochainement expliqué.

Enfin il est à remarquer que la fixité de la colonne vertébrale dans le plan médian du corps est une condition qui maintient les ventres des deux muscles *intra-costaux* en contiguïté parfaite avec la vessie.

Chez les Malarmats, chacun de ces muscles *intra-costaux* est situé en dedans des côtes, et décrit dans la voussure supérieure de ces os une ligne courbe, s'écartant d'autant plus de la direction de la colonne vertébrale que l'on considère cette ligne plus en arrière (1). Aussi une des faces de ce muscle, qui est supérieure en avant, devient-elle externe en se contournant en arrière. Elle est appliquée dans presque toute son étendue sur les côtes et les muscles de la couche profonde des grands latéraux (Cuvier), auxquels elle est unie par un tissu conjonctif assez consistant.

Le bout postérieur de ce muscle qui est comprimé, mince et pointu, se voit près de l'anus ; à partir de ce point, ce muscle s'insère dans les deux tiers postérieurs de sa longueur et, par sa face externe, aux aponévroses internes de l'abdomen ; plus en avant, il grossit, devient cylindrique, puis bientôt se bifurque ; sa courte portion se fixe par un tendon plat à l'os huméral (2) ; sa longue portion s'avance au delà de la cavité ventrale, passe au-dessus du diaphragme, et parvient jusqu'au crâne, où elle s'attache en dedans à l'occipital latéral et en dehors au rocher (Cuvier) (3).

Quand ces muscles se contractent pendant que la tête et les os

(1) Voy. pl. 18, fig. 15, *m, m', m'', m'''*.

(2) Voy. pl. 18, fig. 15, *m'*.

(3) Voy. pl. 18, fig. 15, *m''*.

huméraux demeurent immobiles, ils rapprochent les parois de la cavité ventrale des viscères qui y sont contenus, et viennent appliquer plus fortement, mais toujours médiatement, leur face inférieure et interne sur les parties latérales de la vessie pneumatique.

Ce que ces muscles ont de plus remarquable, c'est qu'ils ont animés par les branches principales de la dernière paire de nerfs cervicaux, cordons nerveux qui, chez tous les autres Trigles et Dactyloptères européens (Cuvier et Valenciennes), vont se distribuer, comme je l'ai le premier indiqué dans un de mes mémoires (1), aux muscles intrinsèques de la vessie pneumatique (2).

Les muscles *intra-costaux* se distinguent des autres muscles de l'abdomen par leur couleur rouge; ils ont pour éléments des faisceaux primitifs rayés en travers, et sont composés de faisceaux charnus, robustes et très-distincts.

Telles sont les notions qu'il était indispensable de déduire ici pour mieux faire comprendre les détails des expériences sur lesquelles j'appuie les propositions fondamentales énoncées précédemment.

Voici l'exposé de ces expériences :

Je ne soumets à mes vivisections que des Poissons pleins de vie et de force, et qui sont en train de produire des sons intenses.

Première expérience. — J'introduis par la bouche le bout de mon doigt indicateur dans l'estomac d'une Lyre; chaque fois qu'elle émet des sons, je ressens de légers ébranlements qui frappent mon doigt uniquement du côté qui répond au dos de l'animal. Sitôt que ce fait est constaté, je m'empresse de retirer mon doigt en dehors du corps du sujet; puis au milieu d'une des faces latérales de son ventre, et à la hauteur de la vessie pneumatique, je fais dans toute l'épaisseur de la paroi abdominale une ouverture, par laquelle je passe un doigt. J'explore, en la touchant à nu, la surface libre de la vessie, et je reconnais que tous les points de cette

(1) Voy. au compte rendu de la séance du 17 février 1862 : *Sur les différents phénomènes physiologiques, etc.*, 3e partie.

(2) Voy. pl. 18, fig. 15, *c*, *h*, D.

surface font éprouver à mon doigt, pendant l'émission des sons, un frémissemen intense, dont la durée est précisément la même que celle des sons que perçoit mon oreille. Alors je perce la membrane de la vessie, et fait sortir le gaz qu'elle contient. Dès qu'elle est complétement vide, les sons cessent de se faire entendre; mais à travers les parois de cet organe affaissées sur elles-mêmes, je sens que le frémissement persiste, et se renouvelle après d'inégales interruptions. Mon doigt, maintenant plus rapproché de la colonne vertébrale, sent nettement la direction dans laquelle lui parvient cette série de frémissements, et cette direction indique que ces frémissements proviennent des parties qui sont normalement en contact avec la vessie et qui avoisinent l'épine dorsale. J'extirpe la vessie entière; j'applique successivement mon doigt sur les os, les aponévroses, les muscles qui longent de chaque côté de la colonne vertébrale, et je constate que, tandis que tous les autres organes sont dans un repos complet, qel ques faisceaux charnus des muscles *intra-costaux* s'agitent très-faiblement de temps en temps, et donnent à mon doigt la sensation d'un frémissement qui, à son intensité près, est de tout point identique avec celui que je ressentais en touchant la paroi de la vessie, quand cet organe était à son état naturel. Je reconnais aussi que les faisceaux qui frémissent sont plus durs, plus saillants, plus tendus, que ceux qui sont en repos. Enfin, en approchant un doigt d'un diapason métallique, que l'on fait vibrer au moment même où mon autre doigt, qui est engagé dans l'abdomen de l'animal, sent un des frémissements dont il s'agit, je constate que les sensations que reçoivent mes deux doigts ont entre elles une grande analogie.

Seconde expérience. — Avant d'exécuter cette expérience, une préparation est indispensable : à l'une des extrémités d'un tube métallique court, d'un petit diamètre, et portant au milieu de sa longueur un robinet pneumatique, je fixe, au moyen d'un lien, les bords d'une incision faite dans une vessie pneumatique de Poisson, le lobe antérieur de celle d'une Carpe, par exemple, et j'ai le soin de réduire, autant que cela est possible, le volume de cette poche membraneuse, en expulsant tout l'air que j'en puis faire sortir ; cela fait, je procède à l'expérience.

Dans la partie abdominale d'un nouveau sujet et un peu en avant de l'anus, je pratique une incision pénétrante d'une petite étendue, et, à l'aide d'une pince, j'extirpe la vessie pneumatique tout entière. A la place qu'elle occupait, je glisse la poche membraneuse que j'ai préparée, et l'enfonce de manière que son fond atteigne le diaphragme du sujet, et qu'une partie du tube, avec le robinet, restent en dehors de l'incision dont je rapproche les lèvres. Je remplis d'air la poche membraneuse et la maintient gonflée en fermant le robinet.

Si j'ai opéré avec assez de promptitude et avec toutes les précautions que réclame cette expérience, le Poisson recommence à bruire, et les sons qu'il forme sont presque semblables à ceux qu'il émettait avant le commencement de la vivisection.

Je ne m'occuperai des résultats des expériences dont le détail précède qu'après avoir donné le précis d'une observation expérimentale, que je présente ici comme pouvant leur servir d'auxiliaire.

Chez des Lyres propres aux expériences que je viens de relater, j'ai coupé, près du trou d'où elle sort de la colonne vertébrale, la branche de la dernière paire de nerfs cérébraux qui se rend dans le muscle *intra-costal* droit. Les Poissons ont continué à bruire, mais les nouveaux sons ne m'ont pas paru moins forts et étaient assurément moins fréquents que les sons normaux. J'ai ensuite pratiqué la section de la branche nerveuse du côté opposé, et cette fois les sons ont cessé pour ne plus se renouveler.

Les résultats des deux premières expériences me paraissent si nettement mis en lumière par le simple exposé des faits, que je crois superflu d'entrer à leur égard dans les développements d'une discussion approfondie. Quelques mots suffiront pour affirmer ces résultats.

Quand on tient dans sa main une Lyre ou un Malarmat qui est en train de bruire, on ne tarde pas à s'apercevoir que la paroi de son abdomen est agitée de mouvements précipités qui donnent au toucher la sensation d'un frémissement. Comme il est de la plus grande probabilité que ces mouvements proviennent de la propagation, jusqu'à la peau du sujet, des mouvements internes qui produisent les vibrations sonores, on est conduit à suivre ces mouvements de la périphérie du corps du Poisson jusqu'à l'organe qui les engendre,

La première série des investigations qui, dans mes expériences, permettent de suivre ces mouvements et le frémissement qui les accompagne, depuis l'intérieur de l'estomac jusqu'à leur origine, étant fondés sur l'emploi simultané de l'ouïe et du tact, ne peuvent guère induire à erreur. Ainsi, quand après avoir vidé la vessie pneumatique, et avoir remarqué que, dès qu'elle n'a plus contenu de gaz, le bruit a été anéanti, on vient à découvrir que les muscles *extra-costaux* donnent encore la sensation de faibles mouvements de frémissement, personne ne contestera qu'il ne soit rationnel de tirer de l'ensemble de ces premiers faits les conséquences suivantes, à savoir : que le mécanisme de la production des sons chez le sujet se compose de l'action de deux organes différents : l'un, qui engendre les mouvements de frémissements, le muscle *intra-costal;* l'autre la vessie pneumatique, qui recueille ces mouvements trop faibles pour ébranler l'air ambiant, et leur donne assez d'intensité pour former un bruit appréciable.

Conformément aux principes de la méthode expérimentale de Galinée ou de celle de l'induction successive (1), dans ces expériences une seconde série d'investigations est consacrée à vérifier ces premières conséquences. Dans ce but, on substitue à la vessie pneumatique du sujet une vessie morte et remplie d'air, qui n'est en réalité qu'un instrument de renforcement. Si cette substitution a été opérée convenablement, le Poisson engendre de nouveau des sons presque tous semblables à ceux qu'il émettait quand il était à son état normal.

Cette dernière preuve, je le demande, n'est-elle pas péremptoire ? ne complète-t-elle pas la démonstration expérimentale ?

(1) Voy. Bacon, *Sa vie, son temps, sa philosophie*, par C. de Rémusat, chap. IV : *De la méthode inductive*, p. 351, 1 vol. in-8, chez Didier, Paris.

Ne doit-on pas admettre avec moi que les premières conséquences étaient justes, et que le mécanisme de la formation des sons chez les Malarmats et les Lyres consiste principalement dans la vibration des muscles *extra-costaux* qui est la cause première des sons, et secondairement dans la transmission des vibrations sonores produites par ces muscles à la vessie pneumatique, qui a pour fonction de les renforcer.

Maintenant, si l'on considère : 1° que le mouvement de frémissement dont mes expériences révèlent l'existence chez certains poissons a pour siége unique le tissu des muscles; 2° que ce mouvement ne se manifeste que dans les muscles qui se tendent, durcissent et augmentent de volume vers leur centre, en un mot se contractent; 3° que ce mouvement est assez rapide pour engendrer des vibrations sonores qui ne sont sensibles qu'au moyen d'un appareil de renforcement; 4° que le mouvement de trémulation ou de vibration, chez l'homme, n'a lieu que dans le tissu musculaire; 5° que les muscles humains ne sont animés de ce mouvement que pendant leur contraction; 6° que ce mouvement produit chez l'homme des vibrations sonores dont l'intensité est si petite qu'elles ne sont appréciables que dans des conditions acoustiques particulières, on ne pourra se refuser à reconnaître que le mouvement de frémissement chez les Poissons et le mouvement de trépidation ou de trémulation chez l'Homme sont des phénomènes physiologiques de même nature.

Qu'on ait ensuite égard aux nerfs qui animent les muscles *intra-costaux* et qui proviennent immédiatement du grand centre nerveux cérébro-spinal; aux éléments histologiques, aux faisceaux primitifs rayés en travers qui composent ces muscles; à leurs attaches, à leur direction, à la disposition de leurs faisceaux charnus, bref à toutes les qualités indiquant qu'ils sont moteurs de différentes pièces du squelette, et l'on ne pourra nier que ces muscles *intra-costaux* n'aient tous les caractères des muscles soumis à la volonté. A ces motifs probants, si l'on ajoute qu'en promenant le doigt sur ces muscles, quand ils se contractent en produisant des vibrations sonores, on peut s'assurer que leur contraction n'est pas rhythmique, qu'elle n'est pas non plus successive, comme celle des intestins des Mammifères en général, qu'elle ne ressemble en rien à celles de l'utérus de ces animaux ni à aucune autre de celles auxquelles préside le nerf grand sympathique ; qu'enfin elle a la plus grande similitude avec la contraction du biceps brachial ou de tout autre muscle superficiel des membres de l'homme, quand on sent le mouvement de contraction à travers la peau, et l'on demeurera persuadé, je le pense, que ces muscles sont volontaires et que, par conséquent, les sons qui résultent de leur contraction sont eux-mêmes volontaires.

Les considérations qu'on vient de lire doivent, je le crois, faire admettre en premier lieu que mes deux premières expériences démontrent péremptoirement les deux propositions fondamentales que je rappelle ici :

Première proposition. — Quelques muscles de certains Poissons bruyants deviennent, en se contractant, capables de produire un mouvement vibratoire.

Deuxième proposition. — Ce mouvement est le principe des sons que font entendre ces animaux.

Ces considérations conduisent encore à inférer de mes expériences :

1° Que la trépidation ou vibration musculaire n'est pas l'apanage exclusif de l'homme et de quelques autres Mammifères, mais qu'elle existe chez certains Vertébrés de la 5° classe.

2° Que les sons qu'émettent les Malarmats et les Lyres sont volontaires.

3° Qu'une des fonctions de la vessie pneumatique chez ces deux espèces de Poissons est de renforcer les vibrations sonores.

4° Que dans la majorité des cas, ce n'est pas la totalité des faisceaux charnus des muscles intra-costaux qui entrent en contraction pour produire des sons, mais seulement quelques-uns de leurs faisceaux charnus faisant partie de la surface musculaire immédiatement en contact avec la vessie, et dans ces circonstances aucune des pièces osseuses ou autres que ces muscles peuvent mettre en mouvement n'entre en action que pour venir en aide à la formation ou à la propagation des sons.

§ 4.

L'explication théorique du mécanisme de la production des sons que forment les Malarmats et les Lyres est, comme on peut le prévoir, pleine de difficultés. Les faits acoustiques qu'il s'agit d'apprécier étant au nombre de ceux auxquels les principes de la physique ne sont pas, pour la plupart, directement applicables, ce n'est qu'au moyen d'expériences nouvelles et des résultats mêmes de ce mécanisme que je pourrai tenter d'ébaucher son explication et de juger approximativement du rang qu'il doit occuper parmi les mécanismes du même ordre.

Conséquemment, je dois faire précéder cette explication d'un examen sommaire des sons qu'émettent les Lyres et les Malarmats.

Il n'est pas facile de donner une idée approximative des sons que font entendre les Poissons en général et, en particulier, de ceux que rendent les Acanthoptérygiens dont je viens de parler, parce que ces sons ont peu d'analogie avec les phénomènes acoustiques que nous avons l'habitude d'entendre. C'est pourtant parmi ces derniers que je dois chercher des termes de comparaison, si je veux être plus aisément compris.

Aussi assimilerai-je les vibrations sonores, que j'examine en ce moment aux sons que nous pouvons former en faisant vibrer, soit la langue, soit, mieux encore, le voile du palais, comme lorsque nous produisons les sons syllabiques ra... ré... ro... rou... et que nous soutenons ces sons pendant quelques secondes. A cette première donnée j'ajoute que ces sons m'ont servi de type pour caractériser ceux que j'ai compris dans la division principale de la seconde section, et qu'ils ont par conséquent, au plus haut degré, les qualités des sons de cet ordre.

Ces sons ne flattent guère l'oreille, en général ils sont sourds et manquent de pureté; pourtant plusieurs ont quelque peu d'éclat, quelques-uns d'entre eux, par exemple, sont assez semblables aux sons d'un orgue à anche. Leur intensité n'est pas grande. Formés dans l'atmosphère, les sons des Malarmats s'entendent à 2 mètres environ de distance, ceux des Lyres à 3 mètres et à peu près 4 mètres quand ces derniers animaux ont le canal digestif et le péritoine distendus par des gaz, comme cela se voit très-souvent.

En plaçant ma tête à 1 mètre au-dessus de la surface de la mer, j'ai perçu des sons émis par des Lyres qui se trouvaient à 2 mètres de profondeur sous l'eau. Le nombre des variétés de timbre de ces sons est assez grand ; elles sont presque toutes peu agréables à entendre, du reste beaucoup d'entre elles échappent à toute description. Parmi celles qui sont comparables, il y en a qui ressemblent au timbre du basson ou à celui de quelques autres instruments à anche; parmi elles, je citerai celle qui imite le timbre de l'accordéon.

Si la tenue de ces sons ne peut se compter par minute, le nombre de secondes qui en mesurent l'étendue est assez grand. Les vibrations sonores formées par les deux espèces de poissons dont il s'agit ici ont une tendance marquée à se répéter un grand nombre de fois de suite sans changer de ton. J'ai cherché l'unisson de la plupart des sons que j'ai entendus, et d'après des investigations faites avec soin je puis établir que le ton de ces sons s'est élevé au si_3 et n'est parvenu que rarement au $ré_4$. Quant aux sons graves, quelques Malarmats ont rendu le la_3, mais ce son était faible et dégénérait promptement en un bruissement, tandis que l'ut_3 était assez fort et assez pur pour être comparé à celui d'un orgue à anche. La différence entre le $ré_4$ et l'ut_3 est d'une octave plus un ton ou d'une neuvième, échelle diatonique peu étendue si l'on considère qu'elle représente le résumé de l'examen fait sur environ deux cents sujets, tant Lyres que Malarmats, dont chacun n'était capable d'émettre qu'une partie des sons contenus entre les tons extrêmes que je viens d'indiquer.

Le mécanisme de la formation des sons que font entendre les poissons dont il est question ici, consiste principalement, comme je viens de le démontrer, dans des vibrations sonores engendrées par la contraction des muscles *intra-costaux*. Ces vibrations sont assurément moins imparfaites que celles qui résulte de la trémulation musculaire chez l'homme, puisque cette dernière ne produit, selon l'opinion commune, que des bruits successifs ou un roulement qui ressemble au bruit d'une voiture roulant sur un pavé lointain, d'où lui vient son nom de bruit de rotation (1), et que lorsque Wollaston (2) a essayé de compter les vibrations de ce bruit, il n'en a trouvé que 14 à 36 par seconde; encore dois-je faire observer que les expériences au moyen desquelles il a déterminé ces nombre ne peuvent inspirer que peu de confiance dans l'exactitude des résultats obtenus, surtout relativement au nombre des plus grands. Les récentes observations de Dupré ayant confirmé que le son qui est composé de moins de 32 vibrations par seconde ne peut être apprécié musicalement: la plupart des bruits dont parle le physicien anglais ne doivent pas être regardés comme des sons commensurables. Le mouvement de vibrations des poissons, dont je m'occupe en ce moment, peut non-seulement former de simples bruits, mais encore des sons incontestablement commensurables et plus nombreux que les limites diatoniques mentionnées ci-dessus pourraient le faire croire aux musiciens habitués à ne compter que des tons et des demi-tons, tandis qu'il faut savoir que chez les poissons, outre les tons et les demi-tons, il y a beaucoup d'autres sons produits qui ont entre eux des intervalles plus petits que des demi-tons mineurs: ce sont de vrais *comma;* au surplus, en admettant, d'après l'estimation diatonique précédente, pour moyenne des sons graves l'ut_3 et pour moyenne des sons aigus le $ré_4$, on ne peut douter que ce mouvement ne produise dans le premier cas 517 vibrations par seconde et dans le deuxième cas 870 vibrations dans le même temps, nombres de vibrations qui, comparés à ceux donnés par Wollaston, montrent combien de fois la vibration musculaire des Malarmats et des Lyres l'em-

(1) Voy. R. Th. Laennec, *Traité de l'auscultation médiate*, t. II, p. 428. Paris, 1826, 2e édition.

(2) Voy. le travail de N. Wollaston, déjà cité.

porte en vitesse et en précision sur la trémulation des muscles de l'homme (1).

Le mécanisme de la production des sons chez ces poissons a pour complément la transmission des vibrations sonores des muscles à la vessie qui est en contact avec eux. Les parois de cet organe communiquent ces vibrations au gaz qu'elle renferme, et ceux-ci vibrent de telle façon, comme le prouvent surabondamment mes deux premières expériences, que l'intensité de ces vibrations est incomparablement augmentée. D'après ce résultat et en considérant que la vessie est une cavité close à parois membraneuses et souples se moulant si exactement sur la surface des organes qui les environnent qu'elles ne peuvent vibrer que comme elles le feraient si elles étaient réellement adhérentes par tous les points de leur superficie à la masse de ces organes, on ne peut expliquer, conformément aux principes de la physique, le renforcement des vibrations sonores qu'en admettant que le volume des gaz contenus dans la vessie, ou, ce qui est la même chose, que la capacité de cet organe a naturellement des rapports exacts de grandeur avec celle des nombres de vibrations sonores qui lui sont transmises. L'exactitude des rapports que suppose cette explication ne s'accordant pas avec plusieurs faits ichthyologiques, entre autres avec les incessants changements de volume que subit nécessairement la vessie pneumatique quand le poisson vient du fond de l'eau à la surface ou s'enfonce dans la profondeur des mers, cette explication n'est acceptable qu'en admettant que si ces rapports existent réellement ils doivent pouvoir varier d'une certaine quantité sans que le degré de renforce-

(1) Voy. E. S. Marey, *Du mouvement dans les fonctions de la vie*, 1 vol. in-8, chez Germer Baillière. 1868. (Annotation de l'auteur, 1873.)

Depuis 1868, M. Marey enseigne dans son cours, au collége de France, qu'il a constaté que la tonalité normale de ses muscles lui a donné, tantôt le *si*, tantôt le *do* de l'octave inférieure du piano ; mais il n'ose assurer n'avoir pas commis une erreur d'un octave au-dessus ou au-dessous de celui qu'il croit avoir reconnu. Cette tonalité suppose 32 à 35 vibrations par seconde.

Il a reconnu aussi que lorsque les muscles élévateurs de sa mâchoire inférieure sont contractés avec la plus grande énergie, le son musculaire s'élève d'une quinte au-dessus du ton normal.

ment des sons soit grandement modifié. Mais il y a plus, on peut prouver expérimentalement que le volume des gaz contenus normalement dans la vessie peut être diminué d'un dixième environ et que l'on peut même remplacer la vessie qui est ovoïde par une vessie d'une autre forme sans que l'intensité et d'autres qualités des sons soient notablement altérées.

Une première preuve de ces assertions se trouve dans mes expériences, où l'on voit qu'en substituant à la vessie pneumatique arrachée une poche membraneuse, sans avoir égard à ses dimensions ni aux désordres que l'arrachement de la vessie a causés dans la cavité abdominale de l'animal, celui-ci peut encore former des sons ressemblants aux sons normaux.

Une autre preuve plus complète encore résulte de l'expérience que je vais décrire : Dans des circonstances de vivisection semblables aux précédentes, j'ai réussi à extraire la vessie du sujet sans que les parois de cet organe aient été percées, et j'ai introduit à sa place une vessie morte gonflée d'air longtemps à l'avance et dont la surface externe avait été recouverte de plusieurs couches de vernis gras séchées aussi avec soin ; ayant un volume d'un dixième environ de moins que celui de la vessie naturelle et une forme conique fixe, cette vessie morte ne pouvait, à raison de l'inflexibilité de ses parois, de son imperméabilité à l'humidité et de ses petites dimensions, remplir exactement comme la poche membraneuse dans l'expérience qui précède la cavité anfractueuse laissée dans le ventre par l'organe qui en avait été extrait et par le jeu des instruments destructeurs. Et pourtant, en ne prenant d'autres soins que celui d'assurer le contact de cette vessie avec un des muscles *intra-costaux*, et d'autres précautions que celle de rapprocher les lèvres de l'incision faite à l'abdomen du sujet, j'ai entendu ce poisson émettre des sons différant très-peu de ceux qu'il rendait dans son état normal.

En présence de pareils faits, on comprend aisément qu'il faut renoncer, dans l'état actuel de nos connaissances scientifiques, à expliquer la plupart des circonstances de ce mécanisme pour s'en tenir à la conclusion suivante : il est probable que dans son état de réplétion ordinaire la vessie contient un volume de fluides aériformes en rapport avec les différents nombres de vibrations sonores que peut produire le poisson; il est certain que ce volume peut augmenter ou diminuer dans une assez grande proportion tout en demeurant capable de renforcer les vibrations avec autant d'intensité.

Ces vibrations ainsi renforcées réagissent à leur tour sur les parois vésicales et se propagent dans toutes les directions, d'abord à travers les membranes mêmes de la vessie, les organes contigus et, par suite, à travers tous ceux du corps de l'animal dont les tissus sont susceptibles de leur servir de conducteurs. Sous l'influence des mouvements vibratoires qui leur sont communiqués, la plupart de ces organes étant plus ou moins élastiques, vibrent chacun à sa façon et impriment aux vibrations qu'ils transmettent quelques modifications avant qu'elles arrivent à la surface cutanée externe du poisson, en sorte que le son produit n'est que la résultante de toutes ces vibrations particulières.

Comme un fait intéressant de dispositions organiques facilitant la conductibilité des ondes sonores, il faut noter que chez les Lyres, à partir des attaches des muscles *intra-costaux*, les vibrations trouvent d'excellents conducteurs dans les chaînes osseuses formées par les scapulaires, sus-scapulaires et mastoïdiens, derniers os dont la cavité de chacun d'eux loge un des canaux semi-circulaires et que dans les Malarmats les vibrations des muscles sont transmises aux occipitaux latéraux dans les cavités desquels est contenue une partie des grandes pierres auditives.

Outre les voies de communication au moyen desquels l'oreille des poissons bruyants peut avoir plus ou moins promptement la sensation des bruits qu'ils produisent, les deux espèces dont il s'agit ici sont pourvues d'autres voies conductrices qui leur permettent de percevoir chaque vibration sonore au moment où la contraction musculaire l'engendre; de contrôler ainsi cette vibration par l'audition et de conduire plus sûrement l'action productrice des différents groupes de vibration d'où résultent les sons commensurables.

Des dispositions organiques qui favorisent la conductibilité des sons, je rapproche celles des muscles *intracostaux* de ces producteurs de vibrations, qui, par leur position exceptionnelle à l'intérieur de la cavité ventrale, leur mode d'innervation, leur composition anatomique que dénonce leur couleur rouge, qui, par une réunion de singularités enfin, se distinguent des autres muscles; et à l'aide de ce rapprochement je dois faire remarquer combien l'organisme de ces Poissons offre de particularités propres à la production des sons, ou, en d'autres termes, que cet organisme présente un degré bien manifeste d'adaptation aux fonctions de la production des sons. Ce degré est tel, qu'il place cet organisme au premier rang parmi des Poissons qui forment des sons du même ordre.

CHAPITRE II.

§ 1.

J'ai consacré une grande partie du chapitre précédent à la démonstration des deux propositions fondamentales qui justifient complétement l'établissement de la division principale de la seconde section de ma classification des sons, et qui par cela même m'autorisent à en continuer ici l'exposition.

Tous les sons compris dans cette division principale doivent être partagés en deux groupes définis ci-dessous et en une sous-section dont il sera question plus loin.

Dans un premier groupe, que je nommerai première subdivision, je classerai : les phénomènes acoustiques produits par les vibrations sonores de muscles indépendants de la vessie pneumatique, vibrations sonores dont l'intensité ne suffirait pas à ébranler le milieu ambiant, si elles n'étaient transmises à cette vessie, qui les renforce.

Dans le second groupe, je rangerai les sons engendrés par cet ensemble d'organes que j'ai appelé l'appareil vésico-pneumatique (1), et désignerai ce groupe sous le nom de seconde subdivision.

(1) Voy. Compte rendu de la séance du 17 février 1862, *Sur les différents phénomènes physiologiques nommés voix des Poissons*, 3e partie.

Première subdivision.

Les caractères acoustiques des sons classés dans cette subdivision ne diffèrent en rien de ceux décrits précédemment comme appartenant à la division tout entière.

Quoique des notions anatomiques me portent à penser que le nombre des Poissons qui sont capables de former des sons de l'ordre dont il s'agit ici soit assez grand, les données physiologiques que je possède sur ces animaux ne sont pas pourtant assez complètes pour que j'ose émettre une opinion formelle à cet égard ; aussi je me bornerai à faire connaître les faits qu'une étude opiniâtre m'a permis de constater sur trois espèces de Poissons, qui, jointes aux deux espèces qui ont servi de sujets aux démonstrations précédentes, forment une catégorie de cinq espèces.

Les organes producteurs de sons chez ces cinq espèces de Poissons ne se prêtent qu'incomplétement à un arrangement méthodique ; cependant l'exposition des faits rangés méthodiquement acquièrent une telle clarté, lors même que leur disposition méthodique n'est pas exempte de défauts, que je me suis décidé à ordonner ces espèces suivant le degré d'*adaptation de leur organisme aux fonctions productrices de sons*, en commençant par le degré le plus élevé. Je ferai observer seulement que l'organisme des Lyres et des Malarmats d'une part, et celui des Maigres d'autre part, sont pour moi du même degré, mais de deux séries différentes.

En conséquence des réflexions précédentes, j'ai rangé ces cinq espèces dans l'ordre suivant :

TABLEAU MÉTHODIQUE.

Première série.		**Deuxième série.**
Premier degré.		Deuxième degré.
Lyre.	Pour les deux séries	*Maigre de l'Aunis.*
Malarmat.	Deuxième degré.	
	Ombrine commune.	
	Troisième degré.	
	Hippocampe à museau court.	

C'est conformément à cet ordre qui, dans le cadre de rédaction adopté, n'a pu être exposé plus tôt, que j'ai déjà traité des Lyres et des Malarmats, et que je vais maintenant aborder l'examen des Maigres.

§ 2.

Considérations préliminaires. — Histoire naturelle.

Les Maigres et les Ombrines font partie de la nombreuse famille des Sciénoïdes, parmi laquelle se trouvent les Poissons qui, au dire des auteurs, ont le pouvoir de faire entendre des sons beaucoup plus forts que ceux qu'émettent tous les animaux bruyants de cette classe. Cette famille n'est représentée dans les mers d'Europe que par trois espèces de Poissons, dont les Maigres et les Ombrines sont les plus importantes.

La première de ces deux espèces est la seule qui jusqu'à ce jour a été admise au nombre des Poissons bruyants, sur les assertions de Duhamel du Monceau.

En faisant l'histoire de l'Ombrine commune, Cuvier dit positivement (1) qu'il ne connaît aucun auteur qui ait fait mention

(1) Voy. *Histoire naturelle des Poissons*, t. V, p. 17. Cuvier, qui avait étudié à fond la synonymie des Poissons au point de vue historique, affirme que les deux faits dont il regrette de ne trouver aucune mention dans les ouvrages de ses prédécesseurs ont une telle importance, que si leur existence était bien constatée, la question relative au

de l'Ombrine « comme vivant en troupe et ayant la faculté de rendre un son ».

J'ajouterai qu'il n'est aucun ichthyologiste, que je sache au moins, qui, depuis la publication de l'ouvrage du savant que je viens de nommer, ait écrit un mot sur le sujet dont il est ici question.

Si les Maigres ne sont pas, de tous les Poissons bruyants connus jusqu'à ce jour, les plus grands et les plus vigoureux, ils sont certainement ceux qui, dans les mers d'Europe, réunissent au plus haut degré ces deux qualités. Les grands individus de cette espèce ont jusqu'à 2 mètres de longueur et pèsent 25 à 30 kilogrammes. Les Ombrines sont, dans les mêmes mers et après les Maigres, les *Pisces vocales* de plus grande taille ; elles atteignent ordinairement une longueur d'un mètre et un poids de 8 à 12 kilogrammes.

Les Poissons de ces deux espèces ont les mêmes mœurs . ils vivent en société, ou du moins réunis en nombre plus ou moins grand, et, dans leur jeune âge plus particulièrement, on rencontre les Maigrots, comme les pêcheurs de l'ancien Aunis nomment les Maigres de petite dimension, en compagnie avec les Ombrines. Mais c'est surtout au temps du frai qu'on voit ces animaux assemblés en troupe très-nombreuse et quelquefois en véritable banc.

Les Maigres adultes, qui ne se rapprochent guère des rivages que dans la saison où ils frayent, recherchent les pertuis où il y a de forts courants ou les baies au sein desquelles un fleuve vient se jeter, et dans les eaux courantes duquel ils aiment à suivre le flux et le reflux. Ils remontent souvent à plusieurs myriamètres au delà de l'embouchure des grands fleuves. Les Ombrines fréquentent les mêmes localités maritimes. Aux embouchures du Rhône, où l'on en prend beaucoup et sur les autres plages du même département qui donnent accès à quelques cours d'eau,

Chromis d'Aristote devrait être résolue, et que l'Ombrine commune ne serait autre que le poisson aristotélien.

C'est pour combler cette lacune signalée par Cuvier que j'insisterai plus particulièrement sur les mœurs de ce Sciénoïde dans le présent paragraphe.

les Ombrines viennent près de terre préférablement durant les mauvais temps causés par les vents du large, et quand, après quelques jours pluvieux, les vases charriées par les eaux douces troublent la transparence de la mer. Le long des côtes de la Charente-Inférieure et de celles de la Provence, le temps du frai des Maigres dure des premiers jours du mois de mai à la fin de juin, et, dans la Méditerranée, celui des Ombrines commence en août pour finir en octobre. Dans ces deux espèces de Sciénoïdes, le mâle et la femelle sont doués, l'un et l'autre, de la faculté d'émettre des sons.

§ 3.

Sur les Maigres d'Europe

Considérations anatomiques. — La vessie pneumatique du Maigre, est par ses grandes dimensions, sa forme singulière et surtout par les fonctions qui lui sont dévolues, un des organes les plus intéressants qu'on ait trouvés dans les Poissons européens. Cuvier, dont elle avait vivement excité l'attention, l'a décrite, comme il dit lui-même, « sommairement » (1). En effet, il n'a pas mentionné plusieurs particularités fort importantes, surtout au point de vue sous lequel je dois examiner cet organe. Je me vois donc forcé de revenir sur la description de cet illustre anatomiste, en insistant sur les particularités auxquelles je viens de faire allusion.

La longueur de la vessie pneumatique du Maigre mesure presque le tiers de la longueur totale du poisson. Elle occupe une grande partie de la cavité abdominale et l'égale en longueur; elle ne s'ouvre pas dans les organes digestifs et est du reste parfaitement close de toutes parts. Ses parois ont une grande épaisseur (de 7 millimètres à 1 centimètre).

Ce que cette vessie offre de plus remarquable, c'est que son corps piriforme, allongé en pointe aiguë en arrière, est muni, sur les bords latéraux, d'appendices tubuleux et ramifiés (2). Ces

(1) Voy. *Mémoires du Muséum d'histoire naturelle*, t. I, p. 1

(2) Pl. 17, fig. 11 *r, r, r, r, r, r, r, r, r, r, r*.

prolongements appendiculaires sont nombreux : il y en a ordinairement de trente-cinq à quarante-deux de chaque côté ; ils s'ouvrent chacun par un seul orifice dans la cavité du corps de la vessie. Chacun de ces appendices a une forme comparable à celle d'un petit arbrisseau effeuillé. Les plus grands sont situés dans le quart antérieur de la vessie à peu près à l'endroit où cet organe a le plus de largeur et correspond aux muscles de la couche profonde des grands latéraux (Cuvier), compris entre la troisième et la quatrième et entre la quatrième et la cinquième côte. En comptant d'avant en arrière ces appendices, les plus grands sont ordinairement : les sixième, septième, huitième, neuvième et dixième, et très-souvent ce sont les septième, huitième et dixième qui ont les plus grandes dimensions. Tous les autres vont en diminuant de grandeur, d'une part du sixième au premier, et d'autre part du neuvième au dernier. Celui-ci et les deux ou trois qui précèdent ont de très-petites dimensions ou ne sont que de simples tubes coniques. Le diamètre des premières ramifications des grands appendices est souvent plus grand que celui du tube qui leur sert de tronc commun.

A leur sortie du corps de la vessie, ces appendices tubuleux sont reçus dans un épais bourrelet de tissu conjonctif et adipeux assez consistant et d'une couleur rougeâtre (1), qui entoure les bords latéraux de ce réservoir à gaz et adhère faiblement aux appendices. La disposition des appendices n'est pas la même chez les Maigres adultes et chez les jeunes. Dans ces derniers, les ramifications tubuleuses qui sont proportionnellement peu développées se présentent pour la plupart sous forme de petits tubes simples, allongés, séparés les uns des autres par un léger enduit de tissu conjonctif, et composant par leur réunion une seule lamelle mince maintenue seulement près des aponévroses de l'abdomen par une couche peu épaisse du même tissu

(1) L'examen microscopique de ce tissu m'y a montré des fibres élémentaires de tissu conjonctif, beaucoup de cellules adipeuses et d'autres cellules présentant à leur intérieur plus ou moins de corpuscules, mais je n'ai pu apercevoir aucune trace de canaux excréteurs en rapport avec ces dernières cellules. Voy. pl. 17, fig 11 b', b, c', c.

à mailles très-lâches ; cette lamelle devient plus tard un bourrelet très-saillant.

Chez les adultes, beaucoup de ces ramifications tubuleuses, et les plus grosses en général, se montrent à nu et s'étalent à fleur de la surface supérieure de ce bourrelet, où elles adhèrent solidement aux aponévroses des muscles voisins. En outre, réunies plusieurs ensemble par le tissu adipo-conjonctif, les grosses et courtes ramifications des plus grands appendices font en dehors de ce bourrelet des saillies de forme arrondie plus ou moins proéminentes, qui s'enfoncent dans des dépressions que présentent d'autres muscles grands latéraux, revêtus de leurs aponévroses (1). Enfin, dégagées de tout tissu adipeux, quelques-unes des plus longues ramifications de ces mêmes appendices passent à travers des éraillures des aponévroses, s'insinuent entre les faisceaux charnus des muscles avoisinants, s'entremêlent à ces faisceaux et contractent avec eux des adhérences assez tenaces (2). C'est uniquement dans les différents points de ces entrelacements que les faisceaux charnus sont immédiatement en contact avec les parois de ces ramifications tubuleuses (3) ; quelques autres ramifications contournent les côtes en dehors desquelles elles se logent. J'en ai vu s'avancer à 4 centimètres de profondeur dans l'épaisseur des parois abdominales. Toutes les saillies de ces ramifications dans les muscles sont ordinairement

(1) Pl. 17, fig. 11, *s, s, s*.

(2) Pl. 17, fig. 11, *t, t, v, v*.

(3) L'illustre auteur du *Règne animal* n'ayant sans doute pas eu à sa disposition un assez grand nombre de Maigres pour résoudre la question de savoir si chez ces Poissons l'entrelacement des *productions branchues* (c'est ainsi qu'il nomme les appendices tubuleux) avec les faisceaux musculaires est ou n'est pas l'état normal, a omis de s'expliquer à cet égard, et a tourné la difficulté en disant que cet arrangement anatomique a lieu « quelquefois » (voy. *loc. cit.*). Quoique je n'aie pas eu l'occasion d'avoir à ma disposition des Maigres par centaines, j'en ai examiné une assez grande quantité pour me former une opinion à cet égard. Je pense que l'entrelacement dont il s'agit se voit assez souvent chez les mâles et les femelles d'un âge adulte confirmé, pour être regardé comme l'état normal de l'espèce. J'ai de plus constaté l'absence de cet entrelacement chez les femelles dont le développement n'était pas complet, et chez des mâles et des femelles dans lesquels la cloison membraneuse de l'orifice de beaucoup d'appendices tubuleux avait été crevée.

plus prononcées du côté gauche que du côté opposé. Cuvier supposait que ces saillies se formaient comme les hernies, par suite d'une trop grande quantité de gaz accumulés dans ces appendices. Cette supposition donne une idée si nette de la position respective des parties, qu'on devrait la conserver, lors même qu'on ne la considérerait que comme un expédient descriptif.

En ouvrant la vessie pneumatique d'un Maigre par une incision longitudinale faite sur la ligne médiane et à la face inférieure, on sépare, à la vérité, en deux parties les *corps rouges* (1) qui sont ici groupés en une lame épaisse assez étendue; mais cette incision est, sans contredit, celle qui permet le mieux d'observer fructueusement l'intérieur de la vessie, de remarquer que les orifices des appendices y sont rangés sur deux lignes latérales, symétriques, s'étendant d'un bout à l'autre de la cavité de la vessie, et de distinguer nettement les différentes membranes qui constituent cet organe. Ces membranes ou tuniques sont au nombre de trois.

La membrane externe, ou membrane propre, est fibreuse, très-compacte, assez solide, analogue du reste par sa texture à celle des vessies pneumatiques des autres Poissons (2). Son épaisseur constitue à elle seule presque toute celle que j'ai reconnue aux parois verticales. Cette tunique s'amincit pour former les appendices, mais à l'extrémité même des plus petits tubes elle est encore assez résistante. Cette fibreuse, cette membrane protectrice, ne fait défaut à la vessie qu'en avant, en haut et sur la ligne médiane, dans une petite étendue longitudinale, sur le pourtour de laquelle cette membrane s'insère, se soude intimement aux corps des premières vertèbres, laissant ainsi saillir à l'intérieur de la vessie une partie du corps de ces vertèbres. Cette fibreuse s'attache encore très-solidement aux apophyses transverses de quelques-unes des vertèbres suivantes, aux premières côtes par de très-fortes aponévroses, et adhère solidement par toute sa surface supérieure aux aponévroses de la voûte de la cavité du ventre.

(1) Pl. 17, fig. 12, *k*, *k*, *k*.
(2) Pl. 17, fig. 12, *r*, *r*.

La seconde membrane, ou la tunique moyenne, est muqueuse, pourvue de nombreux vaisseaux, presque transparente et cependant assez épaisse pour une muqueuse de cet ordre. Elle revêt la face interne de la fibreuse aussi bien dans les plus petites ramifications des appendices que dans le corps de la vessie, où elle recouvre la saillie des vertèbres et passe sur les *corps rouges* interposés, qui sont entre elle et la membrane externe.

Un fait qu'il m'importe de mettre dans tout son jour, c'est que cette tunique envoie une expansion membraneuse qui couvre l'orifice de chacun des appendices tubuleux. Chez les jeunes Maigres, cette expansion se déchire facilement; mais chez les adultes mâles, je l'ai vue constituer une cloison membraneuse assez solide, isolant complétement la cavité de l'appendice de celle du corps de la vessie, et tendue entre elles deux comme la membrane du tympan l'est chez les Mammifères entre l'air extérieur et celui contenu dans l'oreille moyenne; de plus elle adhérait si intimement à la muqueuse qui tapissait les appendices, qu'en tirant cette cloison vers l'intérieur de la vessie, on entraînait infailliblement avec elle la totalité de la muqueuse appendiculaire. Je pense que cette dernière disposition organique est normale chez les adultes d'un âge confirmé, et que lorsqu'on ne la rencontre pas, c'est qu'une trop grande accumulation de gaz ou autre accident a fait crever la cloison.

La troisième membrane, ou la plus interne, la tunique interne proprement dite, qu'on pourrait aussi nommer *diaphragmatique*, paraît avoir échappé à l'attention des anatomistes; je ne connais aucun auteur qui en ait fait mention (1). Cette membrane est beaucoup plus mince que la moyenne, moins pourvue de vaisseaux, mais muqueuse comme cette dernière. Une partie de cette tunique interne est libre par une grande étendue de ces deux faces, et une autre partie est adhérente par sa surface externe seulement. La première partie de cette tunique constitue un diaphragme horizontal percé à son centre de figure d'une large ouverture ovale d'une forme régulière, dont le grand axe

(1) Pl. 17, fig. 12, *d*, *d*, *f*, *f*.

se confond avec la ligne médiane du corps et dont les courbes latérales sont presque symétriques (1). Les bords de l'ouverture ont plus d'épaisseur que celle du diaphragme lui-même.

Cette demi-cloison membraneuse partage l'intérieur de la vessie en deux concavités d'inégales dimensions.

L'inférieure, ou *sous-diaphragmatique*, est plus grande que la supérieure, parce que dans cette dernière, ou *sus-diaphragmatique*, la partie postérieure de ce diaphragme adhère à la surface de la membrane muqueuse moyenne. Le pourtour extérieur de ce diaphragme s'attache à la membrane moyenne qui tapisse les parois de la cavité, membrane muqueuse moyenne à peu près à la hauteur des lignes suivant lesquelles sont rangés les orifices des appendices et sur les cloisons mêmes de ceux de ces orifices qui sont situés dans la portion la plus large de la vessie.

A partir de tous ces points d'attache, ce diaphragme se dédouble sur tout son pourtour en deux feuillets dont l'inférieur recouvre la membrane moyenne dans toute l'étendue de la concavité sous-diaphragmatique et est uni à cette tunique par de faibles adhérences ; le supérieur se colle aussi à la muqueuse moyenne et peut être suivi plus ou moins loin dans la concavité sus-diaphragmatique, mais il s'amincit de plus en plus, et finit par se confondre avec cette seconde membrane vésicale.

Les organes auditifs des Maigres ont de tout temps attiré l'attention générale, en raison de la grosseur des pierres qui en font partie et qui avaient assez frappé l'imagination superstitieuse des peuples, pour qu'au XVIe siècle encore, elles fussent considérées comme des amulettes. Quelques anatomistes ont dessiné ces otolithes ; d'autres ont parlé des cavités dont sont creusés, à leur surface externe, les os du crâne de ces Poissons. Toutefois,

(1) Les éléments histologiques du tissu de ce diaphragme diffèrent plutôt par leur disposition que par leur nature de ceux de la muqueuse moyenne. J'ai trouvé dans la texture du diaphragme, outre des couches de tissu d'épithélium lamelleux sur les deux faces, deux plans fort distincts de fibres élémentaires de tissu connectif et d'autres placés dans les bords de l'ouverture, ainsi qu'un assez grand nombre de fibres de tissu élastique ; mais j'ai cherché avec le plus grand soin des fibres musculaires lisses, et n'en ai pas plus aperçu que je n'ai vu de faisceaux primitifs de tissu musculaire rayés en travers. (Voy. pl. 17, fig. 12, *d*, *d*, *ff*.)

comme ces cavités, aussi bien que tous les organes auditifs de ces animaux, ont seulement de plus grandes dimensions, mais sont du reste tout semblables à ceux qu'on rencontre chez les Ombrines communes dont les organes ont été examinés avec moins de soin par les auteurs, c'est en traitant de ces derniers Sciénoïdes que je donnerai les détails les plus importants sur l'appareil auditif de ces deux espèces.

Chez les Maigres, la moelle épinière, examinée au point où prennent naissance les nerfs spinaux des troisième, quatrième et cinquième paires, ces nerfs eux-mêmes dans leur trajet, dans leurs branches et leurs rameaux qui se distribuent aux muscles remplissant les intervalles des côtes correspondantes, ne présentent aucune particularité notable. Il en est de même de tous les muscles qui sont en contact avec les ramifications tubuleuses des appendices. Cependant j'ai remarqué qu'en général, dans les muscles dont les faisceaux charnus s'entremêlent avec les ramifications appendiculaires, les réseaux vasculaires sont plus développés, et qu'il en résulte que la couleur des muscles est plus rouge que celle des autres muscles de la couche profonde des grands latéraux.

§ 4.

Considérations physiologiques.

De tous les sons commensurables que forment les Poissons d'Europe, ceux qui sont propres aux Maigres sont les plus remarquables sous le double rapport de l'intensité des effets de sonorité que chaque individu peut faire entendre et des phénomènes acoustiques qu'ils produisent, quand ils sont réunis en grand nombre. Je n'ignore pas que les pêcheurs dont Duhamel a rapporté les allégations, ont avancé qu'on entend le bruit que font les Maigres recouverts par vingt brasses d'eau (36 mètres); n'ayant pas eu l'occasion de vérifier l'exactitude de cette assertion, je m'en tiens aux résultats des investigations que j'ai faites, et admets que les sons émis par ces Poissons peuvent être entendus d'un observateur dont l'oreille est placée à 2 mètres au-dessus de la surface de la mer, lors même que ces animaux se trouvent sous l'eau à une profondeur de 18 mètres. Si l'on considère, d'une part, l'élévation de l'organe auditif de l'observateur au-dessus de l'eau, et, d'autre part, la grande quantité de vibrations sonores dont la direction trop oblique au plan de la surface aqueuse empêche la transmission du milieu liquide à l'atmosphère, on aura une idée approximative de la grande intensité initiale des vibrations communiquées au milieu ambiant par les différentes parties du corps du Maigre, et principalement par son abdomen.

L'oreille appliquée contre la paroi inférieure d'une petite embarcation à moitié pontée, j'ai bien des fois écouté les sons formés par trois ou quatre Maigres situés à quelque distance les uns des autres.

Ces sons n'ont de notable que leur tenue, qui ne se prolonge pourtant pas démesurément, et leur uniformité, qui va jusqu'à la monotonie la plus fatigante. Les sons instantanés sont exceptionnels. La durée moyenne du plus grand nombre d'entre eux est approximativement de vingt-cinq secondes, tenue bien suffisante pour qu'on en puisse facilement trouver l'unisson. Ordinairement le même son se reproduit un grand nombre de fois, laissant un très-court intervalle entre chaque reprise.

Leur timbre offre plusieurs variétés. L'assimilation descriptive que je vais faire d'un petit nombre d'entre elles servira, je l'espère, mon désir d'être compris ; mais il y a plusieurs aut es variétés dont je renonce à donner une idée suffisamment nette, faute de termes de comparaison. Le timbre le plus commun ressemble à celui d'un tuyau d'orgue ordinaire ou ancien (ou tuyau à embouchure de flageolet). Un autre timbre assez fréquent imite celui de la grosse corde d'un violoncelle, passant quelquefois à celui du *bourdon* d'une contre-basse. Quelques-uns sont moins doux encore, et ont quelque ressemblance avec celui d'une vielle ou même d'une crécelle ; mais d'autres sont clairs, purs et même éclatants, comparables alors au timbre d'un haut-bois, d'un harmonica ou d'un orgue à *anche métallique* (accordéon).

Si je m'en rapportais uniquement à l'examen fait dans les conditions énoncées aux trois alinéas précédents, je limiterais à trois ou quatre tons la différence du son le plus aigu au son le plus grave que chaque Maigre est capable de former. Mais bien des motifs me portent à penser que ces conditions fructueuses sous bien des rapports pour l'observation, ne sont pourtant pas celles dans lesquelles chacun de ces animaux déploie toutes ses facultés productives de sons.

Je m'abstiendrai donc d'assigner même approximativement le diapason moyen qui a été départi à chacun de ces Poissons. Enfin, pour ne rien omettre d'intéressant à l'égard de ces sons, je dirai qu'ils ont en général une grande tendance à dégénérer en un bourdonnement, soit par excès, soit par défaut d'intensité, soit par une autre cause, et que j'en ai entendu un certain nombre aux allures singulières, dont je n'ai pu me rendre compte qu'en supposant que chacun de ces sons, provenant évidemment d'un seul Maigre, était composé de deux ou même d'un plus grand nombre de sons, comme l'est le son complexe engendré par les subdivisions harmoniques d'une même corde ; mais dans le cas particulier que je cherche à expliquer, ces sons secondaires ne semblaient pas frapper l'oreille exactement en même temps que le son principal.

L'observateur qui aurait entendu seulement, soit ces espèces de répliques que chaque Maigre fait entendre, soit l'ensemble des trois ou quatre sons formés dans les circonstances dont il vient d'être question, ne pourrait guère avoir une idée de l'effet que produit l'association de ces sons, quand ils sont émis par un très-grand nombre de Maigres réunis.

On peut pourtant expliquer facilement cette différence par l'excitation que suscite chez chaque Poisson le rapprochement d'un si grand nombre d'individus de son espèce et le bruit même qu'ils font.

Ne voyons-nous pas les mêmes causes amener les mêmes résultats dans les rassemblements de certains oiseaux peu bruyants ordinairement, dont les cris et le ramage deviennent dans de semblables circonstances vraiment étourdissants ?

Au temps du frai, durant certaines années, les Maigres se réunissent en troupes assez nombreuses pour occuper, à quelque distance du fond et par places, une nappe d'eau d'une vaste étendue, et font retentir l'immense masse d'eau qui les recouvre des sons qu'ils forment avec toute la vigueur dont ils sont capables. Dans ces circonstances, il n'est pas de phénomène acoustique plus digne de l'attention des physiologistes, plus attrayant par son étrangeté même, que celui que pourra observer le naturaliste qui se résignera à se blottir dans la cale ou à s'installer moins péniblement dans la cabine, sous la ligne de flottaison, d'un bâtiment léger, d'un petit chasse-marée, par exemple, et parcourra ainsi, pour la première fois de sa vie, ces eaux tranquilles en apparence, mais frémissantes en réalité sous l'impulsion d'une énorme quantité de vibrations sonores se croisant en tous sens.

Il se peut que, favorisé par un hasard des plus heureux, le chasse-marée vienne à traverser un parage *en haut fond* où un grand nombre de Maigres seront rassemblés en véritable banc, où ils seront, pour ainsi dire, côte à côte (1). Tout à coup et tandis qu'une multitude de sons mystérieux, baroques, d'un charivari inouï, frapperont l'oreille du naturaliste, il se sentira saisi d'une sorte d'enivrement passager durant les courts instants duquel il aura bien de la peine à se défendre de quelques hallucinations auditives; toutefois, redevenu observateur impassible, il ne tardera pas à constater que les parois du bâtiment qui le porte sont animées de mouvements vibratoires, et dès lors il distinguera nettement que c'est le tremblement physique qu'il ressent qui produisait le trouble nerveux auquel il a été un moment en proie, et par suite il trouvera le secret du léger degré d'enivrement qu'il a éprouvé dans la triple nouveauté des sensations qui sont venus inopinément et simultanément envahir tout son être : nouveauté de la surexcitation nerveuse résultant des mouvements de trépidationdu chasse-marée; nouveauté encore de la

(1) Dans ces rassemblements, ces Poissons sont quelquefois si près les uns des autres, que plusieurs pêcheurs, des officiers de marine, d'autres marins et des marchands de marée, m'ont affirmé qu'on a vu prendre d'un seul coup de filet jusqu'à près d'une trentaine de ces animaux.

nature même des sons étranges qui fascinaient ses organes auditifs; nouveauté enfin du mode de transmission des vibrations sonores qu'il percevait à travers un milieu liquide (1).

Si le bâtiment suit les forts courants descendants vers le large, le naturaliste aura des chances de rencontrer une compagnie de Maigres qui, selon leurs habitudes, se dirigent dans le même sens. Il devra s'empresser d'ordonner au pilote de suivre les Poissons *au go*, comme disent maintenant les pêcheurs, c'est-à-dire de conduire le bâtiment dans les eaux qui vibrent en raison de la présence ou du récent passage de la compagnie bruyante. Alors il pourra entendre à loisir d'abord ces assemblages de sons extraordinaires, bourdonnant comme le feraient un grand nombre de jeux d'orgues qui seraient complétement désaccordés, cacophonie d'une bizarrerie indescriptible, auxquels tous les Sciénoïdes du groupe auront pris part; et quand il aura suffisamment scruté ces morceaux d'ensemble discordants, il ne devra pas négliger d'étudier les sons isolés que bientôt après rendra successivement, et comme à son tour, chacun des Maigres. Je ne crains pas d'avancer que cette étude comparative sera pour lui d'un saisissant intérêt.

Enfin, dans des circonstances beaucoup moins rares, si le chasse-marée rencontre sur son trajet un groupe de Maigres distants les uns des autres, comme ils le sont assez souvent, les vibrations sonores que le naturaliste entendra, sans être aussi intéressantes que celles que j'ai décrites plus haut, n'en captiveront pas moins toute sa curiosité; il analysera promptement ses sensations, et cette analyse lui procurera une satisfaction qui surpassera son attente.

Tout ichthyologiste qui aura entendu ces effets de sonorité se rappellera :

1° Les concerts sous-marins qui ont si vivement excité l'ad-

(1) Une pareille occasion, rare en France, serait, si l'on veut en croire des renseignements recueillis dans les localités mêmes et de la bouche des pêcheurs, si commune aux embouchures des fleuves de la péninsule Ibérique, tels que ceux du Guadalquivir, de la Guadelete et de l'Èbre, non loin de Tortose, etc., que chaque année elle se renouvelle plusieurs fois.

miration de John Vhite (1), de Sir Emerson Tennent (2), du docteur Adam (3) et M. George Buist (4), dans les mers des Indes, et que ces voyageurs se sont plu à dépeindre ; 2° les assertions de Schöpf (5) relatives aux *Drum* (*Labrus Chromis*) ; 3° le fait dont le célèbre Humboldt a été témoin dans la mer du Sud, le 20 février 1803, sans qu'il en soupçonnât la cause (6).

Du rapprochement de tous ces faits, l'ichthyologiste conclura qu'ils diffèrent bien peu les uns des autres, qu'ils se confirment ainsi réciproquement, et que c'est à bon droit qu'on en a attribué la causeaux bruits que peuvent produire desPoissons, et en particulier des Sciénoïdes.

L'analogie qu'il y a entre tous ces phénomènes acoustiques est si frappante, qu'ils ont donné lieu à des méprises identiques. Ainsi, les pilotes de Royan m'ont affirmé qu'un capitaine au long cours, dont le bâtiment remontait la Gironde, fut saisi d'une grande frayeur en entendant pour la première fois les sons émis par plusieurs Maigres auprès de son navire, parce qu'il s'imaginait que le bruit qu'il entendait provenait d'une voie d'eau qui venait de s'effectuer dans la cale du bâtiment (7). Assurément aucun de ces pilotes ne connaissait le nom de Humboldt, ni le fait dont ce savant avait été témoin, et leur ignorance à cet égard est un sûr garant de la sincérité de leur affirmation. Je ne connais pas de vérification plus péremptoirement probante que la coïncidence de ces méprises

(1) Voy. *History of a voyage to the China*, p. 187. London, 1823.

(2) Voy. *the Athenæum, Journal of English and foreign Literature, Sciences and fineArts*. London, Saturday, August 2, 1860, n° 1711.

(3) Voy. même numéro du susdit journal.

(4) Voy. *ibid.*

(5) Voy. *Écrits de la Société des naturalistes de Berlin*, t. VIII, p. 138.

(6) Voy. G. Cuvier et Valenciennes, *Histoire naturelle des Poissons*, t. V, p. 199.

(7) Ce fait m'a été affirmé par ces pilotes en présence de l'un de leurs chefs administratifs, M. Tartara, commissaire de marine à Royan (Charente-Inférieure). Je ne puis nommer M. Tartara sans céder au désir de lui adresser publiquement mes remercîments pour l'appui qu'il a bien voulu prêter à mes recherches sur le littoral confié à son administration, et pour la bonne volonté dont il a fait preuve en mettant au service de la science son intelligente activité et les connaissances variées et étendues qu'il

pour montrer que ces sons ont une parfaite similitude, et que Cuvier a eu raison de rapporter à des vibrations sonores produites par des Sciénoïdes l'incident maritime raconté par de Humboldt (1).

Des vivisections presque de tout point semblables à celles que j'ai faites sur les Malarmats et les Lyres m'ont prouvé : 1° que

(1) Le rapprochement que je viens de faire des narrations des voyageurs et de mes observations sur les sons propres aux Maigres a encore l'avantage de prouver que si les mers de l'Asie et de l'Amérique offrent aux touristes des phénomènes acoustiques assez curieux pour exciter leur enthousiasme, les mers de l'Europe, qui peuvent être moins bien partagées à cet égard, ne présentent pas moins des phénomènes d'un intérêt saisissant non-seulement pour les physiologistes, mais aussi pour les physiciens, les artistes savants, et même pour les archéologues.

Je n'ose espérer qu'un archéologue s'intéresse assez à la solution de la question que je vais poser, pour chercher à vérifier les plus attrayants phénomènes acoustiques dont je m'occupe. Il n'est pourtant pas impossible qu'un de ces savants, né ou devenu touriste par circonstance, ait la fantaisie de s'aventurer jusqu'à entreprendre une telle recherche et qu'il réussisse à entendre les plus intéressantes de ces vibrations sonores. Cette circonstance serait pour moi toute une bonne fortune, parce que ce n'est qu'à un savant muni de telles données expérimentales que je serai tout heureux de soumettre la présomption que j'exprime comme il suit : S'il est un phénomène dans la nature qui a pu accréditer la croyance mythologique relative aux Sirènes, c'est assurément l'ensemble des sons *nuptiaux*, des étourdissants *épithalames*, comme aurait dit Plutarque, que font entendre les Maigres réunis en grand nombre au temps du rut.

Je ne puis entrer ici dans tous les détails justificatifs de cette proposition, je n'en exposerai que quelques-uns : 1° l'origine ichthyologique de ces sons et la grande taille des Poissons qui les produisent, et qui pouvaient les faire passer pour des *monstres marins* (les Maigres ordinairement ont 2 mètres de longueur) ; 2° le caractère mystérieux de ces sons sous-marins ; 3° la frayeur instinctive que l'ébranlement général du navire, cette sorte de tremblement de terre en miniature, devait nécessairement causer à des marins primitifs, se trouvant dans les cryptes ou des pertuis dont les eaux couvrent des hauts-fonds ou des écueils multipliés, cryptes où se réunissent par prédilection ces animaux au temps du frai ; 4° l'habitat que les poëtes prêtaient à ces monstres marins : le *fretum Siculum*, plus tard le *détroit de Messine*, et les parages de Charybde et de Scylla, localités où, suivant Athénée, on pêchait le noble *Latus* : « ce poisson, ce manger merveilleux » (*a*). Rondelet et Cuvier, qui supposaient que le *Latus* des anciens est le Maigre, sont aussi d'accord avec Paul Jovius (*b*) pour rapporter qu'au XVe siècle encore, c'était des côtes de l'Italie, du sud de la Péninsule, qu'on faisait venir le plus grand nombre des Maigres qu'on mangeait à Rome, et que la tête de ces poissons était un morceau dont raffolaient les gourmets et tous les grands seigneurs vantés pour le raffinement de leur table.

(*a*) Voy. Athénée, dans les *Dipnosophistes*, livre VII, p. 311.

(*b*) Voyez Pauli Jovii Comensis medici *de Romanis piscibus libellus ad Ludovicum Borbon, cardinalium amplissimum*. In officina Frobeniana, anno 1552.

chez les Maigres les sons peuvent être produits par la vibration de la plupart des muscles qui, revêtus de leurs aponévroses, sont immédiatement en contact avec les appendices vésicaux, mais que les plus fréquents et souvent les plus forts proviennent de la vibration des muscles dont les faisceaux charnus, complétement à nu, sont entremêlés avec les longues ramifications des plus grands appendices; 2° que les muscles producteurs de vibrations sonores sont soumis à la volonté de l'animal, et que conséquemment les Maigres émettent des sons volontaires.

Sur de petits sujets adultes et vigoureux, et qui étaient en train de former des sons, j'ai coupé à leur sortie de la colonne vertébrale les nerfs spinaux des troisième, quatrième et cinquième paires, d'abord d'un seul côté : les sons ont perdu aussitôt de leur force et de leur fréquence. J'ai tranché ensuite les trois nerfs des mêmes racines du côté opposé : la force et la fréquence des sons ont alors diminué dans une bien plus grande proportion, mais les sons n'ont pas été complétement anéantis.

Les résultats de cette expérience confirment toutes les conséquences que je viens d'énoncer comme étant déduites de mes premières vivisections sur les Maigres, et cette confirmation me paraît si évidente, que je crois inutile toute explication à cet égard.

Le mécanisme de la production des sons chez les individus de l'espèce *Sciæna Aquila* est plus compliqué que celui des Poissons dont j'ai parlé jusqu'à présent. Je n'ai nullement la prétention de donner la théorie de ce mécanisme ; j'espère seulement préparer la solution de ce problème d'acoustique, en considérant l'ensemble des organes producteurs des sons et en présentant quelques réflexions sur la disposition des diverses parties de ces organes, sur leur connexion et sur la marche des ondes sonores, réflexions qui auront toujours la même valeur, quelle que soit la théorie que l'on adopte.

Il existe chez ces Sciénoïdes non-seulement un grand nombre de muscles différents capables, en se contractant, d'engendrer des vibrations sonores, transmissibles, mais encore une quantité correspondante de diverses cavités retentissantes propres à recevoir ces vibrations. Car toutes les cavités tubuleuses d'un même appendice, aboutissant à un tube unique dont l'orifice est complétement bouché par une cloison membraneuse, constituent, il faut bien le remarquer, un système particulier de cavités retentissantes dont toutes les parois, à l'exception de celle formée par la cloison, sont de toutes parts adhérentes, soit à des muscles, soit au tissu adipo-conjonctif du bourrelet, tissu qui, n'étant pas conducteur du son, les isole entièrement les uns des autres, et par conséquent leurs parois n'ont pas la liberté de vibrer indépendamment des organes qui leur sont contigus. Ces systèmes différant les uns des autres, et par leur configuration, et par leur grandeur, doivent modifier, chacun à sa façon, les vibrations sonores qui les ébranlent. De plus, ces modifications doivent varier d'abord suivant que la totalité des ramifications tubuleuses d'un même système sont mises en jeu en même temps, ou qu'une partie seulement de ces ramifications vibrent à la fois; suivant ensuite que deux ou trois ou une combinaison quelconque de ces nombreux systèmes entrent en action simultanément.

Il suit de là qu'une grande quantité de modifications deviennent possibles, en supposant même que les vibrations engendrées par tant de muscles différents soient identiquement les mêmes; cette supposition étant toute gratuite, on peut penser que ces modifications sont très-nombreuses.

Du reste, aussitôt que quelques points d'un des tubes ramifiés d'un de ces systèmes entrent eux-mêmes en vibration et font vibrer à leur unisson la cloison membraneuse qui forme la limite interne de la cavité de l'appendice que l'on considère, cette cloison membraneuse qui, dans l'état de distension où les fluides aériformes maintiennent toutes les cavités vésicales, est fortement tendue entre les cavités du corps de la vessie et celle de l'appendice; cette membrane, dis-je, s'agitant librement, communique les vibrations sonores dont elle est animée aux gaz renfermés dans la cavité du corps de la vessie, et dans cette vaste cavité ces vibrations peuvent acquérir une intensité considérable, comme le prouvent la force extraordinaire des sons produits et la vigueur non moins remarquable des oscillations qu'exécute la paroi inférieure de l'abdomen d'un Maigre pendant qu'il émet des sons.

Quelle part le diaphragme membraneux peut-il prendre à la formation ou à la propagation des sons ? Pour répondre à cette question, il faut considérer que rien, dans la nature de son tissu, dans sa forme ou sa situation, ne peut faire soupçonner que ce diaphragme joue un rôle actif dans la production primitive des vibrations sonores, production qui, on ne saurait plus en douter, est due exclusivement aux muscles, à la trépidation musculaire. Il ne reste donc plus qu'à rechercher si ce diaphragme a quelque action dans les modifications secondaires que peuvent subir ces vibrations sonores. Comme ce voile membraneux s'attache à quelques cloisons, lorsque plusieurs de celles-ci viennent à vibrer en même temps, on pourrait croire, au premier abord, qu'il doit être la première partie du corps de la vessie qui entre en vibration ; mais en examinant de plus près les conditions indispensables à la transmission de ce mouvement, il deviendra évident que ce diaphragme a trop d'étendue dans sa partie complétement libre, et des points d'attache à un trop petit nombre de cloisons, pour que cette petite quantité de mouvements transmis puisse agiter une portion notable de sa masse ; il paraît donc bien plus probable que ce n'est que lorsque tout le corps de la vessie a été mis en branle par les vibrations des gaz qu'elle contient, que ce voile membraneux est entraîné à vibrer lui-même, simplement comme une partie constitutive de cet organe, et que, dans ce cas, il contribue à augmenter le bourdonnement qu'on remarque dans beaucoup de sons. On ne doit donc, en définitive, attribuer à ce diaphragme qu'un effet bien accessoire, bien peu important dans l'émission de ces phénomènes acoustiques. Pour appuyer mon opinion à cet égard, je rappellerai qu'il n'y a pas trace de diaphragme dans la vessie pneumatique des Lyres, ni dans celle des Malarmats, chez ces Poissons qui forment des sons différant peu de ceux que je regarde comme les plus parfaits ; et j'ajouterai qu'un diaphragme analogue à celui des Maigres se trouve dans la vessie de beaucoup d'autres Poissons qui ne sont pas au nombre des

Pisces vocales, tels que plusieurs espèces de Gades : *Gadus Merlucius*, *G. Callarias*, et de Sparoïdes : *Sparus Sulpa*, Linn., *Sparus erythrinus*, Linn., etc.

Je ne crois pas devoir insister ici pour démontrer que ces singuliers appendices tubuleux de la vessie pneumatique, ces systèmes de cavités dont les parois sont en dehors matelassées par des couches d'un tissu non conducteur de sons ; que ces cloisons membraneuses et tendues entre les cavités du corps de la vessie et les différentes cavités appendiculaires, cloisons si bien placées pour vibrer ; que l'énorme appareil de renforcement représenté par le corps de la vessie avec son diaphragme ; que ces tubes membraneux gonflés de gaz entremêlant leurs extrémités nues avec des faisceaux musculaires dépourvus d'aponévroses aux points de contact, forment un ensemble d'organes producteurs de sons, un instrument de musique si extraordinaire, si nouveau, qu'il justifie complétement la place que j'ai assignée à l'organisme du Maigre dans le tableau précédent.

Les deux autres faits déjà reconnus vrais par tous les auteurs, aussi bien que par les pêcheurs et autres gens de mer interrogés par moi à cet égard, faits que j'ai vérifiés, sont ceux dont voici l'énoncé :

« 1° Les Maigres n'émettent que bien rarement des sons quand ils sont isolés, et dans ce cas ces vibrations sonores sont faibles, sourdes et n'ont pas de tenue.

» 2° Quand ces Poissons sont réunis, et quand surtout leur réunion a lieu au temps du frai, ils ne cessent pas, pour ainsi dire, de faire entendre des sons avec une vigueur et une persistance qui paraîtraient devoir épuiser leurs forces. »

Ces faits ne m'autorisent-ils pas à conclure, je le demande, que ces sons, dont les Maigres ne font un si fréquent usage que dans le cas où ils peuvent parvenir aux oreilles des individus de leur espèce, ne sont que des manifestations à l'aide desquelles ils s'entendent entre eux, puisqu'ils ne s'en servent guère en l'absence de leurs congénères, et qu'ils ne les prodiguent qu'au temps du frai, dans les circonstances semblables à celles où tant d'autres animaux dont nous sommes à portée d'entendre la voix, nous fatiguent par leurs clameurs ?

§ 5.

Sur les Ombrines communes (*Umbrina cirrosa*, Linn.).

Plusieurs parties de l'organisation du Maigre ont une telle analogie avec celle de l'Ombrine commune, qu'en comparant les premières, qui sont maintenant connues du lecteur, avec celles du second poisson, je pourrai abréger considérablement les notions anatomiques que je vais donner sur cet animal.

La vessie pneumatique de l'Ombrine diffère de celle du Maigre par l'absence d'appendices tubuleux, et par quelque partie de sa forme.

Je n'entrerai dans aucun détail à l'égard des dimensions de la vessie pneumatique de l'Ombrine comparées à celles du corps du Poisson ; de la place que cette vessie occupe dans le ventre ; des solides attaches de ce réservoir à gaz avec les os et les aponévroses abdominales, de l'épaisseur de ses parois ; du nombre des membranes qui entrent dans sa composition, de la nature de ces membranes et des relations qu'elles ont les unes avec les autres ; de la continuité des tuniques internes de la vessie qui en forme une cavité parfaitement close ; enfin du diaphragme que constitue une partie de la membrane muqueuse interne, parce que toutes ces choses sont si analogues à celles que l'on rencontre dans le Maigre, que la description que j'en ai faite dans ce dernier poisson donnera une connaissance suffisante de ce qu'elles sont dans l'Ombrine.

La vessie pneumatique de ce Sciénoïde est fusiforme, et sa partie renflée présente trois bosselures qui vont en diminuant de grandeur de l'antérieure à la postérieure, et qui, par leur position latérale et leur rapport de contiguïté avec les muscles de la couche profonde des grands latéraux qui remplissent les intervalles de la troisième à la quatrième et de la quatrième à la cinquième côte, rappellent les saillies épaisses et arrondies formées par la réunion de plusieurs des ramifications des plus grands appendices tubuleux du Maigre (1). Si l'on ouvre la vessie de l'Ombrine, on voit que les bosselures répondent de chaque côté à trois sinus larges, courts, arrondis, séparés transversalement chacun par un repli formé par la membrane muqueuse moyenne et par une duplicature de la membrane fibreuse (2). La membrane muqueuse moyenne n'envoie aucune expansion pour clore l'entrée de ces larges sinus, mais elle les revêt en suivant leurs cavités et leurs replis saillants, et c'est dans ces dépressions et sur ces saillies qu'une partie du pourtour extérieur du diaphragme horizontal vient s'attacher à cette muqueuse (3). Chez les jeunes Ombrines, ces sinus n'existent pas et ne se constituent qu'à l'âge de la puberté. Du reste, chez les adultes on ne trouve quelquefois que quatre sinus, d'autres fois trois, et d'autres fois encore deux seulement, et l'on n'en voit que des traces chez ceux de ces animaux dont la vessie a été distendue par une trop grande quantité de gaz.

Les os du crâne de l'Ombrine présentent à l'extérieur une série de cavités communiquant entre elles, et formant une gouttière assez profonde qui entoure le pourtour antérieur de cette boîte osseuse et s'étend d'un des os mastoïdiens à celui du côté opposé. Ces cavités, seulement recouvertes par la peau, sont tapissées par une membrane synoviale dont la sécrétion est si peu abondante, qu'on la trouve presque constamment remplie de gaz; elles sont en arrière assez voisines des sinuosités de la cavité externe du crâne que parcourent une partie des canaux semi-circulaires antérieur et postérieur. Il est évident que ces cavités plus ou moins remplies de liquide ou de gaz sont très-propres à recueillir les plus faibles vibrations sonores qui peuvent être communiquées au poisson par le milieu ambiant, à augmenter l'intensité de ces mouvements de vibration et à les transmettre aux appareils de l'ouïe.

Les organes auditifs de ces Sciénoïdes ont en général une forme et une disposition analogues à celles des mêmes organes

(1) Pl. 18, fig. 13.

(2) Pl. 18, fig. 14, *s, s, s, s, s, s*.

(3) Pl. 18, fig. 14, *e, f, k, k*.

chez la plupart des Poissons osseux; mais chez les Ombrines ils diffèrent des autres par leur plus grande dimension et par une modification peu commune dans la position des sacs à pierre.

Pour donner une idée de la grandeur de ces organes, je dirai que chez les adultes de grande taille le vestibule a, en moyenne, de 16 à 20 millimètres de longueur; que les grands sacs ont aussi, en moyenne, de 25 à 28 millimètres de longueur sur 22 de largeur, et que les canaux semi-circulaires, leurs ampoules et autres parties de l'oreille, ont un volume en proportion avec celui des organes que je viens d'indiquer.

Des anfractuosités de la cavité interne du crâne, celle qu'on voit en bas et en arrière a plus d'un tiers de la grandeur de la cavité entière de cette boîte osseuse. Largement ouverte en avant et se rétrécissant en arrière, cette anfractuosité loge les quatre sacs à pierre (ou les deux sacs et les deux cysticules de Bréchet) des deux oreilles, dont les deux grands adhèrent l'un à l'autre par une grande partie de leur côté interne, et ont presque toute l'étendue de leur surface supérieure en contact avec une très-mince cloison membraneuse sur laquelle repose plus de la moitié postérieure de la base du cerveau. C'est donc en définitive sur ces grands sacs que s'appuie une partie de la substance cérébrale, et notamment celle d'où naissent les nerfs acoustiques. Aucun naturaliste n'a, je crois, fait remarquer que de l'union des deux grands sacs sur la ligne médiane et de leur contiguïté médiate avec la moelle allongée, il résulte que le moindre ébranlement d'un des sacs ne peut manquer de se propager, non-seulement aux trois autres sacs et aux ramifications nerveuses qui s'y distribuent, mais encore à la partie du cerveau où plongent et s'irradient les quatre troncs des nerfs acoustiques. Les branches et rameaux de ces derniers, qui sont destinés aux quatre sacs à pierre et aux deux dilatations des vestibules (les utricules de Bréchet), contenant chacun un otolithe, sont comparativement très-gros.

Quelque succinct que soit ce précis anatomique et physiologique sur ces cavités du crâne et ces organes auditifs, il ne permet pas de douter que leur ensemble ne donne à l'ouïe de ces animaux un degré de perfection que n'atteint pas celle de la plupart des autres Poissons.

En terminant ces considérations, je rappellerai que ces sinus externes des os du crâne et les appareils auditifs des Maigres sont conformés et disposés exactement comme ceux sur lesquels je viens de présenter quelques données; mais qu'ils ont des dimensions d'un tiers ou d'une demi-fois encore plus grandes, et que ce que j'ai dit sur le degré de perfectionnement que supposent chez les Ombrines de telles dispositions organiques, s'applique également aux individus de l'espèce *Sciæna Aquila.*

Mes fréquents et longs campements sous les cabanes des pêcheurs des côtes de la Camargue m'ont permis de séjourner assez de temps sur ces plages marécageuses pour suivre plusieurs phases du développement des Ombrines. L'une de celles qui précèdent l'âge de puberté est notable par la faculté qu'ont les sujets, longs alors de 2 à 3 décimètres, de faire exécuter fréquemment des mouvements de frémissement tantôt à toute la partie inférieure de leur corps, tantôt à leurs parois abdominales seulement. Ces frémissements sont de tout point semblables à ceux que j'ai constatés chez les Lyres et les Malarmats, dans mes démonstrations expérimentales. Ces petits mouvements, très-sensibles à la surface extérieure de l'abdomen, le sont beaucoup moins à l'intérieur du ventre et sont presque nuls vers la voûte de cette cavité. La répartition de l'intensité de ces mouvements explique pourquoi ils ne seraient pas bruyants, lors même que la vessie aurait acquis un degré de développement plus avancé que celui auquel elle est parvenue à l'âge des individus dont il est ici question. Toujours est-il que la multiplicité de ces mouvements de frémissement démontre l'aptitude que possèdent les fibres musculaires de ces animaux à engendrer des mouvements de cette espèce, aptitude qui s'étend alors à un grand nombre de muscles, et qui, par cela même, est un peu confuse chez les jeunes sujets, mais qui se concentrera plus tard dans les muscles de la couche profonde des grands latéraux, à l'âge où l'appareil de renforcement, étant suffisamment développé, sera convenablement disposé pour recevoir ces petits mouvements et pour leur donner la force nécessaire à ébranler le milieu ambiant.

Les sons que font entendre les Ombrines sont bien peu variés. Ils sont en général sourds et n'ont qu'une tenue plus ou moins courte. De ces sons, celui qui se répète le plus souvent est analogue au bruit qu'on tirerait d'un tambour militaire dont les parois membraneuses seraient mouillées et sur l'une desquelles on donnerait un coup avec un tampon de grosse caisse. C'est la comparaison qui exprime le mieux la sensation auditive que ce son m'a fait éprouver, et qui donne une idée de son timbre. Les sons qui se succèdent à un court intervalle sont ordinairement du même ton. Mais quand ils atteignent le plus haut degré de perfectionnement, leur tenue augmente assez pour qu'ils deviennent commensurables; en cet état, ils se suivent très-rapidement et ont alors quelque ressemblance avec le roulement d'un tambour. Leur ton se maintient dans la gamme de ut_2 à ut_3, et le diapason de chaque individu ne comprend guère que trois tons et deux demi-tons de cette octave.

Il arrive rarement que, parvenant à se débarrasser du bourdonnement qui leur est ordinaire, ces sons se modifient assez pour rappeler les frôlements sonores d'un tambour de basque n'ayant ni grelots ni castagnettes métalliques, sur lequel on fait glisser, en l'appuyant, la pulpe du pouce. L'intensité de ces sons, comme on doit le présumer d'après la description qui précède, n'est pas grande. Quand ils sont produits dans l'atmosphère, c'est au plus s'ils sont entendus distinctement à une distance de 2 mètres et demi. De ce qu'ils ne se propagent pas au loin dans un milieu gazeux, on aurait tort de conclure qu'il doit en être de même dans l'eau; je m'expliquerai à cet égard dans une autre partie de ce mémoire.

Les vivisections, et par suite les expériences compliquées, étant plus faciles à pratiquer sur les Ombrines que chez les Maigres, j'en ai exécuté beaucoup plus sur celles-là que sur ces derniers. Ces expériences, toutefois, sont tellement semblables à celles que j'ai faites sur les Maigres et diffèrent si peu de celles sur lesquelles sont basées les proportions fondamentales (voy. *Lyres* et *Malarmats*), que ce serait vouloir à plaisir tomber dans des redites que de décrire à nouveau les opérations expérimentales à l'aide desquelles je me suis convaincu : 1° que les sons produits par les Ombrines résultent principalement de la vibration des faisceaux musculaires de la couche interne des muscles en contact, par diverses aponévroses, avec les bosselures et les replis de la vessie pneumatique ; 2° que plusieurs muscles voisins des premiers, ainsi que beaucoup d'autres plus ou moins éloignés de ceux-ci, qui tous sont médiatement en contact avec d'autres parties des parois vésicales, engendrent des vibrations sonores qui sont transmises moins directement, il est vrai, au réservoir à gaz, mais qui contribuent encore à la formation de certains sons.

Quant au mécanisme de la formation des sons chez les Ombrines et à la place qu'il convient de donner à l'organisme de ces Poissons dans la série des degrés d'adaptation aux facultés productrices de sons, je me contenterai d'exposer les réflexions suivantes :

Le diaphragme horizontal de la vessie pneumatique n'a, dans la modification des sons produits, qu'une influence analogue à celle si secondaire que j'ai reconnu être la seule du diaphragme du Maigre d'Europe.

Les muscles qui, en raison de leur position, peuvent engendrer et transmettre à la vessie des vibrations sonores, sont en réalité plus nombreux chez les Ombrines que chez les Maigres, parce que chez ces derniers le bourrelet adipeux qui borde si largement les côtés de ce réservoir à gaz sépare cet organe de beaucoup de muscles avoisinants, et, par la nature de son tissu, s'oppose à la transmission de tout mouvement vibratoire. Il semble tout d'abord que cette grande quantité d'agents producteurs doive augmenter le nombre ou la puissance des sons; mais si l'on a égard à la position des nombreux muscles qui sont plus ou moins éloignés des bosselures de la vessie, et qui pourtant ont encore des rapports de contiguïté avec les parois vésicales, on s'aperçoit bientôt que cette position est telle qu'elle rend la transmission des sons difficile, confuse, et conséquemment qu'elle est d'autant plus nuisible aux effets acoustiques que ces muscles sont plus nombreux. Cette disposition organique suffit à elle seule à expliquer l'infériorité notoire des sons dans cette espèce de Poisson, et doit faire ranger l'organisme des Ombrines, comparativement à celui des Maigres, à un degré inférieur d'adaptation aux fonctions productrices des sons. Du reste, on comprendra mieux ce degré d'infériorité en le comparant, comme je le ferai bientôt, au degré d'adaptation qui est propre à l'organisme des Hippocampes à museau court.

Les raisons que j'ai fait valoir pour prouver que les sons que produisent les Maigres doivent être considérés comme des manifestations à l'aide desquelles ces animaux peuvent communiquer leurs sensations instinctives aux individus de leur espèce et à leurs congénères, sont applicables aux sons qu'émettent les Ombrines.

§ 6.

De l'Hippocampe à museau court

(*Hippocampus brevirostris*, Cuvier, Willughby, pl. 25, fig. 25).

Les notions que possède la science sur les Hippocampes, qu'on nomme aussi vulgairement Chevaux marins, sont fort incomplètes. L'anatomie et la physiologie de ce genre si intéressant pour l'ichthyologiste sont presque entièrement à faire.

Considérations anatomiques (1). — Chez les Hippocampes, les muscles vertébraux sont les seuls qui présentent une masse de fibres de quelque importance. Sous le nom collectif de muscles vertébraux, je comprends tous les muscles que je vais désigner

(1) Dans le petit nombre d'ouvrages que j'ai pu consulter sur l'anatomie des Hippocampes, je n'ai trouvé que quelques données relatives aux parties organiques externes de ces animaux, données tout au plus propres à leur classification systématique ; aussi ai-je été dans la nécessité d'assigner des noms à presque tous les organes dont j'ai eu à parler. Pour tous ces nouveaux noms je réclame du lecteur l'indulgence qu'il est juste qu'il accorde à une portion isolée d'une nomenclature que je ne peux lui soumettre dans son ensemble sans m'écarter trop de mon sujet.

chacun par une appellation qui en fera suffisamment connaître les attaches ; ce sont : les interapophysaires épineux, les interapophysaires transverses et les interapophysaires inférieurs, enfin les longs vertébraux. Ces derniers font exception en ce qu'ils se fixent à des vertèbres plus ou moins distantes les unes des autres.

Les grands muscles latéraux (Cuvier) qui, chez la plupart des Poissons, ont un volume si considérable, qu'ils constituent à eux seuls la majeure partie du corps, sont internes et représentés ici : 1° par deux lanières musculaires que j'appellerai muscles longo-latéraux, parce qu'ils longent, depuis la tête jusqu'à la queue, le bord inférieur des muscles vertébraux, en s'insérant chacun à l'un des côtés et à la partie supérieure de chacun des anneaux du corps (1) ; 2° par les muscles situés entre les

(1) Le corps des Hippocampes est constitué par treize anneaux à sept pans et à sept angles. Chacun de ces anneaux est composé : 1° du corps d'une vertèbre dorsale munie de trois apophyses, une épineuse, dont l'extrémité se soude au milieu du pan supérieur, et de deux transverses dont les bouts inférieurs s'insèrent chacun au centre de la face interne d'un des deux plus grands *ostéodermites* de l'anneau ; 2° de sept pièces osseuses ou *ostéodermites*, présentant chacun un tubercule pyramidal saillant en dehors à l'un des angles de l'anneau. La base de ce tubercule se divise en quatre appendices s'écartant les uns des autres à angle droit ; de sorte que l'on compte dans chaque anneau vingt-huit divisions appendiculaires. Quatorze de ces appendices se prolongent suivant le plan de l'anneau, s'unissent deux à deux par leurs bouts, et forment ainsi les sept pans de l'anneau, et les quatorze autres appendices se dirigent sept en avant et sept en arrière, et vont s'articuler avec autant d'appendices provenant des deux anneaux les plus voisins.

La queue des Hippocampes, qu'on ne retrouve dans aucun autre genre de Vertébrés de la cinquième classe, est formée de trente-sept anneaux à quatre pans lisses et à quatre angles épineux. Ces anneaux ont une composition anatomique dont l'importance a été méconnue.

Chaque anneau se compose : 1° du corps d'une vertèbre qui en est le centre, et dont les quatre apophyses (deux transverses, une épineuse et l'autre inférieure) vont se souder chacune au milieu d'un des pans de l'anneau ; 2° de quatre pièces osseuses ou *ostéodermites*, offrant chacune un tubercule pyramidal saillant en dehors à l'un des angles de l'anneau, tubercule dont la base se prolonge en quatre appendices simulant une croix. Huit de ces appendices s'unissent deux à deux par leurs extrémités au point où vient se souder une des apophyses vertébrales, constituent les quatre pans de l'anneau, et les huit autres appendices, se dirigeant quatre en avant et quatre autres en arrière, relient l'anneau dont ils sont les ostéodermites constitutifs avec l'anneau qui le précède et celui qui le suit dans la tige caudale.

anneaux ou interannulaires du corps, muscles en général petits et dont les principaux sont interannulaires du corps, tenant lieu de la couche interne des *grands muscles latéraux*, et que je nommerai pseudo-intercostaux. Tous ces muscles, du reste, sont composés de *faisceaux primitifs rayés en travers*, et les nerfs qui se distribuent dans leur tissu procèdent, sans intermédiaire, du grand centre cérébro-spinal.

Les muscles de la tête et les autres petits muscles du reste du corps n'offrent aucun intérêt relatif au sujet du présent mémoire, et il serait donc superflu d'en faire ici plus ample mention.

Parmi les muscles dont j'ai fait connaître les noms, il y en a quelques-uns qui ont des points de contact avec les parois de la vessie pneumatique, et sur lesquels il sera donné quelques notions quand je décrirai ce réservoir à gaz. Il importe d'énoncer tout d'abord que j'ai examiné ces muscles avec le plus grand soin, et que j'ai constaté qu'ils ne se distinguent des autres muscles analogues de la cavité ventrale par nul arrangement spécial, ni même par quelque légère modification anatomique qui leur soit particulière, en un mot par aucune différence appréciable.

La vessie pneumatique est située dans la partie du corps qui est formée par les quatrième, cinquième, sixième, septième et huitième anneaux. La longueur de cette vessie égale environ la sixième partie de la longueur totale du Poisson; mais sa largeur diffère peu de celle du corps, et l'on peut admettre que son volume est, chez les Hippocampes, d'une grandeur moyenne proportionnellement aux dimensions ordinaires des vessies aériennes des autres Poissons. Sa cavité ne s'ouvre pas dans celle du tube digestif, et l'on ne voit à son intérieur aucune cloison, aucune trace de diaphragme. Elle est ovoïde; les deux membranes qui la constituent, et dont l'une est fibreuse et l'autre muqueuse, sont toutes deux très-minces; aussi sont-elles transparentes en grande partie du moins. Enfin elle n'a aucun muscle intrinsèque ou extrinsèque.

Elle est attachée à la voûte de la cavité du ventre sur un assez étroit espace longitudinal s'étendant, sur la ligne médiane, de la troisième à la neuvième vertèbre dorsale exclusivement. Au milieu de cet espace, elle est fixée aux reins, et c'est à peine si ses attaches plus latérales la mettent en rapport, sur deux minces rebords, avec les muscles vertébraux. Toutefois une portion de ses parties latérales, que la pesanteur spécifique tend à maintenir au-dessus des autres viscères abdominaux, doivent constamment être appliquées : contre les parties latérales seulement des couches inférieures des muscles intervertébraux qui sont contenus entre les apophyses transverses des vertèbres dorsales, contre une portion des muscles longo-latéraux et contre les pseudo-intercostaux des anneaux qui l'entourent.

C'est donc en définitive une vésicule aérienne des plus simples que l'on puisse rencontrer, et la position qu'elle occupe est celle du plus grand nombre des réservoirs à gaz qu'on trouve dans les Poissons nullement bruyants; je pourrais même citer, chez beaucoup d'autres animaux de la même classe aussi silencieux que les premiers, des vessies pneumatiques incomparablement mieux disposées que celles des Hippocampes pour recueillir des vibrations sonores.

En dernière analyse, l'anatomie ne nous montre aucun muscle particulier ou commun à d'autres fonctions, mais modifié de façon à attirer l'attention; aucune disposition spéciale de la vessie qui puisse faire soupçonner que ces muscles soient destinés à engendrer des vibrations sonores, et cette vessie à recevoir et à renforcer ces vibrations.

Considérations physiologiques. — J'ai découvert que les Chevaux marins à museau court ont la faculté de produire de longues séries de mouvements si petits et si rapides, qu'ils échappent à la vue, ne sont appréciables qu'au toucher, et conséquemment sont de simples frémissements; de plus, je suis parvenu à trouver que ces frémissements sont accompagnés de bruits, plus rarement de sons commensurables.

Ces frémissements, toujours partiels, ne se manifestent que dans certaines parties du corps. Tantôt ils sont bornés à la partie postérieure des opercules et aux deux premiers anneaux du corps : c'est celui que je désignerai sous le nom de *petit frémissement;* tantôt ils ont lieu dans les anneaux rétrécis de cette partie antérieure du corps qu'on a comparée à l'encolure d'un cheval : ce sera pour moi le *frémissement moyen;* tantôt enfin ils s'étendent à tous les anneaux compris entre les os préoperculaires et le onzième ou le douzième anneau de la queue : c'est celui que j'appellerai le *grand frémissement.*

Les frémissements et les effets acoustiques de ces petits mouvements sont tout à fait semblables chez les mâles et les femelles adultes de cette espèce de Poisson.

On en prend qui sont en état de frayer depuis les premiers jours du printemps jusqu'à la fin du mois de juin. Pendant ce temps, leurs frémissements sont plus fréquents et plus intenses. Comme ces Lophobranches peuvent vivre durant plusieurs jours dans un grand vase contenant de l'eau de mer qu'on renouvelle de temps en temps, et, dans ces circonstances, conserver intactes toutes leurs facultés physiologiques; comme ils peuvent aussi être tenus hors de l'eau pendant quelques instants sans paraître souffrir de ce changement de milieu et sans cesser d'exécuter des frémissements prolongés, il est facile d'étudier ces longues séries de petits mouvements que ces animaux répètent spontanément et assez souvent pour que l'observateur n'ait pas besoin d'en provoquer la manifestation.

Il est du reste si aisé de s'assurer de l'existence de ces frémissements et de leur répartition, que je ne dirai rien des moyens à employer pour arriver à ce but.

L'examen expérimental des propriétés de la nature de ces frémissements demande plus de soins et de précautions particulières. Aussi, pour en obtenir des résultats dont on puisse tirer des conséquences incontestables, dois-je conseiller d'avoir recours à l'emploi de deux stéthoscopes : d'un stéthoscope simple de Laennec, par exemple, et d'un stéthoscope de la forme de celui que M. le professeur Piorry a préconisé, toutefois après qu'on aura modifié ce dernier instrument ainsi qu'il suit : On recouvrira l'ouverture évasée du pavillon d'un pareil stéthoscope avec un morceau de baudruche tendu comme la peau d'un tambour sur les bords de ce pavillon, et, sans avoir rien changé aux conditions conductrices du tube de cet instrument, on aura transformé la cavité inférieure en un appareil de renforcement assez sensible pour servir à l'examen, auquel on pourra alors procéder comme je vais l'indiquer le plus sommairement possible.

Après avoir tiré de l'eau un Hippocampe à museau court, bien vivant et bien vigoureux, on comprimera légèrement entre ses doigts et successivement les anneaux du corps du Poisson qui seront le siége du *petit frémissement,* puis ceux qui seront agités par le *frémissement moyen*, et enfin ceux qu'ébranlera le *grand frémissement*, et l'on reconnaîtra que toutes les parties organiques animées par ces petits mouvements inapercevables donnent toutes au toucher la même sensation, celle qu'on éprouve quand on met la pulpe des doigts en contact avec une des branches d'un diapason métallique qui vibre. On s'assurera de la même manière que l'intensité de ces trois frémissements est loin d'être la même : que le *grand frémissement* a considérablement plus de force que le *petit* et beaucoup plus encore que le *moyen.*

Ensuite on auscultera à l'aide du stéthoscope de Laënnec les anneaux qui seront agités par le *grand frémissement;* on percevra alors soit une série de petits bruits très-courts dont l'ensemble aura quelque analogie avec le bruit d'un tambour, soit quelques sons commensurables, mais faibles, d'un timbre désagréable et presque tous du même ton (le fa_3 ou le mi_3). En se servant du même instrument, on soumettra à l'auscultation les anneaux mus, soit par le *frémissemeut moyen*, soit par le *petit frémissement*, et l'on se convaincra que dans ces conditions ces frémissements ne font entendre aucun son ni même aucun bruit.

Ce sera le moment d'employer le stéthoscope garni de baudruche. Quand on aura placé l'oreille comme elle doit l'être pendant l'auscultation, on appliquera le centre de la baudruche sur les anneaux en mouvement, en la maintenant de façon à éviter tout frottement, et l'on constatera : 1° que les anneaux animés par le *petit frémissement* produisent une série de petits bruissements dont chacun est si léger et de si courte durée, que s'il était émis seul, il pourrait échapper à l'attention, mais que la série de ces bruissements est bien appréciable et ressemble au bruit de rotation de Laennec, lorsque ce bruit provient de la contraction d'un petit muscle chez l'homme; 2° que les anneaux mis en branle par le *moyen frémissement* engendrent une série de petits bruits très-courts ressemblant à ceux que je viens de décrire, mais bien plus forts, qui imitent le bruit d'un sourd roulement de tambour ou celui d'une voiture roulant rapidement sur une chaussée pavée et lointaine, bruit qui n'est en réalité qu'une modification du bruit dépeint par l'illustre auteur du premier traité sur l'auscultation médiate.

Enfin, on choisira un sujet bien vigoureux, et, saisissant le moment où il exécutera le *grand frémissement* accompagné de sons commensurables, on extraira à l'aide d'un trocart les gaz contenus dans la vessie pneumatique; tout aussitôt que cette vessie sera vide, on observera que non-seulement les sons musicaux ne se reproduisent plus, mais encore que les bruits qui se mêlaient à ces sons ne seront plus perceptibles au moyen d'un stéthoscope ordinaire, et qu'il faudra se servir du stéthoscope garni de baudruche pour reconnaître que quelques bruits fort analogues à ceux qui résultent ou du *petit* ou du *moyen frémissement* persistent à se faire entendre, et qu'en dernier résultat le *grand frémissement*, en l'absence des gaz vésicaux, ne peut donner naissance qu'à des bruits qui ne diffèrent que par leur intensité de ceux produits par les deux autres frémissements.

Les principaux résultats de cet examen expérimental ressortent avec une telle évidence du simple énoncé des faits, qu'il me semble inutile de discuter la plupart d'entre eux pour en déduire les conséquences suivantes :

1° Les frémissements des Hippocampes à museau court et les frémissements des muscles mêmes des Lyres, des Malarmats, Maigres, etc., ci-dessus observés, donnent au toucher une sensation de tout point semblable ; de plus, tous ces petits mouvements produisent tous des phénomènes acoustiques analogues : ils ont donc tous pour principe la vibration musculaire.

2° Le *grand frémissement* fait entendre des bruits plus forts que ceux qu'engendrent les deux autres frémissements, et, en outre, a seul la faculté de donner naissance à des sons commensurables, parce que d'abord presque tous les muscles du corps et les plus puissants d'entre eux concourent à sa formation, et parce qu'ensuite, parmi ces mêmes muscles, se trouvent ceux qui, étant en contact avec les parois de la vessie pneumatique, communiquent directement les vibrations sonores qu'ils produisent à la vessie qui les renforce.

3° L'identité des frémissements des Hippocampes avec ceux des muscles mis à découvert chez les Lyres, Malarmats, etc., dans mes démonstrations expérimentales, prouvent que ces derniers sont purement physiologiques et n'ont aucun rapport avec des mouvements qui seraient dus à des courants dérivés, à une action réflexe, et ne dépendent par conséquent nullement des mutilations que j'ai fait subir aux sujets de mes vivisections.

Cette conséquence, qui résultait déjà de plusieurs faits et expériences exposés dans ce mémoire, ne peut être mise en doute, en présence des frémissements qui se montrent normalement chez des Hippocampes pleins de vie et de force, et dont l'épiderme n'a même pas été entamé par l'instrument tranchant.

Quoique les phénomènes acoustiques que produisent les Hippocampes n'aient pas l'intensité nécessaire à se propager naturellement dans l'atmosphère, de façon à être perçus par l'oreille humaine, le mécanisme de leur formation n'en est pas moins intéressant, parce qu'il est plus propre qu'aucun de ceux que nous avons examinés jusqu'ici à mettre en évidence la part que chaque organe prend à la production des vibrations sonores de notre première subdivision de la seconde section.

Les agents de ce mécanisme sont une vessie pneumatique réduite à l'état de la plus simple vésicule hydrostatique, comme il est bon de le rappeler, et des muscles très-nombreux, dont je n'ai besoin que de désigner les principaux : ce sont, dans tous les anneaux du corps proprement dit et dans les onze premiers anneaux de la queue, tous les muscles vertébraux que j'ai nommés, au commencement de ce chapitre, les *pseudo-intercostaux*, et les muscles interannulaires de la queue. Tous ces muscles, et plusieurs autres moins forts, sont les très-nombreux agents actifs de la production des vibrations sonores. C'est le lieu de faire remarquer que les éléments histologiques de tous ces muscles, leurs fonctions principales, qui sont évidemment celles de mouvoir une grande partie des os du squelette, l'origine tout aussi évidente des nerfs qui les animent, nerfs qui proviennent tous directement du centre cérébro-spinal, enfin le mode même de leur contraction, tout concourt à prouver jusqu'à la dernière évidence que ce sont des muscles soumis à la volonté de l'animal.

Ce grand nombre de muscles dominent tellement tout le mécanisme de la production des sons, que, sans auxiliaire, sans organe de renforcement, ils peuvent à eux seuls engendrer des sons qui se propagent dans le milieu ambiant, comme le prouvent les effets acoustiques du *petit* et surtout du *moyen frémissement.* Je dois faire observer que c'est la première fois que nous trouvons, chez les Poissons, l'appareil des organes producteurs de sons réduit à quelques simples muscles volontaires capables de vibrer.

C'est principalement dans l'exécution du *grand frémissement*, où les très-nombreux muscles qui participent à sa formation entrent en action simultanément, qu'on voit bien l'effet de leur prédominance dans le mécanisme de la production des sons.

La plupart d'entre eux sont plus ou moins éloignés des parois de la vessie, et, dans l'ébranlement simultané de la plus grande portion du corps de l'animal, chacun d'eux fournit son contingent de mouvements vibratoires qui, à l'aide de vibrations concomitantes, doivent se propager jusqu'au réservoir à gaz, dont le rôle est ici bien moins important que celui que remplissent les autres vessies dans plusieurs mécanismes du même ordre. En effet, chez les Hippocampes, tandis que la vessie recueille les vibrations sonores que lui transmettent directement les muscles qui sont contigus à ces parois, elle est assaillie en avant, en arrière, par les ondes sonores qui proviennent des muscles plus éloignés. Il n'est pas difficile de prévoir que ces deux sortes de vibrations sont une fâcheuse complication; car, d'une part, la seule circonstance dans laquelle ces vibrations émanées de foyers différents peuvent se corroborer mutuellement, demande le concours de conditions multiples, mais encore elle exige que leur coïncidence s'effectue avec une précision mathématique, et, d'autre part, le moindre désaccord entre ces deux ordres de mouvements vibratoires peut contrarier ou annihiler le jeu de l'appareil de renforcement.

Des données expérimentales, qu'il serait trop long d'exposer ici, me portent à penser que c'est le désaccord de ces différentes vibrations qui est la principale cause du peu d'action de la vessie dans la production des phénomènes acoustiques propres aux Hippocampes.

En comparant le mécanisme dont je m'occupe actuellement avec ceux des quatre espèces de Poissons étudiées dans le précédent et le présent chapitre, il est facile de conclure :

1° Que la position relative des muscles producteurs de sons et de la vessie pneumatique influe bien plus sur les bonnes qualités des sons que le grand nombre de ces muscles.

2° Que les muscles qui produisent les vibrations sonores chez les Hippocampes sont soumis à la volonté, et que conséquemment chez eux, comme chez les quatre autres espèces de Poissons dont il est question dans ce chapitre, les bruits et les sons sont aussi volontaires.

3° Que les Hippocampes nous offrent un exemple, jusqu'à présent unique, d'un appareil producteur de sons réduit chez un Vertébré à quelques petits muscles volontaires capables de vibrer.

4° Que dans les cas où les organes qui donnent naissance aux phénomènes acoustiques chez les Hippocampes atteignent le maximum de leur puissance productive, c'est à peine si, à l'aide d'un stéthoscope, l'homme peut distinguer, au milieu des bruits qu'ils font entendre, quelques sons commensurables.

5° Que le mécanisme des bruits et des sons engendrés par les individus de l'espèce *Hippocampus brevirostris* est inférieur sous tous les rapports à celui que nous avons examiné dans chacune des quatre espèces de Poissons comprises dans la même catégorie ; que par conséquent l'organisme de ces Chevaux marins offre un degré tout aussi inférieur d'adaptation aux fonctions de la production des sons ; qu'enfin c'est bien à bon droit que cette espèce occupe le dernier rang dans le tableau de la page 2 du deuxième chapitre.

TROISIÈME PARTIE.

§ 1.

Deuxième subdivision de la division principale de la seconde section.

Cette subdivision se compose des sons produits par un appareil spécial que j'ai nommé *appareil vésico-pneumatique*.

Cet appareil est constitué par une vessie pneumatique du nombre de celles dont la cavité ne s'ouvre pas dans le tube intestinal, et par au moins deux muscles intrinsèques toujours composés de faisceaux primitifs de fibres striées transversalement et remarquables par leur mode d'innervation, ainsi que par la grande quantité de vaisseaux sanguins qui en font partie.

L'union de cette vessie avec ses muscles est si intime, et les rapports anatomiques de ce groupe d'organes avec le reste du corps sont tellement distincts, que cet ensemble organique mérite réellement le nom d'appareil.

Les sons de cette subdivision se distinguent de ceux de la division principale :

1° Par le nombre des sons commensurables qui, chez chaque individu, l'emporte beaucoup sur la quantité de ceux qui ne sont pas musicaux ; 2° par le plus grand degré de pureté ; 3° par leur plus longue tenue ; 4° par les plus nombreuses variétés de leurs tons ; 5° enfin par une plus grande mutabilité de leur timbre.

Dix espèces appartenant à trois genres différents de Poissons européens émettent des sons de cet ordre. Ce sont : dans le genre Dorée ou *Zeus*, Cuvier, les espèces : Dorée ou Poisson Saint-Pierre (*Zeus faber*, Linné, Cuvier et Valenciennes), *Zeus pungio*, Cuv. et Val.; dans le genre Dactyloptère (*Dactylopterus*, Cuv.), l'espèce Dactyloptère voltigeant (*Dactylopterus volitans*, Cuv.); dans le genre Trigle (*Trigla*, Cuv.), les espèces : Perlon (*Trigla Hirundo*, L.), Rouget camard (*Trigla lucerna*, L.), Rouget commun (*Trigla Cuculus*, L.), Grondin proprement dit (*Trigla Gurnardus*, Lin.), Morrude, Cuv. (*Trigla lucerna*, Brunn.), Grondin rouge (*Trigla Cuculus*, Bloch), Cavillone, Cuv. (*Trigla aspera*, Viv.).

Les caractères que je viens de faire connaître comme étant communs à tous les appareils vésico-pneumatiques n'impliquent nullement qu'ils sont semblables les uns aux autres. En effet, leur forme, leurs dimensions et plusieurs autres de leurs qualités, diffèrent suivant les espèces et suivant les genres.

Ces différences génériques sont assez grandes pour qu'il devienne nécessaire de donner une description détaillée de l'appareil de chacun de ces trois genres.

Quand les organes de l'audition du genre dont l'appareil aura été décrit offrira des particularités notables, j'en ferai l'objet de remarques que je joindrai à la description.

§ 2.

Du genre *Zeus*, et de l'appareil vésico-pneumatique chez les Poissons de ce genre.

Le genre *Zeus* comprend, d'après le *Règne animal* de Cuvier, un sous-genre, celui des Dorées (*Zeus*), et ce sous-genre contient deux espèces : l'une, la Dorée ou Poisson Saint-Pierre, que l'auteur désigne, comme l'avait fait Linné, sous la dénomination de *Zeus faber ;* l'autre dont il ne donne que le nom latin, *Zeus pungio*.

Dans l'*Histoire naturelle des Poissons*, Cuvier et Valenciennes ont décrit cette dernière espèce et ont persisté à la considérer comme une espèce distincte (1).

(1) Voy. Cuvier et Valenciennes, *Histoire naturelle des Poissons*, t. X, p. 26.

J'ai examiné beaucoup d'individus dont les uns avaient les caractères externes donnés par ces auteurs comme distinctifs de l'une de ces espèces, et d'autres Poissons présentant exactement la diagnose proposée par ces naturalistes comme déterminative de l'autre espèce, et j'ai constaté que les uns et les autres ont à l'intérieur une organisation tout à fait semblable (1).

Dans les considérations qui vont suivre, je prendrai pour type l'espèce *Zeus faber*. Mais je déclare que toutes les propositions relatives à cette espèce seront également applicables à sa congénère.

Considérations zoologiques et anatomiques. — Les Dorées ont le corps d'une forme ovale d'un aspect bizarre, qui les a fait remarquer depuis bien des siècles par les habitants des bords de la Méditerranée. C'est sans doute à raison de la singularité de leur aspect et des sons qu'ils émettent, qu'elles ont été chez les anciens Grecs, et sont encore chez les modernes et dans certaines parties de l'Italie, l'objet de croyances superstitieuses.

A Marseille, on pêche en toute saison un assez grand nombre de ces Poissons, et il s'en trouve quelques-uns qui pèsent jusqu'à 5 kilogrammes. Je ne connais pas d'Acanthoptérygiens dont la vessie pneumatique soit plus sujette aux lésions traumatiques que celle de ces Dorées.

Je ne sais s'il en est ainsi de beaucoup d'autres organes de ces Poissons, mais toujours est-il que leurs centres nerveux sont aussi d'une constitution bien délicate ; car le bout du museau de ces animaux ne peut recevoir le moindre choc sans que des symptômes non équivoques de commotion de ces centres nerveux se manifestent et durent plus ou moins longtemps.

Dans les eaux qui baignent le littoral du département des Bouches-du-Rhône, on prend des Dorées, qui sont en frai, depuis le 15 juillet environ jusqu'à la fin du mois d'octobre.

(1) J'ai disséqué avec soin une soixantaine de ces Poissons et en ai examiné plus de deux cents ; j'ai trouvé un si grand nombre de variétés dans la forme de toutes les épines scapulaires, humérales, latérales de la seconde dorsale, etc., qu'il me semble difficile de trouver exclusivement dans ces appendices des caractères complétement satisfaisants pour la distinction des espèces.

Comme tant d'autres vessies pneumatiques, celle des Dorées a été jusqu'à présent l'objet d'une simple mention plutôt que d'une description consciencieuse, et pourtant sa composition anatomique offre, comme on le verra bientôt, des particularités dignes de l'intérêt des ichthyologistes et des physiologistes.

Toutefois l'appareil vésico-pneumatique de ces Poissons ayant complétement la forme des vessies aérifères ordinaires, j'emploierai, pour les désigner, aussi souvent le mot de vessie que celui d'appareil.

Arrondie à ses deux bouts, cette vessie pneumatique est irrégulièrement ovoïde dans ses trois quarts antérieurs; un peu déprimée en avant, elle se rétrécit brusquement dans son quart postérieur, sous forme de cylindre non moins irrégulier (1). Sa plus grande largeur est égale au tiers de sa longueur, et cette longueur est égale aux deux septièmes de la longueur totale du corps de l'animal. La partie antérieure ou ovoïde de cette vessie diffère aussi de la partie postérieure ou cylindrique par la composition de ses parois.

La portion antérieure ou ovoïde est constituée par deux membranes : l'une externe, l'autre interne, et par une paire de muscles intrinsèques.

La membrane externe, ou tunique propre, est fibreuse, épaisse, compacte, composée à l'extérieur d'épais feuillets de tissu conjonctif mêlé à du tissu élastique, à des lamelles *péritonéales* et à d'autres éléments fibreux, et en dedans, de plusieurs couches de gros faisceaux, dont les plus externes sont dirigés transversalement au grand axe de la vessie aérifère (2).

Cette membrane propre donne, par sa consistance, à la portion antérieure de ce réservoir pneumatique, la forme que je lui ai attribuée. En avant et latéralement, cette membrane fibreuse présente deux grandes entailles ovalaires qui semblent la perforer d'outre en outre, mais qui réellement en réduisent tellement l'épaisseur, qu'elle n'a plus à sa partie interne que l'aspect

(1) T. XIX, pl. 16, fig. 1, 2.
(2) T. XIX, pl. 16, fig. 3, *v*, *c*, *o*, *v'*.

d'une très-mince lamelle de tissu conjonctif. Chacune de ces entailles, dont le grand diamètre est longitudinal, encadre l'un des muscles intrinsèques. Je décrirai plus loin ces deux muscles. Arrivée au bout postérieur de la portion ovoïde, là où la vessie se rétrécit brusquement, la membrane propre perd tout à coup toutes ses couches internes de faisceaux fibreux, et ses seuls feuillets externes s'étendent au delà du rétrécissement circulaire; mais elles font alors partie de la portion cylindrique, comme il sera dit plus loin.

Toutefois le bord circulaire des couches internes de cette fibreuse ainsi interrompue ne font qu'une légère saillie à l'intérieur du rétrécissement circulaire de la vessie.

La seconde tunique ou membrane de la portion ovoïde de la vessie, est muqueuse, épaisse et pourvue de nombreux vaisseaux (1). Elle comprend dans son épaisseur deux ou trois corps rouges, formant, de chaque côté de la paroi inférieure des parois vésicales, un cordon courbé sur lui-même en différents sens et interrompu en un ou deux endroits de son trajet (2).

Cette membrane muqueuse revêt tout l'intérieur de la tunique fibreuse; mais, parvenue au rétrécissement circulaire dont j'ai parlé tant de fois, elle aussi se termine brusquement par un rebord circulaire qui, restant libre de toute adhérence à son bout postérieur et par sa face interne, et conservant toute l'épaisseur de la membrane muqueuse, fait une notable saillie en dedans de la vessie. Ce rebord saillant est inégal et onduleux. On peut remarquer que les gros vaisseaux qui parcourent longitudinalement la muqueuse se terminent brusquement aussi dans ce rebord. J'ai vu même maintes fois tous les gros vaisseaux longitudinaux d'une pareille muqueuse se prolonger en sorte de courts cæcums au delà de son rebord saillant et terminal (3).

Les parois de la portion cylindrique ou postérieure de la vessie sont aussi formées de deux membranes. L'une, l'externe, qui n'est que la continuation des feuillets externes de la membrane

(1) T. XIX, pl. 16, fig. 3, *m, m, m, m', m''*.
(2) T. XIX, pl. 16, fig. 3, *k, h, i, j, k'*.
(3) T. XIX, pl. 16, fig. 3, B, *n, n, m, s*.

fibreuse de la portion ovoïde; elle manque de fortes couches internes, de gros faisceaux fibreux, et est modifiée dans sa texture (1).

Cette membrane a une épaisseur assez prononcée et jouit d'une très-grande élasticité, ainsi que d'une rétractilité remarq[illegible]u[illegible]ale

L'autre membrane, l'interne, est plus mince que l'arachnoïde humaine. Soudée au pourtour externe du bord saillant et terminal de la muqueuse de la portion ovoïde, cette membrane arachnoïdienne double toute la surface de la membrane interne de la portion cylindrique, ne tient à cette enveloppe que par des fibrilles aussi minces que des fils d'araignée, qui sont irrégulièrement distribuées entre les deux membranes, et par un assez grand nombre d'autres fibrilles de même nature, rapprochées les unes des autres et assez souvent disposées suivant une ligne circulaire, qui attachent le fond de cette arachnoïdienne d'une manière moins fragile au bout de la cavité de la membrane externe (2).

Les muscles intrinsèques de la vessie pneumatique ont chacun à peu près la forme d'un disque ovalaire : leur grand diamètre égale environ [illegible] la longueur de la vessie, et leur petit diamètre mesure la moitié du diamètre transversal de ce réservoir à gaz. Leur épaisseur est en moyenne les 1/100 de leur grand diamètre (3).

Enchâssés dans les entailles latérales de la membrane fibreuse, ils s'insèrent par les deux extrémités de leurs faisceaux charnus sur les bords de ces demi-ouvertures, sur l'espace compris entre la surface externe de la fibreuse et sa lamelle interne, ou, en d'autres termes, à la presque totalité de l'épaisseur de la tunique fibreuse. Ils tiennent aussi très-solidement par le reste de leur pourtour aux bords de ces entailles qui ne sont point occupés par les insertions de leurs faisceaux charnus. Enfin, ils sont recouverts sur leur face supérieure par une expansion des apo-

(1) T. XIX, pl. 16, fig. 3, *p*, *p*, *p*.
(2) T. XIX, pl. 16, fig. 3, *s*, *s*, *s''*, *s'''*.
(3) T. XIX, pl. 16, fig. 1, *m*, *m*, et fig. 2, *m*.

névroses d'attache de la vessie elle-même. Leur surface interne est appliquée sur la lamelle à laquelle est réduite la membrane fibreuse dans ces entailles ovalaires. Mais c'est à peine si leur surface adhère à cette lamelle, qui elle-même ne tient que par de bien faibles attaches à la face externe de la muqueuse.

Ces muscles sont d'une couleur jaune qui passe quelquefois au rougeâtre, et plus fréquemment leur teinte jaune est plus foncée que celle des autres muscles du corps. Ils sont composés de nombreuses couches de faisceaux charnus qui eux-mêmes sont formés d'éléments histologiques énoncés dans les caractères généraux des appareils vésico-pneumatiques (voyez page 38 du présent chapitre).

La direction de tous leurs faisceaux charnus est perpendiculaire à leur grand diamètre, et par conséquent perpendiculaire au grand axe de la vessie.

Si la valeur physiologique d'un organe est en rapport avec le nombre, le volume et la variété d'origine des nerfs qui se rendent à cet organe, les muscles intrinsèques doivent être considérés comme ayant une réelle importance dans l'organisme du *Zeus*. Ces muscles, en effet, reçoivent chacun trois gros nerfs qui sont des branches principales des seconde, troisième et quatrième paires spinales (1). La branche qui provient de la seconde paire se porte dans le tiers antérieur du muscle, la branche de la troisième dans la partie moyenne, et la branche de la quatrième dans son tiers postérieur. En pénétrant entre les faisceaux charnus, les branches nerveuses s'épanouissent, se divisent en rameaux plats qui conservent encore une largeur notable quand ils s'introduisent dans les enveloppes des faisceaux pri-

(1) En suivant la nomenclature des nerfs donnée par Cuvier, j'appelle chez le *Zeus*, première paire spinale, celle dont les deux troncs nerveux qui la composent proviennent chacun de deux ou trois petites racines qui sortent de la moelle épinière très-près de son origine, ou même souvent des points intermédiaires à cette même moelle et à la moelle allongée, et qui s'unissent immédiatement au dernier nerf cérébral, pour sortir avec lui par un même trou des parois osseuses de la colonne vertébrale. La seconde paire est donc, pour moi, celle qui naît à quelque distance en arrière des petites racines dont je viens de parler.

mitifs de fibres musculaires, dans l'intérieur desquels je ne les ai pas suivis.

La vessie pneumatique du *Zeus* s'étend dans la cavité abdominale de ce Poisson depuis les insertions postérieures des muscles rétracteurs des os pharyngiens supérieurs jusqu'au premier os interépineux de la nageoire anale, en suivant la courbure de la cavité du ventre ou de la colonne vertébrale. Cette vessie est solidement attachée en avant aux parois abdominales par quatre fortes aponévroses, dont deux sont situées au-dessus et deux autres au-dessous des muscles vésicaux (1); de plus, sa face supérieure adhère par sa partie médiane et longitudinale aux enveloppes aponévrotiques des reins, puis enfin, par ces bords, aux aponévroses de la couche profonde des muscles grands latéraux, ainsi qu'aux côtes qui séparent ces muscles (2).

(1) T. XIX, pl. 16, fig. 2, *r*, *r*.

(2) Je crois utile de faire connaître les difficultés exceptionnelles que j'ai rencontrées dans mes investigations anatomiques sur l'appareil vésico-pneumatique de ces Poissons.

Bien que, dans le cours de mes recherches, j'aie observé plus de deux cents Dorées, je n'ai pu soumettre à mon examen anatomique que soixante sujets de cette espèce. Sur ces soixante sujets, quarante étaient adultes et les vingt autres étaient des jeunes, dont les moins âgés n'avaient que 70 millimètres de longueur. Parmi les petits, aucun n'avait, ni en dehors ni en dedans du corps, de sac vitellin, ou même ne portait aucune trace de l'existence de cet organe embryonnaire. De ces soixante sujets, douze seulement avaient une vessie pneumatique dans des conditions anatomiques identiques avec celles que je viens de décrire; aucune des parties organiques de ces appareils ou des organes adjacents de ces individus ne présentait de modifications morbides récentes ou anciennes, et, avant la mort de ces Poissons, je m'étais assuré qu'ils avaient conservé intactes les fonctions acoustiques de leur appareil vésico-pneumatique. Chez les quarante-huit autres Dorées, les vessies pneumatiques offraient des lésions traumatiques nouvelles ou anciennes, telles que trous, déchirures, décollements des parties ou adhérences anormales, et dans plusieurs de ces sujets les organes voisins des appareils portaient des marques évidentes d'affections traumatiques. Tels sont les principaux résultats des investigations patientes, laborieuses, et bien faites pour décourager l'observateur trop pressé d'arriver à son but, qui m'ont conduit à décrire les dispositions anatomiques de l'appareil vésico-pneumatique des Dorées, comme on l'a vu plus haut.

On peut se demander si ces dispositions sont normales? Comme je n'ai pu me procurer un poisson de ce sous-genre à l'état d'embryon, je ne puis répondre péremptoirement à cette question; mais les résultats de mes nombreuses investigations m'autorisent, je le pense, à avancer qu'il est de la plus grande probabilité qu'à certaine phase du développement génésique, la vessie pneumatique est analogue à celle de la plupart des Poissons; qu'elle se compose d'une poche formée d'une tunique fibreuse, garnie à l'ex-

J'ai examiné avec soin les organes auditifs des Dorées. Les deux oreilles sont écartées l'une de l'autre et retenues chacune sur un des côtés du cerveau par un tissu résistant, plus fibreux que celluleux et d'une couleur jaunâtre. Des cavités du labyrinthe ostéo-cartilagineux, celle qui reçoit le sinus transversal a seule des dimensions qui sont relativement plus grandes que celles des cavités analogues dans les oreilles des autres Acanthoptérygiens. Une simple dépression, au niveau presque du plancher de la cavité du crâne, est réservée au sac, et une simple gouttière reçoit le tube semi-circulaire antérieur, qui n'y est *enchaîné* (1) que par un mince anneau cartilagineux. Le tissu du vestibule tout entier (tubes semi-circulaires, ampoules, utricules, sac et cystocule) est d'une couleur rougeâtre. Pour donner une idée de la forme de l'*otolithe sacculaire,* je dirai que sa partie centrale la plus épaisse ressemble à une valve d'une très-petite coquille de Mollusque cardiacé à laquelle sont soudées par leur partie moyenne deux espèces de baguettes calcaires, dont la grosseur est inégale dans divers points de leur étendue.

érieur d'une ou de plusieurs couches de tissu conjonctif, et à l'intérieur d'une tunique muqueuse, toutes tuniques n'offrant aucune solution de continuité et présentant une cavité simple, sans étranglement ou rétrécissement; que, par suite des secousses et des tiraillements que les premières contractions musculaires font éprouver à la vessie, les tuniques fibreuse et muqueuse sont détachées du fond de l'enveloppe du tissu conjonctif; que les tiraillements uniformes en avant rendent circulaire l'ouverture qui résulte de cette déchirure, ouverture qui n'est plus recouverte que par la mince couche de tissu connectif ayant la même forme; qu'enfin l'impulsion incessante des gaz poussés par les contractions musculaires dilate, détend en une petite ampoule cette paroi circulaire si peu résistante et si élastique, et que cette ampoule agrandie constitue plus tard la partie cylindrique vésicale qu'on trouve déjà chez les sujets qui n'ont pas plus de 6 centimètres de longueur.

Ce n'est assurément là qu'une présomption, mais elle explique si bien, dans les plus intimes détails, toutes les particularités de la structure toute spéciale des parois de la vessie dans ce sous-genre de Poissons, et les si nombreuses lésions auxquelles elle est sujette, qu'elle doit s'écarter bien peu de ce cas de développement récurrent ou des faits de pseudo-physiologie ou de transformations morbides qui s'accomplissent très-lentement dans cet appareil, et par cela même cette présomption mérite d'être prise en considération.

(1) Je dois déclarer que j'ai adopté la nomenclature introduite dans la science par Bréchet pour désigner les diverses parties organiques des organes auditifs. (Voy. *Ann. sc. nat.*, 1re série, t. XXIX, mémoire de Bréchet sur l'*oreille humaine.*)

La largeur des ampoules, des tubes semi-circulaires ou plutôt du vestibule tout entier, la forme bizarre de cet otolithe, la grosseur des rameaux nerveux qui se rendent aux diverses parties du vestibule, sont les particularités les plus notables des appareils auditifs de ces Poissons.

§ 3.

De l'appareil vésico-pneumatique du Dactyloptère.

L'appareil vésico-pneumatique du Dactyloptère voltigeant (*Dactylopterus volitans*) (1) est profondément divisé sur la ligne médiane en deux parties ou lobes. Ces lobes ne sont réunis sur la ligne médiane, vers leur tiers postérieur, que par les parois d'un *canal de communication* au moyen duquel les cavités de ces deux lobes sont en rapport de continuité (2). Ces parois ne mesurent que le quart de la longueur de tout l'appareil. La plus grande largeur de cet appareil n'a qu'un septième de moins que sa longueur, et celle-ci est contenue en moyenne six fois dans la longueur totale du Poisson.

Chaque lobe a la forme d'un cylindre un peu bombé en son milieu, arrondi à ses deux bouts, dont l'antérieur est souvent contourné de dehors en dedans en une sorte de demi-crosse : chacun des bouts antérieurs se prolonge en avant en un appendice (3) triangulaire qui est reçu dans une fossette osseuse de même forme, creusée dans les os du crâne et recouverte par le pariétal supérieur.

Ces deux lobes et leurs appendices sont composés, comme la plupart des vessies pneumatiques, de deux tuniques ou membranes : l'une externe, fibreuse, épaisse, solide dans les portions qui constituent les lobes, ainsi que le *canal de communication*, et très-mince dans la paroi des appendices ; l'autre externe, muqueuse, recouvrant la surface interne de la première, les *corps rouges* qui adhèrent à celle-ci, et l'intérieur du canal de communication. Dans chaque lobe, juste à la hauteur de la paroi

(1) T. XIX, pl. 19, fig. 16.

(2) T. XIX, pl. 19, fig. 16, *f*.

(3) T. XIX, pl. 19, fig. 16, *c*, *c*, et fig. 17, *p*.

postérieure de l'entrée du canal de communication, la muqueuse présente une duplicature falciforme, étendue perpendiculairement au grand axe du lobe; son bord concave est libre et flottant, regarde en dedans, et correspond par conséquent à l'entrée du canal; son bord convexe est tourné en dehors; il adhère par tout son pourtour aux parois du lobe et est continu au reste de la muqueuse (1). Cette duplicature forme ainsi un diaphragme incomplet qui sépare la cavité du lobe en deux portions inégales : l'une, l'antérieure, mesurant environ les trois quarts de la longueur totale, et l'autre, postérieure, n'ayant que le quart de la même longueur. Ce demi-diaphragme ou ce repli falciforme contient, entre les deux lames de la muqueuse qui le constitue, quelques lamelles de tissu connectif peu nombreuses et d'inégale épaisseur; cette duplicature est, à n'en pas douter, l'analogue du diaphragme à ouverture circulaire centrale qu'on trouve dans le corps vésical de l'appareil du Perlon et dans ceux de quelques autres Trigles, comme je le dirai plus loin.

Les organes les plus intéressants de cet appareil sont assurément les muscles, qui sont au nombre de quatre, deux pour chaque lobe : un grand muscle intrinsèque et un muscle extrinsèque.

Le grand muscle intrinsèque est recouvert par une forte aponévrose qui prend naissance en dedans sur une partie de la longueur d'une des saillies latérales du tube osseux qui tient lieu des premières vertèbres, et en dehors sur le pourtour d'une surface ovalaire, dont une moitié fait partie des parois externes du crâne, et l'autre partie de la surface interne du bouclier céphalique.

De ces points d'origine, cette aponévrose s'étend sur une grande partie des surfaces supérieure et latérale, et finit près du bord de la face inférieure du lobe correspondant (2). Ce muscle s'attache par l'extrémité supérieure de toutes ses fibres à la surface interne de cette aponévrose; un grand nombre de ses faisceaux s'avancent sur la surface inférieure du lobe et s'y montrent

(1) T. XIX, pl. 18, fig. 23, *d*, *d*.

(2) T. XIX, pl. 18, fig. 17, *v*, *v*, *v*.

à nu (1). Le bout inférieur des faisceaux charnus de ce muscle s'implante sur la fibreuse vésicale.

Le muscle extrinsèque, qui, je crois, a été jusqu'à présent confondu avec le précédent et dont le volume n'est approximativement que le sixième de celui du grand muscle intrinsèque, s'insère en dehors et en haut à la surface ovalaire dont j'ai parlé ci-dessus, et en bas sur la face latérale et supérieure de la membrane fibreuse lobulaire, sur une surface ovalaire (2) elle-même, au pourtour de laquelle les faisceaux du muscle intrinsèque viennent se fixer.

Les divers faisceaux et toutes les fibres de ces muscles sont dirigés obliquement de haut en bas, de dedans en dehors et d'avant en arrière, ou plus généralement sont disposés transversalement au grand axe du lobe.

L'appareil vésico-pneumatique est placé dans le corps du Dactyloptère bien plus en avant que ne le sont les appareils analogues des Trigles, dont il sera bientôt question. Il s'attache très-solidement aux faces inférieures et latérales du gros tube osseux qui remplace les premières vertèbres ; d'abord, de très-fortes aponévroses fixent ces deux lobes à cet os, et de plus le canal de communication se soude, pour ainsi dire, par toute sa face supérieure à la surface inférieure de ce tube vertébral. Il tient encore fermement aux parois du crâne, et par ces appendices à plusieurs autres os du crâne.

Le haut des lobes adhère plus en arrière à l'aponévrose qui revêt la large surface des reins ; sur les côtés, ces lobes sont en rapport avec quelques parties des grands latéraux (Cuvier), et en bas avec l'œsophage, l'estomac, le foie et une partie des autres viscères.

C'est encore la dernière paire de nerfs cérébraux qui, chez le Dactyloptère voltigeant, se rend aux muscles de l'appareil vésico-pneumatique, comme on verra incessamment que cette disposition existe chez sept espèces de Trigles européens (Cuvier).

(1) T. XIX, pl. 19, fig. 16, *m, m*, et pl. 19, fig. 17, *m*.

(2) T. XIX, pl. 19, fig. 17, *n, n*.

Chacun de ces nerfs, après un très-court trajet dans la cavité du crâne, s'engage dans un canal osseux qui traverse une partie de la base de cette boîte osseuse, passe sous la paroi interne de la fossette triangulaire qui loge l'appendice du lobe correspondant, et débouche vers le milieu de la longueur de l'angle rentrant inférieur de cette fossette. En sortant de ce canal, ce nerf s'engage sous une des membranes de cet appendice, atteint la base de ce dernier, et s'enfonce dans le muscle, où, dès son entrée, il envoie des filets nerveux aux faisceaux charnus entre lesquels il pénètre; puis il arrive souvent qu'il émet un rameau assez volumineux qui se dirige en dehors et se contourne en avant pour répandre diverses ramifications nerveuses dans le groupe des faisceaux charnus fixés au bouclier céphalique; un peu plus loin encore ce nerf s'étale en forme de patte d'oie, et se divise en beaucoup de ramifications nerveuses qui s'irradient de tous côtés, tandis qu'une d'entre elles, plus grosse que les autres, s'avance jusqu'au bout postérieur du muscle en distribuant des filets nerveux sur tout son trajet.

L'oreille du Dactyloptère voltigeant présente des dispositions toutes spéciales que je n'ai trouvées décrites, ni dans les auteurs français et anglais, ni dans l'ouvrage de Weber (1).

D'abord la paroi du crâne contre laquelle s'appuie latéralement l'oreille, au lieu de présenter, comme chez la plupart des Poissons, une cavité pour recevoir les organes auditifs, forme une bosse bien saillante en bas de laquelle se trouve une légère dépression du plancher du crâne, et deux gouttières se prolongeant, l'une en avant, l'autre en arrière. La dépression loge le sinus médian tout entier, le sac et son cysticule.

Les particularités les plus remarquables de cet appareil auditif sont, d'une part, la longueur vraiment extraordinaire du tube semi-circulaire externe, qui n'a pas moins de trois fois la longueur du tube semi-circulaire postérieur, et, d'autre part, le trajet du premier de ces tubes à travers la paroi externe et supérieure, osseuse et fort épaisse, du crâne de ce Poisson.

(1) Voy. E. H. Weber, *De aure et auditu Hominis et Animalium*. Lipsiæ, 1820, in-4°.

En suivant ce tube depuis son ampoule, qui est grosse comparativement, on le voit décrire en dehors et en avant un long circuit ; puis, allant toujours en s'élevant, il atteint à une petite distance de la surface externe du crâne, non loin du petit frontal postérieur, traverse une partie du pariétal, du mastoïdien ; redescend ensuite, pénètre dans le canal semi-circulaire postérieur, se place derrière le tube de même nom, le suit dans le long détour que fait le canal homonyme autour de la paroi antérieure de la fossette qui contient l'appendice du lobe vésical correspondant, et, sortant du canal, accompagne le tube semi-circulaire postérieur, non-seulement dans toute l'étendue de la gouttière postérieure, mais jusqu'à l'ampoule postérieure ; passe en dehors de celle-ci, et s'insère, comme tous les tubes semi-circulaires externes, sur le sinus transversal médian, entre l'ampoule du tube semi-circulaire postérieur et le point d'où émerge le *tube commun*.

Je me bornerai ici à faire remarquer le très-long et très-singulier trajet du *tube semi-circulaire externe*, qui seul traverse des conduits osseux si minces et si bien en contact avec le bouclier céphalique, que c'est comme si ce tube touchait au bouclier, et que, d'autre part, en compagnie du tube semi-circulaire postérieur, il contourne les parois de la fossette osseuse qui protége l'appendice lobulaire correspondant. En m'occupant du mécanisme des vibrations sonores chez ce Poisson, je n'oublierai point de revenir sur les rapports de continuité que je viens de mentionner, et j'en apprécierai la valeur acoustique.

§ 4.

Considérations anatomiques sur les appareils vésico-pneumatiques du Perlon, du Grondin gris, du Rouget commun, du Rouget camard, du Grondin rouge, de la Morrude et de la Cavillone (1).

Bien que les appareils vésico-pneumatiques des Trigles présentent d'assez notables différences quand on les considère comme des appareils générateurs de sons, ils ont pourtant,

(1) T. XIX, pl. 16, fig. 4, 5 et 6. — Pl. 19, fig. 18, 19, 20, 21, 22.

sous le rapport anatomique, un si grand nombre de parties analogues ou semblables, qu'il me paraît indispensable, pour éviter de nombreuses redites, d'en choisir un pour type d'une description commune, à laquelle je rattacherai en peu de mots les différences spécifiques que les autres pourraient offrir.

Je donne la préférence à l'appareil du Perlon (*Trigla Hirundo*, Linn.), parce que d'abord il acquiert chez les individus de cette espèce, qui pèsent près de 3 kilogrammes, des dimensions assez grandes pour que l'examen en soit très-facile, et qu'il présente les modifications les plus compliquées qu'on rencontre dans les organes producteurs des sons chez les autres Trigles.

Chez le Perlon d'un âge adulte bien confirmé, chez un vieux Perlon, l'appareil vésico-pneumatique occupe, dans la cavité abdominale, un grand espace qui a cela de particulier, qu'il est presque aussi large que long. La longueur de cet appareil est comprise quatre fois et demie dans la longueur totale du corps du Poisson, et sa largeur n'a que 8 ou 9 millimètres de moins que sa longueur.

Dans cet appareil on distingue trois parties ou trois lobes : un médian, ou corps vésical, et deux lobes latéraux ou appendiculaires (1).

Qu'on se représente un sac membraneux analogue aux vessies pneumatiques ordinaires, sur la moitié supérieure duquel s'insèrent deux muscles, qui sont eux-mêmes recouverts par une forte aponévrose à laquelle ils s'insèrent également, et l'on aura une idée exacte de la position relative des principales parties du corps vésical, position qu'il importe de bien connaître d'abord pour faciliter l'intelligence des détails qui vont suivre.

Le corps vésical, ou lobe médian, est large en avant et a en arrière une forme elliptique. Il est composé de deux tuniques ou membranes, l'une externe et fibreuse, et l'autre interne et muqueuse. Sa membrane fibreuse, ou tunique externe, est épaisse, compacte, résistante ; dans son tissu on distingue plu-

(1) T. XIX, pl. 16, fig. 4 et 5.

sieurs couches, dont les externes sont composées de grosses fibres dirigées transversalement, et les internes, de fibres plus fines et longitudinales ; la paroi inférieure de cette tunique est simple, presque partout de même épaisseur, libre à la surface inférieure, tandis que la paroi supérieure est complexe.

Cette dernière présente d'abord sur toute l'étendue de la ligne médiane un raphé renflé en un gros tendon, principalement à sa partie antérieure, et séparant, par la saillie qu'il forme, cette paroi en deux moitiés latérales égales et bien distinctes.

Ce tendon se soude par sa partie supérieure et sur la ligne médiane à l'aponévrose sus-musculaire, qu'il divise aussi en deux moitiés latérales et égales. On peut donc considérer ce tendon médian comme le *rhachis tendineux*, comme l'axe rachidien de tout l'appareil (1).

En outre, la ligne que suit le tendon dans la cavité vésicale représente le grand diamètre d'un espace en forme d'ellipse, dans lequel la membrane fibreuse ainsi que le bout postérieur d'une mince couche du tissu fibreux du tendon se divisent en délicates bandelettes, dont les plus externes sont disposées, par rapport au tendon, comme les nervures secondaires de certaines feuilles *penninerves* le sont à l'égard de la nervure médiane, et dont les plus externes se dirigent plus obliquement de dedans en dehors pour se terminer, de même que les internes, sur les côtés et à l'extrémité postérieure de l'espace elliptique. Toutes ces bandelettes laissent entre elles de petits intervalles presque réguliers et dont plusieurs s'anastomosent les uns avec les autres; il en résulte un réseau fibreux qui bien souvent est d'un aspect élégant (2).

Les deux muscles intrinsèques ont chacun la forme d'un *coin*. Ils sont contenus chacun entre une des moitiés latérales de la paroi supérieure du corps vésical et la moitié correspondante de la forte aponévrose *sus-musculaire;* chacun d'eux a son sommet ou sa partie la plus amincie appuyée et adhérente à l'un des côtés externes du gros tendon, et sa base ou sa por-

(1) T. XIX, pl. 16, fig. 5, *t*, *t*, et fig. 6, *t*.
(2) T. XIX, pl. 16, fig. 5, *i*, *i*, *i*, *i*, et fig. 6, *n*, *n*.

tion la plus épaisse vient faire saillie et montrer à nu les ventres de ses faisceaux charnus les plus externes entre le bord de la paroi supérieure du corps vésical et le bord externe de la forte aponévrose sus-musculaire.

Ces muscles sont composés de faisceaux charnus très-compactes, très-nombreux, très-serrés les uns contre les autres, entre lesquels je n'ai jamais vu de tissu adipeux. Tous les faisceaux charnus d'un même muscle se dirigent dans le même sens et dans l'ordre le plus parfait, transversalement à la longueur du corps vésical et un peu obliquement de haut en bas et de dedans en dehors. Les bouts supérieurs de tous leurs faisceaux prennent insertion sur la face inférieure de la forte aponévrose sus-musculaire, et leurs extrémités inférieures s'attachent en partie à la paroi supérieure du corps vésical, en partie à la face supérieure des délicates bandelettes du *réseau fibreux*. A travers les mailles de ce dernier, on aperçoit la couleur rougeâtre qui est propre à ces muscles, et qui, par contraste, fait mieux ressortir la blancheur de cet élégant réseau.

La membrane muqueuse, ou tunique interne, est comparativement épaisse, pourvue d'un assez grand nombre de vaisseaux. Elle revêt en avant toute la surface interne de la fibreuse, recouvre en dedans l'*espace elliptique*, et à travers les mailles du réseau fibreux elle est là en contact immédiat avec quelques portions des fibres musculaires.

Elle loge dans son épaisseur la partie supérieure des *corps rouges*, qui sont rangés en ligne courbe sur chacun des côtés de la paroi inférieure de la fibreuse (1); arrivée à la ligne qui sépare les trois quarts antérieurs du quart postérieur, cette membrane forme une duplicature annulaire ou cloison trans-

(1) Duvernoy (voy. *Leçons d'anatomie* de Cuvier, 2e édition, t. VIII, p. 711) nie positivement l'existence de ces *corps rouges* dans la vessie de ce Poisson, et d'autres auteurs modernes ont répété cette assertion erronée; mais ces corps s'y trouvent non-seulement constamment, mais encore tellement apparents, qu'ils ne peuvent échapper à l'attention d'un observateur. C'est sans doute là une omission commise en rédigeant des notes longtemps après la dissection de la pièce anatomique que l'on croit décrire exactement.

versale percée en son centre de figure d'une ouverture ronde, et entre les deux feuillets de cette duplicature se trouvent plusieurs couches de tissu conjonctif dont les fibres, mêlées à des fibres du tissu élastique, se dirigent en différentes directions très-irrégulièrement; quelques-unes, aux environs de l'ouverture, sont courbées en portions ou segments de cercle. J'ai cherché avec un grand soin s'il y avait quelques faisceaux primitifs de fibres rayées en travers de tissu musculaire, et n'en ai trouvé aucun; j'ai bien vu quelques agglomérations de fibres paraissant être plates, qu'on pouvait, au premier abord, prendre pour des fibres musculaires lisses, mais un examen plus attentif m'a fait reconnaître que ces prétendues fibres plates ne sont que des assemblages de fibres de tissu conjonctif qui, ainsi réunies, simulent d'autres éléments histologiques. En arrière de cette cloison incomplète, à laquelle Duvernoy a donné le nom de diaphragme (1), la membrane muqueuse, qui s'est réfléchie sur elle-même au pourtour de l'ouverture centrale de la demi-cloison, continue à tapisser le bout des parois de la fibreuse. Ce bout postérieur, séparé ainsi de la grande cavité antérieure par la duplicature transversale de la muqueuse, forme comme une seconde et petite vessie à la suite d'une plus grande. Car, d'une part, les *corps rouges* ne se continuent pas dans cette cavité postérieure, et, d'autre part, la muqueuse qu'on y trouve paraît plus vasculaire que celle de la grande cavité antérieure. La cloison, perforée à son centre, n'est pas, du reste, placée perpendiculairement au grand axe du corps vésical, mais dans un plan oblique de haut en bas et d'avant en arrière.

Les lobes latéraux ou appendiculaires de l'appareil vésico-pneumatique ne sont que des productions des deux divisions antérieures du corps vésical; chacun de ces lobes se dirige d'abord en avant, puis se replie sur l'un des côtés du corps vésical, et le suit en se prolongeant en arrière jusqu'à l'extrémité postérieure de ce corps (2). Chaque lobe est en général

(1) T. XIX, pl. 16, fig. 5, *d*, *r*, *r*, *s*, *s*.

(2) T. XIX, pl. 16 et 17, fig. 4, 5 et 6, *c*, *c*, *b*, et fig. 7, 8, 9, 10.

irrégulièrement cylindrique, et son diamètre va, en premier lieu, en diminuant de grandeur d'avant en arrière, se rétrécit brusquement, et, se prolongeant sous forme d'une corne très-étroite, se termine par une pointe plus ou moins aiguë.

Le lobe gauche est toujours plus large et plus long que le droit, et finit par une corne plus courte que celle du lobe opposé. Les parois de ces lobes sont formées par la continuation de la membrane propre ou fibreuse, et en dedans par la tunique muqueuse du corps vésical ; ces deux membranes sont uniformément appliquées l'une sur l'autre et n'offrent rien de notable. La cavité de chaque lobe se rétrécit un peu à son embouchure dans la cavité du corps vésical, mais s'élargit ensuite pour prendre exactement la forme des parois; elle est du reste tout à fait simple, sans apparence de cloison ou de modification quelconque.

Les vaisseaux artériels et veineux de cet appareil diffèrent si peu de ceux qui entrent dans la composition des vessies pneumatiques en général, que je ne crois pas nécessaire de décrire ces premiers vaisseaux.

Parmi les nerfs qui se distribuent à cet appareil vésico-pneumatique, ceux qui doivent surtout fixer l'attention sont deux gros cordons nerveux dont chacun vient animer un des muscles intrinsèques. Ce cordon nerveux sort de la moelle allongée, en dessous et un peu en arrière de la dernière racine du pneumogastrique, et, après un court trajet dans la cavité cérébrale, s'unit à quelques filets nerveux souvent doubles, qui émergent latéralement de la moelle épinière des *ganglions postérieurs* (Cuvier), qui ont d'assez fortes dimensions dans cette espèce de Poisson. Le faisceau nerveux qui résulte de l'union du cordon des quatre autres nerfs ou filets nerveux traverse un trou de la colonne vertébrale voisin de celui qui donne passage au dernier tronc des nerfs pneumogastriques.

En dehors de ce trou, le cordon se dégage du faisceau, traverse le diaphragme ventral, le rein, une masse de tissu conjonctif, des feuillets du péritoine, et arrive près de la partie antérieure et latérale de l'appareil vésico-pneumatique, étant resté constamment du même côté de la ligne médiane où l a pris naissance, et n'ayant donné aucun filet nerveux notable aux organes à travers lesquels il a passé. Il pénètre enfin en avant et en bas dans le muscle intrinsèque du même côté, le parcourt en se rapprochant de son bord supérieur, envoie dans diverses directions de grosses ramifications aux faisceaux musculaires, et diminue progressivement de volume en arrivant vers l'extrémité postérieur du muscle, où il se termine en se ramifiant dans les derniers faisceaux de ce muscle.

J'ai suivi avec soin les plus petits filets nerveux qu'émet ce nerf dans l'intérieur du muscle et n'ai vu aucun d'eux parvenir jusqu'aux parois du corps vésical ; c'est donc un nerf entièrement musculaire, et il est non moins certain qu'il fait partie de la dernière paire des nerfs cérébraux (Cuvier).

L'appareil vésico-pneumatique du Perlon est situé dans la cavité ventrale plus en avant que ne l'ont indiqué les auteurs. Le bord antérieur du corps vésical se trouve à 20 ou 25 millimètres du diaphragme ventral, et correspond au corps de la troisième ou de la quatrième vertèbre dorsale.

L'indépendance relative de cet appareil est bien marquée par la nature et la faiblesse des liens qui le maintiennent dans l'abdomen. La surface supérieure de l'aponévrose *sus-musculaire*, qui limite en haut l'appareil, s'attache, par un tissu connectif à mailles lâches, à l'aponévrose médiane et un peu latéralement aux aponévroses qui revêtent la couche profonde des grands muscles latéraux tout à fait sur les côtés et en arrière.

Plusieurs lames péritonéales dont les bords internes s'insèrent sur les côtés des lobes latéraux, et celle qui recouvre toute la surface inférieure de l'appareil, contribuent aussi à tenir ce dernier à la place qu'il occupe dans la cavité ventrale.

Ces liens, comme on le voit, ne sont pas inébranlables : aussi à l'aide de légères tractions est-il aisé d'attirer l'appareil, tantôt d'un côté, tantôt d'un autre ; tractions qui n'auraient aucune action sur la vessie pneumatique de la plupart des Poissons bruyants, qui, chez eux, est ordinairement fixée solidement aux parties cartilagineuses, ou osseuses, ou aponévrotiques, qui lui servent de point d'attache.

Le développement génésique de l'appareil vésico-pneumatique est en général très-lent chez le Perlon et n'est pas exactement en rapport avec la taille du sujet, du moins durant les premiers mois de son accroissement. Ainsi, chez quelques individus qui sont longs de 15 centimètres, on rencontre souvent un appareil de 14 millimètres de longueur, avec des lobes qui ne sont représentés que par deux proéminences sur le côté antérieur du corps vésical, séparées par une profonde échancrure, qui, de plus, sont dirigées directement en avant et divisées en leur bout chacune en deux ou trois dentelures.

Dans d'autres sujets un peu plus ou moins grands que les précédents, on voit les proéminences lobulaires s'allonger d'abord en se courbant en dehors. Puis, dans d'autres individus encore, on observe que ces proéminences ou ces lobes se contournent en arrière et descendent le long de chacun des muscles pour s'arrêter à la moitié de la longueur du corps vésical. Enfin, des Perlons n'ayant pas plus de 19 centimètres de longueur offrent souvent des appareils mesurant 20 millimètres de longueur, dont les lobes latéraux sont comparativement plus longs, mais aussi beaucoup plus grêles qu'ils ne le seront plus tard, et leurs autres parties constitutives sont également disproportionnées.

Cet appareil n'a pas besoin d'avoir acquis les dimensions que je lui ai attribuées plus haut chez les individus avancés en âge pour produire des sons ; dès que le Poisson qui le porte est en frai pour la première fois de sa vie, cet instrument physiologique est devenu apte à engendrer des vibrations sonores (1).

Je terminerai ces réflexions sur l'accroissement comparatif du corps entier et de l'appareil vésico-pneumatique en constatant que ce n'est que chez les Poissons de cette espèce qui étaient parvenus à la taille de 38 à 40 centimètres que j'ai trouvé cet appareil complétement développé.

Tels sont les détails anatomiques dans lesquels je ne crains pas

(1) T. XIX, pl. 17, fig. 7, 8, 9 et 10.

d'entrer pour faire connaître un appareil vésico-pneumatique sur lequel quelques auteurs avaient fourni des données zootomiques suffisantes quand on considérait cet ensemble d'organes comme une simple vésicule aérienne, mais qui n'ont fait aucune mention des particularités organiques desquelles il est nécessaire d'avoir une connaissance bien précise pour comprendre approximativement le mécanisme de cet appareil.

Je dois prévenir le lecteur que, dans la comparaison descriptive que je vais faire des appareils des six autres espèces de Trigles avec celui du *Trigla Hirundo*, je ne parlerai que des parties organiques dissimilaires dans les deux sujets que je comparerai, et que j'omettrai à dessein d'attirer l'attention sur celles qui sont semblables : j'éviterai ainsi de nombreuses répétitions.

La principale, la plus apparente différence qu'on remarque entre l'appareil générateur des sons du Perlon et ceux des autres Trigles dont je m'occupe actuellement, consiste dans la diminution du volume ou dans l'absence totale de ces lobes. C'est en suivant les degrés de décroissement de grandeur de ces appendices lobulaires que j'ordonnerai les six espèces dont je me propose de ne donner ici qu'un simple précis comparatif.

Après l'appareil du Perlon, dont les lobes sont si grands, que la somme de leur surface est presque équivalente à celle du corps vésical, ce sont les appareils du Grondin gris, du Rouget commun et du Grondin rouge (Cuvier) qui ont le plus de grandeur ; mais les dimensions de ces appareils diminuent aussi de plus en plus, suivant l'ordre dans lequel je viens de nommer ces espèces.

Dans aucune d'elles les lobes latéraux ne se courbent en arrière ; ils se prolongent simplement en avant en divergeant entre eux ; ce qui donne au bout antérieur de l'appareil, quand il n'est pas gonflé par des gaz, l'aspect de la moitié supérieure d'un cœur de carte à jouer (1).

Les appareils, dans ces trois espèces de Poissons, ont des dimensions proportionnelles dont on se formera une idée bien exacte, d'après les données principales qui suivent :

(1) T. XIX, pl. 19, fig. 20 et 22.

La longueur de ces appareils est contenue sept fois chez le Grondin gris, six fois chez le Rouget commun et quatorze fois chez le Grondin rouge, dans la longueur totale du corps du Poisson; leur largeur, dans les deux premières espèces, n'est que les quatre sixièmes de leur longueur; dans la troisième espèce, les lobes latéraux, les muscles et toutes les autres parties sont réellement minimes comparativement à celles du Perlon. Dans le Grondin gris et le Rouget camard, le raphé médian, qui n'est qu'une forte aponévrose, est plus large dans le Grondin gris et beaucoup plus ample encore, d'un de ses côtés à l'autre, chez le Rouget camard que le tendon médian du Perlon. Il en résulte que les muscles dont les sommets sont séparés par ces raphés sont d'autant plus étroits, que ces aponévroses médianes sont plus larges, et que, par suite, une plus grande partie du corps vésical n'est plus recouverte par du tissu musculaire.

Sur chacun de ces muscles étroits, il y a un espace étroit aussi dans lequel la membrane fibreuse s'amincit, se divise en lanières seulement inégales et non en fines bandelettes presque régulières, comme dans le *réseau fibreux* du *Trigla Hirundo*.

Les lanières aponévrotiques, chez le Grondin, sont encore assez nettement séparées les unes des autres, mais elles sont bien moins nombreuses et, en général, plus courtes que les bandelettes de l'appareil du Poisson que j'ai pris pour terme de comparaison. Ces lanières, chez le Rouget commun, sont bien moins séparées, plus transversalement dirigées et plus courtes encore que dans le Grondin gris. Enfin, chez le Grondin rouge, dans les deux espaces où la membrane fibreuse diminue ordinairement d'épaisseur chez ses congénères, cette membrane chez lui est réduite à une simple pellicule sinueuse, si transparente, qu'on n'y distinguerait à peine quelques lanières mal limitées par des incisions longitudinales; aussi ressemblent-elles à des lignes de points blancs séparées par des brisures transversales (1).

(1) Malgré tous les soins que j'ai pris depuis huit ans pour me procurer les plus grands individus des espèces Grondin rouge, Morrude, Cavillone et Rouget commun, pêchés aux environs des ports de Marseille, je dois déclarer que je ne suis pas certain d'avoir disséqué un seul Trigle de ces espèces parvenu à un âge assez avancé pour avoir

Dans l'appareil vésico-pneumatique de la Morrude, les lobes latéraux sont tout à fait rudimentaires, et apparaissent sur le bout antérieur du corps vésical sous forme de deux petites pointes, une de chaque côté et séparées par une échancrure médiane et peu profonde du corps vésical.

Celui-ci est ovoïde, et son bout postérieur, qui est allongé, se termine en pointe. La longueur de cet appareil est comprise *onze fois* dans la longueur du Poisson, et sa largeur est environ moitié de sa propre longueur. Les muscles sont aussi épais et, chose bien notable, aussi larges comparativement que ceux du Perlon. L'*espace elliptique* a une forme plus allongée, est proportionnellement plus long; les bandelettes aponévrotiques sont aussi plus longues et aussi régulières, et le raphé est plus étroit chez la Morrude que dans l'appareil que j'ai pris pour type. Enfin, dans la cavité abdominale du *Trigla lucerna*, Brunn., l'appareil est situé plus loin en arrière du diaphragme ventral que ne l'est celui du *Trigla Hirundo* (1).

L'appareil vésico-pneumatique de la Morrude clôt la série de ceux qui sont pourvus de lobes latéraux.

Celui du Rouget camard n'offre aucun appendice, aucun renflement particulier, ni aucun lobe. Sa forme est courte et ramassée, épaisse, plate supérieurement et fortement bombée en dessous; son bout antérieur est parfaitement arrondi, nullement échancré, et son bout postérieur est un angle obtus. Sa longueur est contenue huit fois dans la longueur de l'animal, et sa plus grande largeur est comprise un peu plus de deux fois

son appareil vésico-pneumatique complétement développé. Les motifs de mon incertitude à cet égard sont les suivants :

1° Dans tous les traités d'ichthyologie que j'ai consultés, la grandeur maximum de la taille des individus ne m'a pas paru établie sur un assez grand nombre d'observations.

2° Ces espèces sont du nombre de celles que les engins destructeurs du fretin et même des jeunes plus âgés que ceux qu'on doit légitimement reléguer dans le fretin, pourchassent avec le plus d'acharnement et ne laissent nulle part assez vieillir dans les eaux du littoral du département des Bouches-du-Rhône. L'absence, ou du moins la rareté extrême de trois de ces espèces, et la petite taille de la quatrième dans l'Océan, ne m'ont pas permis de compléter mes investigations sur le point en question.

(1) T. XIX, pl. 19, fig. 21.

dans sa propre longueur. La puissance et les dimensions de ces muscles sont remarquables parce qu'elles sont proportionnellement plus grandes que chez le Perlon, comme aussi son raphé est beaucoup plus étroit que le tendon médian de ce dernier Trigle.

D'après cette disposition anatomique, on voit que la largeur de ces muscles est telle qu'elle recouvre entièrement la surface de l'appareil, et c'est le seul exemple d'un aussi grand développement musculaire appliqué aux appareils générateurs de sons chez les Trigles européens. A la place de l'*espace elliptique* du Perlon, on observe, chez le Rouget camard, deux étroits espaces dont chacun suit le bord externe du mince raphé.

Dans chacun d'eux, la membrane fibreuse de l'espace elliptique est si amincie, qu'elle est réellement arachnoïdienne ; cette pellicule, si mince, est découpée sur quelques points seulement en lanières longitudinales, comme interrompues par une multitude de déchirures transversales.

Cet appareil n'est maintenu dans la cavité de l'abdomen que par une lame péritonéale qui le sertit et se soude au pourtour de son aponévrose supérieure ou sus-musculaire et par quelques rares fibres de tissu connectif. Par exception encore, de tous les appareils des Trigles européens, c'est celui qui est situé le plus loin en arrière dans la cavité ventrale du Poisson, puisqu'il occupe l'espace compris entre les septième et treizième vertèbres dorsales.

La Cavillone est, de tous les Trigles dont il s'agit dans le présent paragraphe, celui chez lequel l'appareil de sonorité est le plus simple. La forme est celle d'un œuf très-obtus aux deux bouts (1). On n'y voit aucun appendice. Son bout antérieur offre sur la ligne médiane une légère dépression longitudinale qui se prolonge à une petite distance sur sa face inférieure. Sa longueur est, en moyenne, contenue six fois dans la longueur du sujet, et sa plus grande largeur est égale, aussi en moyenne, aux cinq neuvièmes de sa longueur.

(1) T. XIX, pl. 19, fig. 18.

Ses deux muscles intrinsèques ont une médiocre épaisseur et sont beaucoup plus étroits que ceux des autres Trigles dont j'ai parlé jusqu'ici. Ainsi, le raphé aponévrotique médian qui sépare les sommets de ces muscles est-il très-large et prend-il la place de l'*espace elliptique* dont j'ai parlé tant de fois chez le Perlon, et le transforme chez la Cavillone en deux espaces arrondis aux deux bouts, de moitié encore plus étroits que ne le sont les muscles rejetés sur le côté du large raphé. Dans chacun de ces espaces la tunique fibreuse est extrêmement mince et n'est réellement découpée que dans un seul petit endroit de son étendue. En un mot, chez la Cavillone, il n'y a que les linéaments du réseau fibreux à élégantes bandelettes qu'on trouve dans le *Trigla Hirundo*. Enfin, la disposition organique de l'intérieur de l'appareil est tout spécial, et le distingue conséquemment de tous ceux des autres Trigles européens.

Le tiers antérieur de la cavité du corps vésical est divisé en deux parties égales par une cloison verticale et longitudinale qui se termine en arrière par un bord mousse, falciforme, concave en avant et se prolongeant plus en bas qu'en haut. Les deux cavités latérales qui résultent de l'arrangement de cette cloison sont entièrement ouvertes en arrière dans la cavité générale postérieure.

Celle-ci ne présente nulle trace de la duplicature transversale de la membrane muqueuse ou du diaphragme dont Duvernois a le premier signalé l'existence dans le Perlon.

Les organes auditifs des Trigles (Cuvier) se ressemblent tous, et, comparés aux mêmes organes de la plupart des Poissons osseux, ils présentent des différences dont voici les principales :

L'écartement plus grand des deux oreilles, qui sont rejetées plus en dehors sur les côtés du crâne ; la moindre profondeur de la dépression osseuse qui est destinée à recevoir le *sac* et le *cysticule*.

La plus grande liberté dont jouit le tube semi-circulaire antérieur, qui, dans la gouttière où il est contenu, n'est enchaîné par aucune colonne labyrinthique, par aucun anneau cartilagineux ; et, enfin, les plus grandes dimensions comparatives du *sinus médian*, des *trois ampoules*, de l'utricule, du *sac*, du *cysticule*, et des nerfs qui se rendent à ces parties organiques.

Parmi les différences les plus remarquables sont assurément les plus grandes dimensions des organes, dont le développement est considéré, par tous les auteurs, comme étant en rapport avec un plus grand degré de perfectionnement de l'ouïe.

§ 5.

Expériences démonstratives.

Dans la deuxième partie de ce mémoire, j'ai démontré expérimentalement que les sons de la première subdivision de la seconde section sont produits par la vibration des muscles indépendants de la vessie pneumatique.

Je dois maintenant prouver, par des expériences non moins convaincantes que les premières, que l'appareil vésico-pneumatique est un instrument physiologique *générateur* de sons, aussi complétement indépendant du reste de l'organisme du Poisson qu'aucun autre appareil de psophose (1), ou même de phonation, de l'animal qui en est doué.

Les appareils des Trigles sont disposés très-favorablement pour la démonstration que je me propose de donner ici.

Il n'est même pas besoin de choisir parmi les espèces de ce genre que j'ai nommées plus haut, toutes indistinctement pourront fournir des sujets propres aux délicates et laborieuses expériences que je vais décrire le plus succinctement possible.

Dès que l'expérimentateur aura tiré de l'eau un de ces Trigles d'une taille moyenne (comme ceux, par exemple, qui pèsent un kilogramme), il l'étendra sur la table à opération, en le couchant sur le dos, la tête en avant, *et fera* aux parois du ventre, sur la ligne médiane, une incision pénétrante, commençant à la hauteur du diaphragme ventral, se dirigeant en arrière et mesurant en longueur celle du corps du sujet ; il écartera avec précaution les viscères qui pourraient recouvrir

(1) Voy. Dugès, *Physiologie comparée*, t. II, p. 218, définition du mot psophose.

la face inférieure du corps vésical, sur lequel il appliquera la pulpe du doigt. Chaque fois que le sujet formera des sons, il constatera, à l'aide du toucher, que cette vessie est animée de frémissements dont la durée et l'intensité seront exactement en rapport avec la tenue et la force des sons, et il remarquera que ces frémissements sont insensibles à la vue. L'ouverture de l'abdomen ayant pour effet immédiat l'affaiblissement des sons, il est convenable de faire usage d'un stéthoscope, dont l'expérimentateur appliquera le pavillon à peu de distance de l'endroit du corps vésical où il aura posé le doigt, afin que la moindre vibration sonore ne puisse échapper à son observation.

Il faudra abréger autant que possible cette investigation préliminaire, et, après avoir éloigné le stéthoscope, tout en maintenant le doigt sur la paroi vésicale, l'investigateur regardera attentivement cette dernière; il ne tardera pas à s'apercevoir que pendant l'émission des sons, elle sera de temps en temps agitée par des mouvements assez forts pour plisser ou tendre davantage la vessie en divers endroits et en divers sens, et même pour la déformer partiellement.

Il sera aisé de s'assurer que ces mouvements, très-visibles et incomparablement plus grands que ceux qui constituent les frémissements, s'exécutent en même temps que les frémissements appréciables seulement au toucher.

L'expérimentateur procédera le plus promptement possible à la séparation de la plus grande portion de la paroi supérieure de l'appareil vésico-pneumatique de la voûte de la cavité abdominale.

Cette opération très-délicate ne présente pourtant que trois petites difficultés, qui consistent : d'une part, à ne point soulever, ne pas tirailler les liens qui joignent le plafond du ventre avec la surface supérieure du tiers moyen du corps vésical, dont le milieu est traversé par un groupe de vaisseaux sanguins naissant de l'aorte et des grosses veines collatérales et venant se répandre dans l'appareil ; et d'autre part, à ménager la continuité des deux cordons nerveux qui, sortis du crâne, s'étendent d'avant en arrière sur la paroi interne et supérieure de l'abdomen, parallèlement à l'épine vertébrale, et s'en éloignent à la hauteur de chacun des angles antérieurs du corps vésical pour pénétrer immédiatement dans la partie antérieure d'un des muscles intrinsèques de cet appareil. Muni des instructions qu'il aura puisées dans le présent écrit, l'opérateur prendra toutes les précautions nécessaires pour surmonter lestement ces difficultés.

Après avoir laissé intactes les adhérences si fragiles du tiers moyen ou du centre du corps vésical avec la voûte abdominale, il séparera promptement, mais pourtant avec beaucoup de ménagements, tout le reste de la paroi supérieure de l'appareil du corps du Poisson, auquel il est uni par du tissu lamineux à mailles très-lâches, tissu qu'il pourra à son choix couper ou lacérer méthodiquement à l'aide d'un instrument mousse, tel que le bout d'une spatule ordinaire. Quant aux lamelles péritonéales qui environnent l'appareil, il est extrêmement aisé de les fendre ou de les déchirer.

Parvenu à cette phase de la vivisection, l'expérimentateur devra prendre en grande considération que l'appareil vésico-pneumatique ne tient plus au corps du Poisson :

1° Que par une petite portion du milieu du corps vésical au moyen des vaisseaux sanguins très-fragiles ;

2° Et tout à fait en avant par deux cordons nerveux non moins faciles à rompre que les vaisseaux ci-dessus mentionnés ;

3° Que la vivisection qu'il a accomplie en moins de temps que je n'en ai mis pour la décrire a néanmoins duré un certain temps, et il en conclura qu'il est urgent, tout en ne perdant pas une seconde, de bien mesurer la portée de tous les mouvements et de n'en effectuer aucun d'irréfléchi pour achever la démonstration qu'il se propose de faire. Il procédera, autant que possible, suivant le dire latin : *Festina lente.*

Dans ce but, après avoir placé la main gauche en supination et écarté l'un de l'autre deux doigts, soit le médius et l'annulaire par exemple, il les introduira entre la surface supérieure des deux lobes et le plafond de la cavité du ventre, en allant d'arrière en avant, puis il glissera avec lenteur et le toucher le plus délicat une certaine partie de l'entre-deux de ses doigts sous le corps vésical, et poussera la main en avant jusqu'à ce que le bout de ses doigts atteigne ou dépasse, s'il est possible, les angles antérieurs du corps vésical. Alors il rapprochera délicatement ses doigts l'un de l'autre et entourera avec les autres doigts de la même main les parois de l'appareil qu'il tiendra, pour ainsi dire, tout entier dans sa main gauche; ensuite, de l'autre main, il appliquera le pavillon d'un stéthoscope garni de baudruche, comme je l'ai dit plus haut, et enfin il concentrera toute son attention sur les sens de son toucher et de son ouïe.

Si l'expérimentateur a exécuté cette vivisection compliquée avec toute la célérité et les nombreuses précautions qu'elle réclame, le sujet, dans la majorité des cas, aura conservé assez de vigueur pour faire entendre des sons faibles, mais encore perceptibles à l'aide d'un stéthoscope très-sensible, tandis que les doigts sentiront plusieurs séries de frémissements vibratoires.

Comme complément de la démonstration précédente, sur un autre sujet plein de vie et de force et émettant des sons, on coupera, à sa sortie de la colonne vertébrale, ou plus facilement dans l'abdomen, le nerf qui va distribuer ses rameaux dans un des muscles intrinsèques, et tout aussitôt on remarquera que les sons seront devenus moins forts ou moins fréquents. Si l'on fait la section du nerf de l'autre muscle, le Poisson perdra immédiatement la faculté de former des sons.

Toutes les expériences énoncées dans la seconde partie de ce mémoire, ayant un but commun semblable, ont elles-mêmes tant de ressemblance dans les faits et dans les conséquences, qu'on en peut induire que le lecteur qui avait présentes à la pensée les données expérimentales que j'ai présentées dans les chapitres relatifs aux Malarmats et aux Lyres, ainsi qu'aux Maigres et aux Hippocampes, aura assurément, en prenant connaissance des vivisections que je viens de décrire, tiré les principales conclusions des faits probants qui y sont exposés. Il serait donc superflu de discuter ces faits, et je puis immédiatement en déduire les conclusions suivantes :

1° L'ensemble d'organes que j'ai désigné par la dénomination d'appareil *vésico-pneumatique* mérite bien le nom d'appareil organique.

2° Cet appareil est un instrument physiologique, un générateur de sons qui peut avoir d'autres fonctions, mais qui certainement a celle de produire des sons.

3° Les muscles intrinsèques de cet appareil, en se contractant, engendrent des frémissements vibratoires qui, renforcés par la vessie, deviennent des vibrations sonores facilement perceptibles.

4° Ces muscles, en se contractant pendant qu'ils vibrent, peuvent changer la forme de la vessie, tendre ou relâcher telle ou telle partie de cet organe, de ce flexible instrument de renforcement, et par ces changements modifier plusieurs qualités des sons (1).

La disposition anatomique de l'appareil vésico-pneumatique du *Zeus faber* et du Dactyloptère voltigeant est loin de se prêter aussi bien que chez les Trigles à des expériences démonstratives semblables à celles dont il vient d'être question.

Si je voulais donner quelques détails sur les vivisections extrêmement compliquées qu'il faut pratiquer sur des sujets des deux espèces dont il s'agit ici pour constater aussi rigoureusement tous les faits probants d'où découlent les conclusions identiques à celles énoncées plus haut, il me faudrait écrire tout un traité de vivisections qui dépasserait le cadre de ce mémoire, déjà de si longue haleine. Je ne ferai donc qu'indiquer les moyens les plus simples de vérifier le fait principal qui implique par une analogie irrécusable tous les autres faits propres à prouver l'identité de fonctions des appareils des deux espèces nommées en tête du présent alinéa avec celui des Trigles.

Quoique les muscles de la vessie du Poisson Saint-Pierre soient à très-petite profondeur au-dessous de la peau qui avoisine le haut

(1) Il est peut-être des cas dans lesquels tous les faisceaux charnus de ces muscles sont employés à la formation des sons et vibrent en même temps; mais j'ai constaté que rès-fréquemment les seuls faisceaux charnus qui vibrent et engendrent les sons font partie de la couche musculaire en contact avec la membrane fibreuse du corps vésical, et que ce sont tous les autres faisceaux charnus qui ne vibrent pas qui changent la forme de l'appareil. — Voyez ce que j'ai dit page 46, 2° partie, chap. I, §§ 3, 4, corollaire.

de la ceinture humérale de cet animal, il n'est pas aisé de les mettre à nu sans intéresser les nerfs qui, avant de pénétrer à leur intérieur, s'étalent à leur surface externe, la seule qui soit facilement et promptement accessible.

Cette première difficulté vaincue, on découvrira une petite portion de la paroi membraneuse de la vessie en portant d'abord séparément, puis ensuite simultanément, le doigt et un stéthoscope dont on aura armé son oreille, sur l'un des muscles et sur la paroi membraneuse vésicale; on s'assurera que des frémissements, d'autres mouvements, des bruits et des sons analogues à ceux décrits dans mes expériences sur les Trigles, ont lieu dans la vessie du *Zeus*.

Pour arriver à une pareille vérification expérimentale chez le Dactyloptère, je conseille de s'en tenir à employer les mêmes moyens d'investigation, en ouvrant l'abdomen en dessous, près des pectorales; à constater les mouvements partiels visibles de la vessie, les frémissements vibratoires d'abord sur le muscle luimême, ensuite sur la paroi vésicale, et enfin la coïncidence de ces deux mouvements durant l'émission des sons.

Ces preuves expérimentales, quoique moins complètes que celles exécutées sur les Trigles, par cela seul qu'elles viennent à la suite des premières et qu'elles leur sont, sous les principaux rapports, complétement semblables, entraînent la conviction, à savoir, que les fonctions de tous ces appareils sont identiques.

§ 6.

J'arrive maintenant à l'examen des sons que produisent les dix espèces de Poissons qui sont l'objet des paragraphes 2, 3, 4 et 5 du présent chapitre.

Intensité des sons. — L'intensité des phénomènes acoustiques qui sont émis par ces espèces n'ont rien de notable, du moins dans les circonstances où j'ai pu les observer (1). Je puis dire en

(1) Il ne m'a pas été donné d'assister d'assez près aux manœuvres aériennes qu'exécutent les Dactyloptères après s'être élancés hors de l'eau, pour que j'aie pu apprécier l'intensité du bruit qu'on dit qu'ils font en pareille occurrence, et je n'ai pas non plus

général que les sons formés dans l'atmosphère par celles de ces espèces qui atteignent la plus grande taille peuvent être entendus à 3 mètres de distance.

Tenue des sons. — Parmi les sons que forment ces Poissons, les plus communs sont des émissions sonores, simples, soutenues plus ou moins longtemps, et d'autres d'une tenue très-courte. Ces premières émissions sonores peuvent durer depuis une fraction de seconde jusqu'à deux ou trois minutes. Toutefois la plus longue tenue que je viens d'indiquer est rare et n'a lieu que chez les sujets possédant les fonctions de l'expression sonore complétement développées (1); les sons soutenus sont presque tous de même intensité pendant toute leur tenue, mais quelques-uns vont s'affaiblissant et finissent par ressembler à un bruissement ou à une suite de chocs précipités.

Au nombre des émissions sonores d'une durée très-courte, il en est beaucoup qui ressemblent aux cris d'un Oiseau qui piaule ou à ceux d'une Souris; il y en a aussi qui ont quelque ressemblance avec l'aboiement d'un jeune Chien; enfin d'autres émissions sont tellement instantanées, qu'on peut les regarder comme de simples bruits. Celle de ces émissions qui mérite le mieux d'être citée est semblable au choc d'une lame métallique contre un corps dur, ou au bruit que rend le cliquet sur chaque dent de la roue du tambour d'une pendule que l'on remonte.

eu l'occasion de faire des investigations assez suivies pour être fixé à l'égard de la force des grondements que feraient entendre, suivant l'assertion de Duhamel et les propos de quelques pêcheurs rochellois, les Grondins gris, quand ils nagent en grande troupe et à une petite profondeur sous l'eau. Si je m'en rapportais exclusivement aux appréciations que je trouve dans mes notes, j'avancerais qu'il en est des Grondins comme des Lyres, dont le bruit n'est entendu que dans le cas où ils ne sont pas à plus de 2 mètres sous l'eau, lorsque l'observateur a son oreille placée à un mètre au-dessus du niveau de la mer.

(1) J'ai observé une Morrude qui a soutenu le même son, la même note pendant plus de *huit minutes*, au bout desquelles le son a faibli et l'animal est mort tout à coup. Ce son soutenu avec une telle persistance aux approches d'une mort sans agonie apparente me semble devoir être attribué à une contraction convulsive plutôt qu'à une contraction physiologique. J'avais d'abord admis que cette contraction était normale; mais, en relisant une de mes notes plus détaillée que j'avais égarée, j'ai adopté l'opinion que je viens d'énoncer.

Tons. — Des innombrables sons que m'ont fait entendre une très-grande quantité d'individus des espèces dont il s'agit ici, je ne veux parler présentement que des vibrations sonores qui avaient une tenue suffisamment longue pour que j'aie pu en chercher et en trouver l'unisson en les comparant à loisir à l'aide d'un diapason. C'est sur cinq ou six cents sujets approximativement que j'ai fait les observations d'après lesquelles j'ai reconnu que tous ces sons étaient compris entre le si_2 et le $ré_5$. Il s'en faut bien peu que je n'aie entendu tous les tons et demi-tons contenus entre les dix-sept notes de l'échelle diatonique dont je viens de citer les termes extrêmes. J'ai entendu en outre une foule de comma intermédiaires, qui, chez ces Poissons, sont bien plus nombreux, bien plus nettement accusés que chez ceux qui émettent des sons de la première subdivision.

Diapason individuel. — L'échelle diatonique des sons soutenus dont est doué chaque individu est en général comprise entre une quinte et une sixte, ou, en d'autres termes, chaque Poisson peut former tous les sons compris entre cinq notes consécutives de la gamme, ou entre six notes successives d'une série diatonique, selon son plus ou moins d'aptitude à la production des sons et suivant aussi le temps de repos ou d'activité de ses organes de la reproduction.

Timbre. — Le nombre des variétés de timbre des sons que j'essaye de dépeindre est tellement grand, que, pour en donner un aperçu, je dirai tout de suite que j'aurai à les comparer au timbre des sons de presque tous les instruments de musique connus et à celui des sons d'autre nature.

Les variétés les plus communes ont beaucoup d'analogie avec celles résultant des vibrations du voile du palais de l'homme qui prononce et soutient durant quelques secondes les syllabes *tra... tri... tre...* et *troui...*, et le son continu que le Chat fait entendre pour exprimer son contentement. Viennent ensuite, dans l'ordre de leur fréquence, les différentes nuances du timbre de l'anche métallique ou végétale que nous retrouvons dans plusieurs instruments simples, l'accordéon, la guimbarde, la *pratique* des joueurs de marionnettes, et dans d'autres plus complexes, tels que l'orgue à anche, le cor anglais, le haut-bois, la clarinette, le basson et quelques saxophones à anche. D'autres variétés assez fréquentes sont celles qui rappellent les sons de certains instruments à cordes : par exemple, le monocorde modifié et dans lequel on remplace le chevalet par une vessie pneumatique gonflée de gaz ; la vielle ; certaines cordes de violon ou de violoncelle, de l'alto, de la contre-basse, de la mandoline, de la guitare, du téorbe, de la pédale imitant le basson dans un piano, de la harpe éolienne ou de la harpe moderne.

En troisième lieu, les variétés qui se présentent souvent aussi sont : celles du timbre des membranes vibrantes et de divers instruments de musique où ces membranes jouent le principal rôle, comme dans le tambour militaire, dont la corde à boyau, nommée plus particulièrement *timbre*, a encore quelque analogie avec le monocorde modifié comme je viens de le dire ; le tambour de basque dégarni de ses lames métalliques et de ses grelots ; le tambourin de Provence et le mirliton, qui établit en quelque sorte une transition entre les instruments précédents et ceux qu'on peut appeler instruments à vent sans anche, tels que : l'orgue à bec de flageolet, le flageolet, le simple sifflet, le fifre, la flûte traversière, la flûte de Pan ; enfin le cor d'harmonie, la trompette, et toutes les variétés où les lèvres de l'homme font office d'une anche : mais les variétés du timbre de ces derniers instruments se rencontrent moins souvent que les autres. Je signalerai encore comme assez rare le timbre semblable à celui de l'harmonica.

Ces Poissons font aussi entendre des sons un peu confus, dont les plus communs ressemblent aux variétés du bruit fondamental de la contraction musculaire, je veux dire du bruit de *rotation*, ou bien au bourdonnement des Hyménoptères et Diptères, émissions sonores dont la contraction musculaire est le principe (voy. *Considérations générales*), ou bien encore et moins souvent aux sons d'une crécelle.

Je ne finirais pas si je voulais rapporter ici les analogies sonores que ces variétés de timbres ont rappelé à ma mémoire quand je les ai étudiées ; mais les nombreuses citations que je viens d'en faire, et dans lesquelles j'ai désigné les variétés qui peuvent être connues du plus grand nombre de lecteurs, suffiront, je l'espère, à donner une idée de la considérable diversité du timbre des sons dont je m'occupe en cet instant.

Successions, enchaînement, rhythme. — Je dois rappeler que la plus grande partie des sons qu'engendrent les Poissons dont il est ici question ne consistent qu'en une seule émission sonore soutenue dans le même ton avec le même timbre, et le plus souvent d'une égale intensité dans toutes ses parties.

Après ces émissions sonores, la succession de sons la plus simple et la plus fréquente est composée de la répétition du même son après une interruption, ou, comme on le dit en termes de musique, un silence. L'émission sonore initiale et la reprise du son initial ont ordinairement le même ton, la même tenue, la même intensité aussi bien que le même timbre.

Cette succession de deux mêmes sons séparés par *un silence* se répète très-fréquemment aussi plusieurs fois de suite.

De plus et un peu moins souvent, le silence est partagé en deux, trois, quatre parties par des sons d'une durée très-courte ou même instantanés, semblables à ceux que j'ai décrits plus haut.

Ce petit nombre de différentes successions sonores composées de sons soutenus, de silences et de sons courts ou instantanés, qui se reproduisent toujours les mêmes et souvent régulièrement dans le même ordre, sont de toutes les associations acoustiques celles qui se répètent non-seulement cinq ou six fois de suite, mais tout le temps pendant lequel on peut observer un poisson hors de l'eau sans danger pour sa vie. La fréquence de ces associations est telle chez le plus grand nombre de ces animaux, qu'un naturaliste qui n'aurait pas eu à consacrer un très-long temps à ces investigations aurait pu, après avoir entendu émettre si fréquemment ces associations sonores, croire qu'il n'avait plus rien à apprendre à ce sujet; mais on va voir qu'il se serait étrangement trompé.

En effet, pour être beaucoup moins fréquentes, d'autres séries de sons tiennent une place importante dans ces manifestations sonores. Ainsi ce sont d'abord toutes les combinaisons possibles de trois éléments musicaux (sons soutenus, silences, sons instantanés) qui viennent grossir les ressources acoustiques de nos Acanthoptérygiens.

Après ces modifications j'ai encore à tenir compte d'autres d'un bien plus grand intérêt, je veux dire des changements de ton. Les plus simples, ceux qui ne sont formés que de deux sons soutenus et successifs d'un ton différent, sont employés par plusieurs espèces, et par cela même ne sont pas très-rares, mais ils paraissent convenir plus particulièrement à trois d'entre elles.

La plupart du temps l'intervalle entre ces deux tons est si petit, qu'il faut une oreille bien sensible, bien habituée aux nuances les plus fugaces, aux coma, pour la saisir; d'autres fois, et beaucoup plus rarement, l'intervalle est d'un demi-ton, d'un ton ou même de plusieurs tons, mais, comme on le pense bien, dans des rapports nullement harmoniques. Enfin, ce n'est qu'en des occasions exceptionnelles qu'on entend une série plus ou moins longue de sons de différents tons. Le plus souvent les tons ne se succèdent pas en progression ascendante ou descendante continue, comme les roulades ou autres *fioritures* musicales, ils se suivent au contraire avec la plus grande irrégularité, le plus grand pêle-mêle; les tons les plus élevés succédant aux tons les plus bas, les tons moyens suivant tantôt les plus graves, tantôt les plus aigus, et la plupart en général s'entrecoupant mutuellement et empiétant les uns sur les autres dans le plus grand désordre harmonique qu'on puisse imaginer, rappelant ainsi le charivari primitif ou celui produit par un orchestre dont les musiciens accordent tous ensemble leurs instruments, ou encore les morceaux d'ensemble des musiques des régiments turcs ou arabes.

Mutabilité multiple du timbre et du ton. — Parallèlement au changement de ton, il me reste à parler des changements de timbre. Tant qu'une modification de timbre ne porte pas sur un son soutenu dans le même ton, il ne faut qu'être prévenu de la possibilité de cette modification et y faire un peu attention pour constater quelle est réellement la nature de la modification qu'a subie le son initial; mais j'ai tout lieu de croire qu'une pareille mutation a été souvent la cause des méprises qui ont été commises par certains observateurs dont les investigations n'étaient que bien superficielles et relatives à la recherche du Poisson qu'Aristote a nommé Κοκκυς. Quoi qu'il en soit, je recommande aux naturalistes qui voudraient répéter mes expériences d'étudier le changement de timbre dans le cas simple dont il vient d'être question, car, dès qu'un changement de ton se complique d'une mutation de timbre, il devient difficile pour l'investigateur novice de se rendre compte de ce qu'il entend, et je dois ajouter que cette complication est très-fréquente, non-seulement dans les successions de deux ou trois sons avec changement de ton, mais encore dans ces longues séries de sons où ces changements se répètent quinze ou seize fois de suite, séries que j'ai comparées à un charivari; aussi, dans ces dernières circonstances, l'investigateur expérimenté ne se trouverait pas dans un moindre embarras que celui dans lequel j'ai été moi-même.

Pendant assez longtemps j'ai entendu ces longues successions de sons ayant tous des tons différents, sans pouvoir m'expliquer un effet baroque qui venait s'ajouter à ces longues suites de sons discordants, et ce n'est pas sans perte de temps et sans difficulté que je suis parvenu à analyser assez bien les sensations auditives que me donnaient de pareils amalgames sonores, pour reconnaître que l'effet baroque qui m'avait tant intrigué résultait de ce que presque tous les changements de ton étaient accompagnés d'une modification de timbre.

Cette double mutabilité incessante à laquelle rien, dans les phénomènes acoustiques ordinaires, n'est comparable, donne à ces associations sonores une étrangeté sauvage; c'est enfin une cacophonie inouïe digne par sa nouveauté d'exciter la curiosité.

Si, dans la description des sons de la première subdivision, je n'ai pas parlé de cette double mutabilité et de ses effets, c'est que, sans faire complétement défaut dans les sons de cet ordre, ils ne sont en général ni assez fréquents, ni assez nettement accusés pour attirer l'attention aussi vivement qu'ils le font dans les sons de la seconde subdivision.

En comparant la longue et difficile description que je viens de faire des sons de cette dernière subdivision avec celles que j'ai données des sons qu'émettent les Lyres, les Malarmats, les Maigres, les Ombrines et les Hippocampes, dans chaque paragraphe relatif à chacune des différentes espèces, on remarquera que les neuf espèces de Poissons pourvus d'appareils vésico-pneumatiques ont un bon nombre de propriétés que ne possèdent pas ou n'ont qu'à un degré bien inférieur les sons que produisent les cinq espèces dont les noms précèdent, à l'exception pourtant de l'intensité de ceux que forment les Maigres, qui est considérable, comparativement à celles des effets de sonorité qu'engendrent tous les autres Poissons bruyants européens.

Si les facultés de l'émission sonore qui caractérise les neuf espèces munies d'appareils spéciaux atteignent à un degré de perfectionnement supérieur à celui qui est le lot des autres Poissons bruyants, ces facultés n'ont pas été pourtant réparties également à chacune de ces espèces. Ainsi, les sons que forment les *Zeus* sont très-sourds, bourdonnants, monotones, à proprement dire, offrent peu de changements de timbre, plusieurs variétés de bruits de *rotation*, et le diapason de l'espèce est le plus petit de ceux dont j'ai fait mention dans les généralités qui précèdent. Ces sons enfin ont une intensité qui est un peu moindre que celle des vibrations sonores que font entendre les Dactyloptères, les Grondins gris et les Rougets communs, mais plus grande que celle des manifestations sonores que produisent les Perlons, Rougets camards, Morrudes, Grondins rouges et Cavillones.

Dans leur ensemble, les sons émis par les Dactyloptères, les Grondins gris et les Rougets communs sont sans contredit les plus forts de tous ceux que rendent les neuf espèces dont il s'agit, et quoique les Dactyloptères aient des timbres et des modifications de sons qui leur soient propres, on peut les rapprocher des sons que forment les deux précédentes espèces pour en dire qu'ils sont beaucoup plus clairs, plus retentissants que ceux des *Zeus*, mais que les variétés de leur timbre, bien que plus fréquentes, y sont encore en nombre restreint; que les changements de ton y sont aussi moins rares, que l'échelle diatonique de chacune de ces espèces ne dépasse guère celle du Poisson Saint-Pierre, et que les sons bourdonnants et les bruits rappelant la *rotation* y sont aussi abondants que chez ce dernier Acanthoptérygien.

Les deux espèces Grondin rouge et Cavillone ont été plus mal partagées dans la distribution des facultés génératrices de sons; elles possèdent bien les principales qualités de sons de la deuxième subdivision, mais à un si faible degré, que les sons incommensurables particuliers aux neuf espèces sont les plus nombreux et ne laissent que peu de place aux sons commensurables.

Enfin, les Rougets camards, les Perlons et les Morrudes l'emportent sur tous leurs congénères, sur les Dactyloptères, ainsi que sur les *Zeus*, par presque toutes les qualités des phénomènes acoustiques qu'ils peuvent produire : ils ont à leur disposition un bien plus grand nombre de sons complétement dissemblables; ils soutiennent mieux les sons simples, ils modulent mieux les sons composés; ils rendent plus distinctement de plus longues successions de sons différents de ton et de timbre, et il y a moins de dissonance dans l'ensemble des vibrations sonores qu'ils forment, mais tous ces sons le cèdent en intensité à ceux qu'engendrent les quatre espèces que je viens de citer comme émettant les sons les plus forts de ceux produits par ce groupe de neuf espèces.

Des Rougets camards, des Perlons, des Morrudes, de ces trois espèces vraiment privilégiées, c'est la dernière nommée ici qui l'est le plus.

Les phénomènes acoustiques formés par ces trois espèces représentent le degré le plus élevé de perfectionnement auquel peuvent parvenir les sons de la seconde subdivision chez les Poissons des mers de l'Europe.

Parvenu à cette conclusion, je crois que c'est le lieu de poser cette question : Que doit-on penser de la comparaison du chant du Coucou avec les sons que rend un individu du genre Trigle ?

La plupart des commentateurs d'Aristote ont fait tant de bruit autour de cette question, que je me vois obligé d'en dire quelque chose.

Tous les ichthyologistes savent qu'Aristote, en répétant une comparaison qu'il a trouvée établie de son temps, a nommé

Κόκκυς un Poisson que les naturalistes modernes croient être un Trigle indéterminé, et qui, suivant ce philosophe, était ainsi nommé parce que le bruit que fait ce Poisson ressemble au chant du Coucou (*Cuculus conarius* Lin.). En admettant avec les auteurs modernes les plus célèbres et les plus compétents que le Κόκκυς est réellement un de nos Trigles, j'ai cherché avec soin, parmi les phénomènes acoustiques de la seconde section, les associations de deux sons s'éloignant le moins possible du cri double du Coucou, et j'ai trouvé qu'il y a non-seulement une certaine association de deux sons, mais encore une simple modification d'un son unique, qui sont émis assez fréquemment, et qui ont pu par conséquent être entendus par des observateurs superficiels de tous les temps et leur en imposer assez pour que leur imagination, faisant tous les frais de la comparaison, les ait conduits à affirmer le dire d'Aristote, comme l'ont fait tant d'auteurs, et Rondelet entre autres. L'association sonore dont je veux parler résulte réellement de l'émission de deux sons consécutifs dont le premier est plus haut d'un petit intervalle, d'un comma, que le second ; quant à la simple modification du son unique, elle dépend d'un changement de timbre d'un son soutenu dans son ton initial.

Ainsi la comparaison est assez inexacte pour qu'on ne puisse nullement déterminer si les anciens auteurs, ainsi qu'Aristote, ont voulu parler de la double émission sonore ou d'un seul son modifié ; et comme ces deux manifestations acoustiques diffèrent autant l'une que l'autre du chant du Coucou, on est fondé à penser que les observateurs ne se sont jamais entendus sur le fond de la question, et qu'ils se sont tous trompés en assurant que la comparaison était admissible ou en la traitant comme telle. De plus, les trois espèces privilégiées parmi les Trigles étant également aptes à produire ces deux manifestations acoustiques, on ne peut tirer aucun parti de la particularité du son affirmé par le philosophe de Stagire pour retrouver l'espèce qu'il a nommée Κόκκυς. Rondelet, auquel on aurait tort de reprocher sévèrement de n'avoir pas découvert qu'il n'y a pas seulement une, mais trois espèces qui auraient également droit par le même motif à être reconnues comme étant le Poisson qu'Aristote a voulu désigner par le nom de Coucou, a du moins prouvé une fois de plus le soin qu'il mettait à examiner les animaux qu'il a décrits, en affirmant que la Morrude produit des sons qu'il a trouvés analogues à ceux du Coucou.

En définitive, la comparaison que je viens d'examiner est trop vague pour être de quelque utilité.

Il n'est pas difficile de critiquer la précédente comparaison ; mais, après y avoir mûrement réfléchi, je crois qu'il est impossible d'en indiquer une complétement satisfaisante.

Je pense que le jeu de l'un des instruments que j'ai souvent nommés l'orgue à anche ou l'accordéon serait seul capable de donner une idée approximative de l'ensemble des sons du *chant des Poissons*.

C'est assurément sur ces instruments qu'après une étude aussi approfondie, aussi complète que celle que j'ai faite, qu'un artiste, un organiste pourrait imiter moins imparfaitement quelques-unes des séries sonores que j'ai décrites plus haut, et donner ainsi au public une idée approximative des sons les plus simples et les plus communs que forment les espèces pourvues d'appareils vésico-pneumatiques.

Dans mon désir de favoriser la réalisation d'une semblable imitation, j'avais noté les séries les plus communes et les plus simples de ces sons ; mais j'ai renoncé à les publier pour plusieurs motifs, et le principal, c'est que l'on ne peut exprimer par les caractères employés en musique les notes coulées ainsi que les notes pointées, comme elles le sont réellement dans ces séries, et conséquemment tout l'effet imitatif des séries fondamentales, qui sont en grande partie composées de notes pointées et coulées, viendrait mal ou serait complétement manqué, si l'artiste exécutant n'avait pas eu l'occasion de faire des observations spéciales sur la nature à l'égard des notes dont il s'agit ici. De quelque façon qu'on s'y prenne, il faut de plus renoncer à rendre les comma si fréquents dans ces séries sonores ; et sur ces instruments eux-mêmes, aussi bien que sur aucun autre connu juqu'à ce jour, on ne pourra jamais imiter ces notes qui restent constamment les mêmes quant au ton, tandis que le timbre change deux ou trois fois ; et bien moins encore pourra-t-on jamais exprimer ces sortes de fioritures, ces longues associations de sons formés de vingt à vingt-cinq sons différents, dans lesquelles chaque changement de ton est accompagné d'au moins une modification du timbre, associations sonores dont l'effet sur l'oreille humaine est le comble de l'étrangeté ; un vrai vagabondage musical qui saisit par sa nouveauté et est tellement attrayant, qu'on l'entend avec plus de plaisir ou du moins avec plus d'étonnement que ces excentricités musicales que l'Allemagne a cherché dans ces derniers temps à importer chez nous.

D'après ce que je viens de dire, on voit qu'il est moins difficile d'énumérer et de disserter sur les difficultés qu'il y aurait à vaincre pour arriver à une imitation satisfaisante, que de décrire l'ensemble de ces sons. Aussi cette dissertation écourtée justifiera, je l'espère, aux yeux du lecteur, la prudente réserve qui m'engage à renoncer à donner une description générale des sons de la seconde subdivision.

§ 7.

Les conclusions que j'ai tirées de mes démonstrations expérimentales sur l'appareil vésico-pneumatique des Perlons expliquent sommairement quel est dans la production des sons le rôle des principales parties organiques qui entrent dans sa composition.

Dans l'intention de fournir, au physicien-physiologiste qui tenterait de donner la théorie complète du mécanisme des sons de la seconde subdivision, les notions que l'expérience m'a fait acquérir et dont il pourrait tirer parti, je vais ajouter à ces premières données principales quelques remarques sur ces données elles-mêmes et sur le jeu de quelques autres parties constitutives de ces appareils.

Observons d'abord que dans l'ensemble des organes producteurs des sons de la première subdivision, les muscles étaient indépendants de l'organe retentissant ou de renforcement, et avaient quelque fonction étrangère à la formation des sons ; mais que dans l'appareil vésico-pneumatique les muscles ont pour unique fonction d'agir sur la vessie, soit pour la production des vibrations elles-mêmes, soit pour modifier la forme de l'organe de renforcement, ou en un mot sont propres à l'appareil.

Les différences organiques qui distinguent les appareils des *Zeus* de ceux des Dactyloptères et ces derniers des appareils des Trigles, sont assez prononcées pour qu'on ne puisse pas discuter à la fois les faits relatifs aux particularités du mécanisme de l'appareil de chacun de ces trois genres.

Les muscles intrinsèques des *Zeus* enchâssés comme ils le sont dans les entailles des parois de la vessie pneumatique et s'insérant par les deux extrémités de leurs faisceaux charnus sur l'épaisseur même de la membrane fibreuse, les ventres de ces faisceaux sont dans toute leur étendue appliqués sur la lamelle qui ferme à l'intérieur les entailles ovalaires, à laquelle ils adhèrent à peine, et sont conséquemment disposés parallèlement à cette lamelle. Quelle que soit leur action sur cette lamelle, elle doit différer de celle des muscles intrinsèques des autres appareils dont les faisceaux sont dirigés obliquement aux parois des vessies sur lesquelles ils agissent et qui leur donnent insertion.

Ce n'est pas assez de définir et d'affirmer cette différence, il faudrait pouvoir dire exactement quel effet elle produit dans le mécanisme de la création des sons. Sans arriver à ce degré d'exactitude, je puis assurer que cette différence est défavorable à la production initiale des sons du *Zeus*, comme on peut le voir d'après les notions comparatives que j'ai données plus haut sur les sons des neuf espèces pourvues d'appareils vésico-pneumatiques. Ensuite le peu d'étendue de la surface des muscles intrinsèques du *Zeus*, leur portion sur le même segment circulaire de la vessie et sur sa paroi supérieure seulement, sont autant de circonstances qui limitent leur action, ne leur permettent que de changer partiellement la forme de la vessie, et par conséquent leur ôtent les moyens de réaliser les modifications de sons qui résultent des déformations plus ou moins complètes de l'organe de renforcement.

De tout ce qui précède, il faut déduire que les appareils des *Zeus* sont, sous le rapport de leur disposition anatomique et, par suite, de leur mécanisme, inférieurs aux appareils des Dactyloptères et à ceux des Trigles.

Quoique la forme de l'appareil des Dactyloptères diffère de celle des Trigles, ces deux générateurs de sons n'en n'ont pas moins, non-seulement des parties similaires, mais encore semblablement disposées les unes par rapport aux autres, et l'on voit qu'ils ne sont que deux variétés du même type.

Les insertions des muscles intrinsèques, la direction générale de leurs faisceaux charnus, sont presque identiquement les mêmes dans les deux genres, à l'exception pourtant du muscle *extrinsèque*, qui vient donner un point d'appui plus fixe à ces muscles si puissants par leur masse et la grande surface qu'ils recouvrent sur chaque lobe.

On comprend facilement que les vibrations engendrées par une aussi grande quantité de faisceaux charnus soient plus fréquentes, plus intenses et plus longtemps soutenues que celles formées par les autres sortes d'appareils.

On doit comprendre aussi que ces puissants muscles, embrassant une si vaste surface des deux lobes, doivent changer facilement la forme de l'organe de renforcement, et par cela même modifier la partie des sons sur laquelle les variations de forme de la *table d'harmonie* ont de l'influence.

La présomption d'après laquelle on croirait que les gaz contenus dans les lobes pourraient en être expulsés brusquement et produire des sons particuliers, en pénétrant dans les cavités appendiculaires antérieures, ne me paraît pas assez probable pour que j'insiste davantage ici sur ce sujet. Je m'expliquerai à cet égard en parlant du mécanisme des sons chez les Perlons.

C'est, à n'en pas douter, dans l'appareil des Trigles que les muscles intrinsèques sont le mieux disposés pour agir efficacement sur la création et les modifications des sons.

Dans ce générateur de sons il faut, en premier lieu, tenir compte de l'étendue que ces muscles recouvrent, presque la totalité de la paroi supérieure du corps vésical, puis de la puissance de leurs nombreux faisceaux charnus qui s'insèrent par leurs bouts inférieurs sur la partie de cette paroi, qui ne présente pas de solution de continuité, faisceaux charnus qui, agissant en masse, effectuent le plus grand nombre de vibrations sonores. Il convient ensuite de remarquer qu'un assez bon nombre d'autres faisceaux charnus viennent prendre insertion sur toute la surface supérieure de chacune des multiples et longues bandelettes qui forment le *réseau fibreux.*

Quoique ces derniers faisceaux ne paraissent que peu détachés de la masse musculaire, leur action sur chacune de ces bandelettes qui sont complétement indépendantes, parfaitement isolées les unes des autres, reste aussi isolée elle-même, et conséquemment peut être différente de celle de la masse musculaire ; il s'ensuit que le jeu de ces bandelettes, de ces espèces de cordes tendineuses, peut produire des vibrations acoustiques aussi variées que le sont les formes différentes des bandelettes.

Voilà déjà deux différents modes d'action de ces muscles sur la création des sons. Ils en ont un troisième, qui consiste à donner, en raison de leur position favorable et de la direction de leurs faisceaux charnus, les formes les plus variées au corps vésical, à le pétrir en quelque sorte selon les modifications des sons que le Poisson veut produire. Ainsi, les muscles de l'appareil des Trigles mettent en jeu un ordre de vibrations qui leur est propre, et exécutent avec moins d'imperfection les deux modes d'action communs aux appareils des deux autres genres.

Sans exagérer l'importance du diaphragme vésical et de son ouverture médiane, il faut pourtant chercher s'il se trouve dans des conditions capables d'apporter des modifications importantes aux sons. S'il était doué de mouvements qui lui fussent propres, si son ouverture pouvait changer de grandeur, on pourrait croire qu'en vibrant indépendamment de la vessie, ces allées et ces venues, forçant les gaz contenus dans le corps vésical à traverser une ouverture étroite, pourraient apporter quelques modifications aux autres sons ; mais ce mouvement indépendant est infirmé par mes expériences, dans lesquelles j'ai constaté que le diaphragme vibre non par un mouvement qui lui est propre, mais qu'il est entraîné par les vibrations des parois du corps de la vessie. D'après ce fait incontestable, son jeu consiste à vibrer du même mouvement que toutes les autres parties constitutives de l'appareil : par conséquent il peut produire un accompagnement bourdonnant dans les émissions où cette modification sonore ne se fait pas entendre en son absence, ou bien augmenter l'intensité des sons bourdonnants naturellement; mais là se borne son rôle.

On peut se demander si les gaz contenus dans la portion antérieure de la cavité du corps de la vessie, par exemple, quand ils sont poussés par les contractions des muscles intrinsèques, ne pourraient pas franchir l'ouverture du diaphragme, qu'il soit immobile ou bien en mouvement, et par suite de ce passage produire quelques changements de son ; comme on ne peut répondre ni affirmativement, ni négativement à cette demande en s'appuyant sur des faits probants, je ne les présente ici que comme un but de recherche.

J'ai promis de dire ce que je pense de la part que prennent les cavités appendiculaires antérieures des lobes vésicaux des Dactyloptères, et je n'ai ajourné de dire mon opinion à cet égard que pour la généraliser en l'étendant à l'explication du rôle de toutes les cavités qu'offrent les appendices des divers appareils des Trigles, aussi bien des vastes cavités des lobes latéraux des Perlons que de celles si petites des cônes ou *pointes antérieures* du corps vésical des Morrudes. J'ai étudié d'une manière toute spéciale les sons émis par les deux espèces que je viens de nommer, et je n'ai pas entendu un seul son formé par les Perlons qui ne le fût aussi par les Morrudes, tandis que plusieurs ordres de séries sonores engendrées par les Morrudes manquent complétement dans les sons produits par les Perlons.

Chez ces derniers, tous les sons produits ont non-seulement une grande intensité qui s'explique facilement par la différence du volume des appareils, mais encore ils ont un retentissement spécial qui fait défaut aux sons de la Morrude. J'attribue ce retentissement aux grandes cavités des lobes latéraux des Perlons, et pense que le même effet se produit à un degré inférieur d'intensité chez les Dactyloptères, les Grondins gris, les Rougets communs et le Grondin rouge, pour être excessivement faible ou nul chez les Morrudes.

Je terminerai ces remarques, en justifiant par un argument péremptoire le rôle prépondérant que j'ai fait jouer aux muscles intrinsèques et aux bandelettes du *réseau fibreux* dans la production des sons; cet argument est le suivant : c'est dans les espèces où les muscles intrinsèques sont le plus développés, et où en même temps les bandelettes du *réseau* ont les plus grandes dimensions et sont le plus nettement séparées les unes des autres, que les sons atteignent le plus haut degré de perfectionnement.

Dans l'intention de résumer les cinq précédents paragraphes et ce dernier, si l'on fait un examen attentif des dispositions anatomiques de tous les appareils vésico-pneumatiques et des particularités de leurs fonctions physiologiques, on est irrésistiblement conduit à cette conclusion, à savoir, que les muscles intrinsèques et extrinsèques de la vessie pneumatique, et cette vessie elle-même, sont les éléments essentiels de ces appareils, les autres parties constitutives de ces générateurs de sons ne sont qu'accessoires.

Le premier corollaire de cette conclusion est que la partie essentielle de ce mécanisme est admirablement simple.

Un second corollaire plus important que le premier est que le degré de perfectionnement qui caractérise cet appareil, envisagé d'un point de vue général, est le résultat de l'insertion des muscles intrinsèques et extrinsèques sur les parois mêmes de l'organe de renforcement. C'est en effet la fusion la plus intime qu'on puisse imaginer pour unir les muscles à la vessie, et c'est en même temps l'arrangement le plus propre à tirer le plus grand profit possible des propriétés des deux éléments de ce mécanisme.

Enfin cette conclusion et ses deux corollaires, qui tendent à distinguer plus nettement, en les spécifiant davantage, les appareils vésico-pneumatiques, des organes ou appareils ayant des fonctions similaires dans le règne animal, amènent naturellement par une déduction corrélative à la comparaison anatomique et physiologique de nos générateurs de vibrations acoustiques avec les organes producteurs de sons de tous les autres animaux, ou à l'anatomie et la physiologie comparée des appareils vésico-pneumatiques.

Dans cet ordre d'idées, la première qui se présente à l'esprit est celle de rapprocher l'appareil vésico-pneumatique considéré d'un point de vue général, de l'appareil de la phonation examiné au même point de vue pour en faire la comparaison anatomique. Je suppose connue l'anatomie de ces deux différents appareils, et pense que le lecteur me saura gré de ne pas rappeler ici tout ce qu'il vient de lire sur l'appareil vésico-pneumatique.

Si l'on veut établir une comparaison anatomique entre ces deux appareils, elle ne fournira que des différences bien marquées et pas une analogie légitime. Les conséquences à tirer de ces seules différences ne me paraissent pas avoir un assez grand intérêt pour mériter de figurer ici.

Il reste donc la comparaison physiologique, et principalement celle des effets produits par les deux appareils ou celle des sons eux-mêmes. Je m'occuperai d'abord de la comparaison physiologique.

Ici se dressent devant moi deux grandes difficultés.

La théorie de la phonation, telle que la présentent les plus récents et les meilleurs traités de physiologie, n'est assurément que provisoire, en acceptant même les travaux de J. Müller à cet égard comme ayant réalisé un grand progrès.

Car, sans être complétement de l'avis de Savart à ce sujet, je partage sur plusieurs points l'opinion de cet éminent physicien. D'un autre côté, malgré les intéressantes recherches de M. le professeur Rouget et celles de M. Marey, la théorie de la contraction musculaire est à peine ébauchée, et celle enfin des sons de la première et de la seconde subdivision de notre division principale n'en est encore qu'à ses premiers linéaments. C'est pourtant avec de pareilles données qu'il faut procéder à la comparaison dont il s'agit ici.

J'établis d'abord qu'on ne peut douter que les muscles intrinsèques des appareils vésico-pneumatiques ne soient animés en temps voulu de mouvements vibratoires, insérés par l'un de leurs bouts sur l'organe de renforcement; quel que soit le mode de leurs vibrations, on ne peut nier non plus que, par leur position et leur mode d'action, ils ne soient assimilables aux tiges métalliques du violon si connu en physique expérimentale sous le nom de *violon de fer*, ou aux clous nommés chevilles, qui sont enfoncés dans les parois de la table d'harmonie d'un piano et autour desquels sont enroulées les cordes de cet instrument.

C'est donc à la vibration de simples tiges de fer attachées à un point fixe que pourrait être comparé avec le plus de vraisemblance le jeu des muscles intrinsèques.

En acceptant sans critique la théorie de J. Müller, qui est maintenant généralement admise, le mécanisme de la phonation est comparable à celui de deux couches membraneuses que représentent les cordes vocales, et c'est évidemment le jeu de l'anche qui fait les principaux frais de l'explication.

A mon point de vue, je n'ai pas à discuter cette théorie, je l'accepte en attendant mieux, et j'en profite pour faire voir la différence essentielle qui existe entre les mécanismes de ces deux appareils organiques, différence rendue plus sensible par l'assimilation de ces appareils à des instruments inorganiques.

La seule analogie que l'on puisse trouver consiste en ce que, dans l'un et dans l'autre appareil, c'est le tissu musculaire qui, dans des conditions différentes à la vérité, engendre la vibration ou a une grande influence sur ce mouvement vibratoire. Non seulement c'est ce tissu qui fait mouvoir toutes les pièces organiques mobiles du larynx les unes sur les autres, qui, s'étendant dans les cavités ventriculaires, en modifient la forme, mais encore il compose la majeure partie des cordes vocales ou lèvres glottiques.

Les muscles thyro-aryténoïdiens sont, dans la constitution de ces cordes, revêtus d'une membrane muqueuse dont le bord interne joue un certain rôle dans le jeu de ces anches membraneuses que le courant d'air fait vibrer; mais il ne faut pas oublier que les faisceaux charnus des muscles qui doublent cette muqueuse donnent aux cordes vocales, à la volonté de l'animal et suivant différentes circonstances, une forme, une tension, une épaisseur, une élasticité, etc., etc., qui n'ont pas une moindre action sur la vibration de ces cordes, et par suite sur la production des sons.

Dans l'appareil vésico-pneumatique, la contraction des muscles suffit pour exciter les vibrations qui sont transmises directement par les extrémités inférieures de ces muscles à l'organe de renforcement.

Cette analogie est la seule rationnelle et ne doit pas être négligée ou méconnue ; elle aurait une tout autre importance si je pouvais, sans m'écarter trop de mon sujet, entrer ici dans des développements nécessaires à établir de nouvelles et profondes modifications dans la théorie de la phonation. Ce sera l'objet d'un mémoire que j'espère pouvoir publier prochainement.

Les deux comparaisons précédentes, on le voit, ne présentent pas de résultats très-intéressants ; voyons si le parallèle des effets produits, des sons eux-mêmes, nous sera d'un meilleur secours.

On comprend facilement que ce n'est qu'avec la voix des Reptiles et Batraciens, celle d'un petit nombre d'Oiseaux et les cris de quelques Mammifères, qu'on a quelques chances de pouvoir établir le parallèle dont il s'agit ici.

Tout d'abord ce parallèle offre plusieurs difficultés, dont je vais indiquer les deux principales pour donner une idée de leur importance.

Les plus savants erpétologistes avouent qu'ils manquent complétement de notions sur la voix du plus grand nombre des Amphibiens et des Reptiles ; que le peu qui a été écrit sur ce sujet est incertain, comme la plupart des assertions qui ne s'appuient que sur des traditions orales ou le dire si souvent exagéré des voyageurs en général ; et qu'enfin la voix de ces animaux n'a encore été l'objet d'aucune recherche scientifique proprement dite, si ce n'est celle de quelques espèces les plus communes des genres Grenouille, Crapaud et Pipa, et qu'on n'a même que des données vagues sur les cris des autres espèces de ces genres.

L'oreille humaine, constituée dans le but d'apprécier les sons émis dans l'air, ne nous trompe guère quand elle nous sert à juger des sons formés dans l'atmosphère et qui nous sont transmis par ce milieu; mais notre ouïe n'est plus un juge aussi compétent, aussi infaillible, quand nous avons à nous rendre compte des sons engendrés dans d'autres milieux, dans un milieu aqueux, comme c'est ici le cas. Bien des qualités de ces sons, qui ont pour principal but d'être transmis par des ondulations aqueuses à des animaux dont les organes auditifs sont bien différents des nôtres, nous échappent ou ne nous parviennent que considérablement modifiées.

Si nous devons nous en rapporter aux expériences déjà anciennes de l'abbé Nolet (1), de Franklin, d'Alexandre Monro, et surtout aux observations plus récentes de Colladon et Sturm (2), de Beudant (3) et de G. Weber, sur les qualités des sons, qui varient lorsqu'ils sont alternativement entendus dans l'air et dans l'eau, il y aurait de très-grandes différences. Les plus marquées, suivant ces auteurs, seraient celles qui portent sur l'intensité et l'éclat des sons. En présence de telles difficultés, je renonce à un parallèle de l'ensemble de la voix des Reptiles, Batraciens et autres animaux que je viens de nommer, avec les sons que j'ai classés dans la première et la seconde subdivision de ma nomenclature, pour m'en tenir à celui de quelques-unes des principales propriétés de tous ces sons; ou, pour m'expliquer plus catégoriquement, je renonce à une comparaison exacte, impossible, suivant moi, dans l'état actuel de nos connaissances, sur un pareil sujet, pour me contenter de données comparatives seulement approximatives, les seules qui puissent avoir quelque valeur scientifique. Ainsi, dans le parallèle qui va suivre, je ne tiendrai

(1) Voy. *Mémoire sur l'ouïe des Poissons* (*Mémoires de l'Académie des sciences de Paris*, 1743, p. 260).

(2) Voy. *Mémoire sur la compression des liquides* par MM. Colladon et Sturm, de Genève (*Ann. de chim. et phys.*, 1re série, t. XXXVI, p. 113, et la suite, p. 225).

(3) Voy. expériences de Beudant, citées dans le mémoire de MM. Colladon et Sturm.

aucun compte de l'intensité et de l'éclat des sons, et je ne rapprocherai que les propriétés des vibrations sonores qui sont incontestablement comparables.

Si donc on met en parallèle :

D'une part, les principales qualités des manifestations sonores émises par les Morrudes et les Rougets camards, qualités qui sont les suivantes : leur diapason embrassant plus d'une quinte de sons indubitablement commensurables; d'autres sons incommensurables, mais bien distincts les uns des autres; les variations de ces sons ou leurs combinaisons diversifiées ; les longues séries de sons de tons différents et d'autres séries de sons où la fréquence des changements de tons le dispute à la mutabilité presque incessante des modificateurs du timbre.

Et d'autre part, la voix la plus parfaite des Reptiles et Amphibiens connue jusqu'à ce jour, celle de certains Oiseaux, tels que le Friquet (*Fringilla, montana*, Linn.), l'Hirondelle des cheminées (*Hirundo rustica*, Linn.), et plusieurs Gallinacés, ou même les cris de quelques Rongeurs et Ruminants: par exemple le Mulot, la Souris, le Mouton.

Que l'on consente à prendre en considération le nombre et la nature de toutes les qualités attribuées dans le précédent parallèle aux sons que rend l'appareil vésico-pneumatique, ou bien qu'on veuille n'avoir égard qu'à une seule de ces qualités, on conviendra avec moi qu'un instrument physiologique dont le diapason comprend toute *une sixte* a une valeur acoustique ou biologique supérieure à celle des appareils de phonation des autres Vertébrés que je viens de nommer.

CHAPITRE III.

§ 1.

Suite et fin de la nomenclature des sons.

Jusqu'ici nous n'avons rencontré dans la seconde section que des sons produits par la vibration de muscles groupés autour de la vessie pneumatique ou bien en position d'ébranler cet organe, et situés en tout ou en partie dans la cavité abdominale.

Dans le présent chapitre, je range les sons engendrés par des muscles dont le siége est tout différent.

Ils sont disposés autour des cavités buccales et respiratoires, et ce sont ces cavités qui renforcent toutes les vibrations sonores qu'ils forment; enfin ils sont placés tous sous le crâne, dans les parois inférieures des cavités sus-mentionnées, et appartiennent presque tous au système hyoïdien (Milne Edwards): ce sont donc des muscles respiratoires.

Sous-section de la seconde section.

Des bruits expressifs instantanés, méritant le nom de *cris*, plus fréquents que les sons commensurables.

Première division.

Sons produits par des muscles dépendants presque tous de l'appareil respiratoire et renforcés par la cavité buccale.

Des sons de la première division. Caractères physiologiques. — Ces sons, engendrés par des muscles pour la plupart respiratoires, sont amplifiés par les cavités buccales et respiratoires; ils sont volontaires.

Caractères acoustiques.— Ces vibrations sonores ont une douceur, un velouté des plus notables. Elles sont en général très-courtes, ont quelquefois l'instantanéité d'une explosion, et beaucoup d'entre elles sont assimilables aux cris de certains Batraciens. Les sons commensurables soutenus ne font pas défaut, mais ils sont moins communs que les cris.

Au nombre des Poissons qui rendent des sons de cette division se trouvent deux espèces européennes du genre *Cottus* de Linné et Cuvier, ou Chaboisseaux de mer (Cuvier).

Les Chaboisseaux de mer sont des Poissons de petite taille; ils ont un aspect hideux : leur grosse tête, dont une grande portion se dilate encore au gré de l'animal, se montre hérissée de nombreux piquants; les repoussantes mucosités dont leur peau mollasse est couverte, leur couleur d'une teinte sombre en général : les douloureuses piqûres qu'infligent leurs pointes acérées ; l'ébranlement qu'ils communiquent à la main hésitante qui les saisit, la surprise que causent les cris qu'ils jettent, tout en fait un objet de dégoût et de peur irréfléchie qu'expriment bien les noms de Diables de mer, de Scorpions de mer, de Crapauds de mer, par lesquels les pêcheurs, les gens du monde et quelques savants les ont désignés.

Mes observations ont eu pour sujets des individus de deux espèces admises par Cuvier : le Chaboisseau commun ou *à courtes épines* (*Cottus Scorpius* Bloch), bien représenté par Klein, et le Chaboisseau *à longues épines* (*Cottus Bubalus* Euphaasen).

On lit dans tous les traités d'ichthyologie que ces Chaboisseaux de mer sont de petits Poissons qui jettent un cri quand on les prend tout à coup et lorsqu'on les presse entre les doigts. Là se bornent les renseignements connus jusqu'ici sur les sons qu'émettent ces Acanthoptérygiens.

Considérations anatomiques. — De courtes indications anatomiques suffiront pour appeler l'attention sur les points qui peuvent nous intéresser dans l'organisation de ces Poissons.

Le développement des pièces osseuses et cartilagineuses qui composent les appareils hyoïdien (Milne Edwards) et operculaire, et surtout la grande quantité et la force des faisceaux charnus des muscles qui mettent ces pièces en mouvement, doivent faire remarquer ces agents actifs du mouvement. Plusieurs portions de ces muscles ne sont séparées de la cavité buccale que par une muqueuse peu épaisse. Les muscles du corps de l'hyoïde, de la partie inférieure des branchies, ainsi que ceux qui se fixent aux os œsophagiens inférieurs, méritent une attention particulière, aussi bien que l'ouverture de l'œsophage, à raison des énormes plis que sa membrane muqueuse forme autour de son entrée, au fond de la bouche, plis qui, en réalité, constituent des saillies comparables à de petites lèvres.

Quand on tire de l'eau un *Cottus*, il éloigne aussitôt es unes des autres, et autant qu'elles sont susceptibles d'être distantes, les différentes pièces osseuses et cartilagineuses qui forment la plus grande partie de sa tête, et maintient les bords des membranes branchiostéges légèrement écartées du pourtour des ouvertures branchiales.

C'est après cette dilatation, la plupart du temps, qu'en rapprochant et en serrant ses lèvres, le Poisson commence à faire entendre les sons qu'il est capable de produire.

Quand il a cessé d'en émettre spontanément, les pêcheurs savent bien qu'il ne s'agit que d'appuyer légèrement, mais instantanément, sur les parois buccales, pour qu'un bruit semblable au cri qu'ils jettent se manifeste et se répète chaque fois qu'on opérera une semblable pression; mais au bout de quelques secondes, ce moyen devient impuissant à provoquer la moindre vibration. Cette petite manœuvre, interprétée à la légère, a induit en erreur plusieurs naturalistes, comme je le dirai bientôt.

Ce n'est pas dans l'atmosphère seulement que les *Cottus* produisent des sons; j'ai reconnu qu'ils en émettent bien plus fréquemment encore sous l'eau. J'ai observé aussi que l'écartement des différentes parties de la tête du Poisson n'est pas indispensable à la production des sons; j'ai maintenu rapprochées toutes les pièces de la tête, et j'ai constaté que, dans l'air comme dans l'eau, les sons peuvent être engendrés; seulement, dans ce dernier cas, comme on peut aisément le prévoir, ils ne parviennent à notre oreille, qui est éloignée du milieu aqueux, qu'affaiblis et sourds.

Comme introduction à la recherche de la cause des sons qu'émettent les Chaboisseaux de mer, je répondrai à une demande qui m'a été adressée par quelques curieux témoins des résultats de la manœuvre au moyen de laquelle les pêcheurs excitent le Poisson à renouveler ses cris; ils m'ont interrogé pour savoir si une certaine quantité d'air, avalée préalablement par le Poisson, puis vigoureusement poussée au dehors, pourrait, en traversant la bouche, en faire vibrer quelques parties et occasionner ainsi ce bruit.

Considérant : 1° que l'objet de cette interrogation, cette supposition est la première qui se présente à l'esprit, et que plusieurs naturalistes en ont été tellement épris, qu'ils ont imaginé que ce sont les gaz accumulés dans le tube intestinal qui, en sortant ensuite violemment chassés par la contraction des cavités digestives, viennent ébranler les gros replis œsophagiens, les faire vibrer, ainsi que d'autres parties de l'intérieur de la bouche, et produisent ainsi le bruit que rendent les Crapauds de mer;

2° Que cette conjecture spécieuse pourrait séduire quelques observateurs superficiels, et faire formuler, à l'encontre de mon opinion, des objections auxquelles je devrais répondre, je préfère aller au-devant de ces contradictions en démontrant toute leur gratuité au moyen d'une expérience de facile exécution.

Elle consiste à ouvrir la bouche du Chaboisseau en train de bruire, pour enfoncer dans son œsophage une pince à disséquer dont les branches sont maintenues rapprochées et dirigées de façon que chacune d'elles soit en contact avec l'une des parties latérales de ce conduit, et d'abandonner ces branches à leur élasticité. En s'écartant l'une de l'autre, elles élargiront avec énergie les parois de l'œsophage dans le sens transversal, et maintiendront ces parois assez éloignées pour que l'air qui passerait à travers ce canal n'en puisse ébranler aucune portion; de plus, elles exerceront une compression sur plusieurs points des gros plis de la membrane muqueuse, écartés les uns des autres et rendus ainsi incapables de vibrer sous l'influence d'un courant de gaz. Dans les nouvelles conditions où se trouveront l'œsophage et plusieurs autres parties de la bouche, le Poisson continuera, à bruire et l'on ne pourra observer aucune modification importante dans les sons qu'il émettra. Si l'on veut bien remarquer que les conjectures dont je veux prouver la fausseté ne s'appuient que sur l'existence d'un courant gazeux provenant de l'estomac et mettant en vibration quelque portion des parois des cavités qu'il parcourt avant d'arriver en dehors de la bouche, on conclura comme moi que les gaz contenus dans le tube digestif restent complétement étrangers à la formation des vibrations sonores que font entendre les Chaboisseaux marins.

Désormais débarrassés de ces suppositions spécieuses, arrivons à la détermination du principe des phénomènes acoustiques que forment les Scorpions de mer.

Pour parvenir à cette fin, j'ai employé le même mode d'investigation que j'ai mis tant de fois en usage et décrit avec détail dans le cours de ce travail; aussi je ne ferai ici que mentionner les moyens d'observation qui m'ont servi dans cette recherche.

J'ai tenu quelques instants dans ma main un *Cottus* bien vivant, plein de vigueur et très-bruyant; j'ai tout aussitôt ressenti durant chaque émission sonore un frémissement. J'ai comparé, sous le rapport de leur durée, de leur intensité et de leurs moindres modifications, la sensation tactile et auditive que j'éprouvais simultanément. J'ai exploré ensuite alternativement les différentes régions du corps du sujet pour déterminer exactement le lieu où le frémissement qu'il communiquait à ma main était le plus intense. L'expérience que j'ai acquise relativement à l'ensemble des impressions que je venais de percevoir ne pouvait me laisser aucun doute sur la cause des vibrations sonores qu'émettait le Poisson, car des impressions identiques à celles que je viens de décrire et des déductions exactement semblables à la conséquence suivante ont été l'objet de si nombreuses vérifications démonstratives (voy. le chapitre Ier de la seconde partie, et plusieurs autres énoncés et vivisections dans la seconde et la troisième partie de ce mémoire), que leurs résultats concordants m'autorisent à déclarer que la cause des phénomènes acoustiques que font entendre les *Cottus* ne peut être autre que la contraction vibratoire de quelques-uns de leurs muscles.

Du reste, si quelque juge difficile n'était pas satisfait de cette déclaration concluante, il serait assurément amené à l'approuver en voulant bien prendre en considération l'exposé des investigations qui va suivre; quoiqu'elles ne portent que sur des faits de détail, leurs résultats se corroborent mutuellement et s'accordent si bien entre eux, que ce sont comme autant de faibles rayons lumineux qui, bien dirigés, éclairent un corps, au foyer de leur convergence, d'une lumière si parfaite, qu'aucun de ses points ne reste dans l'ombre.

S'il ne m'a pas fallu me mettre en frais de nouvelles observations pour découvrir le principe des vibrations sonores dont il vient d'être question, il n'en a plus été de même dans mes recherches relatives au siége et aux différents centres de ces mouvements vibratoires.

Voici comment j'ai procédé à cette recherche.

Suivant les indices que m'avait fournis la précédente expérience, j'ai, sur un sujet plein de vigueur et émettant incessamment des cris, séparé le maxillaire inférieur de toutes ses attaches musculaires et membraneuses antérieures, au moyen d'une coupe rasant la surface interne de cet os. La rétraction de la masse des muscles composant la paroi inférieure de la bouche, qui a eu lieu aussitôt, a rendu cette cavité accessible à l'entrée de mon doigt, sans avoir à craindre le contact des cardes dentaires, et j'ai eu ainsi sous les yeux toutes les parties internes du vestibule des voies digestives. J'ai pu alors facilement, en prenant entre deux doigts le lambeau charnu qui fermait le plancher de la bouche, palper tous les points de ces deux surfaces. Chaque fois que le Poisson a bruit, mes doigts ont ressenti un frémissement dont l'origine venait évidemment de la portion médiane du lambeau, et était perçu à travers une couche de muscles plus ou moins épaisse en avant vers le centre du plancher, en arrière sur deux points distants l'un de l'autre et latéraux. J'en ai induit qu'il y a plusieurs foyers de mouvements ou centres de mouvements qui se trouvent au milieu du plancher de la bouche, à l'exception du plus antérieur que j'ai senti être sous la muqueuse qui recouvre le repli lingual ou cette proéminence qui, chez les Poissons, tient lieu de langue.

En explorant ensuite successivement toutes les parois de la bouche, j'ai remarqué que la membrane branchiostége est celle qui vibre avec le plus d'intensité, et il n'est pas douteux qu'étant la paroi la plus mince de la cavité buccale, le moindre ébranlement de l'air intérieur doit puissamment agir sur elle, auss bien que la moindre impression communiquée à ses rayons par les principales pièces de l'os hyoïde (Cuvier).

Je connaissais très-exactement l'anatomie des muscles formant le plancher buccal; je n'ai eu qu'à répéter un grand nombre de fois les mêmes observations, pour parvenir à nettement distinguer les différentes sensations tactiles que me faisaient éprouver les divers et principaux muscles qui composent cette masse charnue.

Du résultat des investigations précédentes je me crois en droit de déduire d'abord :

1° Que les foyers de vibration des sons qu'émettent les Chaboisseaux sont multiples;

2° Que ces foyers sont situés dans les muscles de la paroi inférieure de la bouche;

3° Qu'ils ont leur siége dans les principaux muscles de l'appareil hyoïdien (Milne Edwards).

Pour vérifier ces premières données, j'ai fait des coupes méthodiques des muscles de l'appareil que je viens de nommer.

Quoique je me sois mis bien en garde contre l'erreur que je pouvais commettre en coupant un muscle impropre à produire des sons, mais destiné à être l'antagoniste d'un autre doué de vibration musculaire dont la tension, le point d'appui venant à manquer par suite de cette section, resterait momentanément ou à tout jamais dépourvu de la faculté vibratoire, et d'en conclure à tort que le premier est capable de former des vibrations sonores. Comme tant d'autres investigateurs qui n'ont pu éviter de commettre quelques erreurs en étudiant une partie de la synergie musculaire, je ne puis prétendre n'avoir pas fait d'omissions ou commis quelque méprise dans les investigations que j'ai faites à ce sujet.

Ce n'est donc qu'à titre de premières données expérimentales, ne devant être admises qu'à la suite de nouvelles recherches, que je désignerai comme producteurs des vibrations sonores qu'engendrent les *Cottus*, les muscles dont voici les insertions ou le nom.

Les muscles qui s'insèrent aux principales pièces osseuses de l'hyoïde; ceux de la membrane branchiostége qui se fixent aussi aux pièces que je viens de nommer et entourent les extrémités de la base des rayons branchiostéges ; ceux que Cuvier n'a désignés que par les nos 35, 36 et 37, qui s'attachent aux os pharyngiens inférieurs qui sont réellement des rétracteurs et des transverses de ces os, ainsi que le transverse commun de ces deux os, et enfin les huit transverses inférieurs des arceaux des branchies.

J'ai de plus fait usage des courants voltaïques, et, quoique je n'aie eu à ma disposition que d'anciennes, et du modèle primitif, petites chaînes hydro-électriques de Pulvermacher, j'ai constaté des faits dignes d'attention.

J'ai placé un des pôles de la chaîne sur la peau correspondant au commencement de la moelle épinière d'un *Cottus* qui était près de mourir, et en touchant avec l'autre pôle quelques points de la queue du sujet, j'ai excité des secousses contractiles dans presque tous les muscles compris entre les extrémités des conducteurs, et, à chacune des secousses, un son provenant de l'isthme interoperculaire, ci-dessus désigné, était produit. Ce seul fait suffirait à prouver que c'est bien réellement la contraction musculaire qui est la cause des effets de sonorité que forment les Chaboisseaux, parce que l'irritabilité des muscles étant l'élément physiologique le plus sensible à l'action des courants électriques continus, en la présente circonstance ce sont des courants de cette nature qui engendrent des sons émanant des masses musculaires qui en forment à l'état normal.

Je ferai remarquer en passant que le résultat de cette expérience vient à l'appui de l'opinion des physiologistes qui distinguent dans la contraction des muscles la secousse contractile de la contraction proprement dite, et qui pensent que la première est la seule qui soit bruyante.

J'ai ensuite, sur des sujets mourants, découvert le cerveau d'un trait de scie d'horloger qui ne communiquait aucun ébranlement aux centres nerveux, et appuyant un des conducteurs sur le commencement de la moelle allongée, près de l'origine des nerfs de la huitième paire, et l'autre conducteur en contact avec la face inférieure de la paroi inférieure de la bouche, j'ai excité ainsi des manifestations sonores bien plus intenses que celles que j'avais provoquées précédemment.

Il m'a paru superflu de poursuivre la recherche des agents producteurs de sons jusque dans les moindres faisceaux musculaires; c'eût été, à mon avis, entrer dans des détails méticuleux, sans rien ajouter au faisceau de preuves convaincantes que présentent les expériences démonstratives précédentes, qui peuvent, en raison de l'évidence des inductions qu'on en doit tirer, se passer de toute discussion ou commentaires.

De l'ensemble des recherches expérimentales que je viens d'exposer, je crois devoir conclure :

1° Que le principe des sons que font entendre les *Cottus Scorpius* et *Bubalus* (Lire, Cuvier et Valenciennes) est la vibration musculaire ou trémulation ;

2° Que les principaux muscles qui, par leur contraction, engendrent ces vibrations sonores, font partie des régions inférieures des appareils : hyoïdien (Milne Edwards et divers auteurs), branchial et pharyngien (Cuvier);

3° Que ces muscles étant soumis à la volonté du Poisson, les sons auxquels ils donnent naissance sont nécessairement volontaires;

4° Que les cavités buccales et respiratoires dilatées deviennent capables de renforcer toutes ces vibrations sonores, comme le fait une table d'harmonie dans un instrument de musique;

5° Que le siége des mouvements vibratoires soulève des questions d'anatomie philosophique du plus haut intérêt.

Sur les sons eux-mêmes. — Je n'ai donné jusqu'à présent que les caractères distinctifs des phénomènes acoustiques qu'émettent les deux espèces de Chaboisseaux de mer qui sont le sujet de ce chapitre; j'y reviens pour les étudier plus complétement.

Quand nous prononçons à demi-voix les diphthongues : *ou! vous! ous!* comme sons consonnes brefs, nous formons des sons qui ont une grande analogie avec les cris les plus communs des Chaboisseaux marins. Ces bruits sont si instantanés, qu'on n'en peut saisir le ton. Ils sont émis à des intervalles irréguliers, avec une intensité et des variations de timbre aussi irréguliers; mais ce qu'ils ont de remarquable, c'est la ressemblance, vraiment saisissante, qu'ils ont avec les cris de plusieurs Batraciens : on croirait entendre ceux, par exemple, de l'*Alytes obstetricans* (voyez *Histoire naturelle des Reptiles*, Duméril et Bibron). Cette similitude est telle, qu'elle m'a engagé à donner le nom de *cris* à ces manifestations sonores pour les distinguer de toutes les sortes de bruits expressifs que font entendre les Poissons. Mais ces sons peuvent être prolongés, devenir continus, et être alors mieux étudiés. En se prolongeant, ils conservent la plupart de leurs qualités. On distingue très-nettement qu'ils sont analogues à ceux d'une anche métallique ou membraneuse. La tenue la plus prolongée de ces sons m'a paru être comprise entre 15 et 22 secondes. J'ai cherché l'unisson de plusieurs de ceux que j'ai entendus, et j'ai reconnu en eux des ut_3 et des $ré_3$. Leur diapason m'a semblé peu étendu. Il n'a guère, quand le sujet est à l'état normal et dans les circonstances où je l'ai étudié, plus de trois ou quatre notes. Mais durant les convulsions de l'agonie, le Chaboisseau rend des séries de sons moins longues, mais analogues à celles que font entendre les Trigles, privilégiés sous le rapport de la faculté productrice de sons ; ces vibrations sonores émises dans l'atmosphère sont aisément perçues à la distance de 2 à 3 mètres. Du reste, en écoutant avec soin ces sons prolongés, on acquiert la conviction que chaque son n'est formé que d'une seule émission sonore, sans interruption, ni reprise. Ce n'est que dans les sons continus que l'on peut mieux apprécier les vrais changements successifs de timbre ; mais ils sont peu fréquents.

Dans les localités où j'ai trouvé l'occasion d'étudier les sons produits par les Chaboisseaux, les individus de l'espèce à longues épines étaient rares. Sur le petit nombre de *Cottus Bubalus* que j'ai examinés, j'ai constaté que les sons qu'ils rendent diffèrent peu des manifestations acoustiques que je viens de décrire. Ils sont seulement plus intenses en général, et les bourdonnements y sont beaucoup plus fréquents. Toutefois, des divers bruits qu'engendrent ces animaux, les bourdonnements sont ceux qu'ils peuvent encore former en toutes saisons, et lors même qu'ils ont séjourné dans les bacs d'un aquarium.

A Paris, dans le mois de novembre, j'ai dû à l'obligeance de M. Albert Geoffroy Saint-Hilaire de pouvoir constater de semblables faits.

Ce serait sortir des bornes que j'ai posées à ce travail que de discuter ici toutes les questions que soulèvent les faits dont l'énoncé est contenu dans ce chapitre ; mais deux d'entre elles offrent tant d'intérêt dans leur moindre détail, que je me décide à en dire quelques mots, seulement pour indiquer et montrer qu'elles n'ont pas échappé à mes spéculations.

Parmi les organes de la bouche que les muscles producteurs de sons mettent en vibration, ceux qui font partie du système hyoïdien éveillent une attention spéciale, en reconnaissant que les deux pièces osseuses antérieures et inférieures de l'os hyoïde, les petits osselets articulaires de la symphyse de ces pièces, et le corps de l'os hyoïde ou osselet marqué n° 53 (voyez Cuvier et Valenciennes, 1er volume, OSTÉOLOGIE, *Histoire naturelle des Poissons*), ou bien encore les portions inférieures des *cérato-hyaux*, les *hypo-hyaux* et le *basy-hyal* du premier segment hyoïdien (Milne Edwards), sont les parties de la bouche qui exécutent les plus énergiques frémissements, et que c'est l'assemblage de ces pièces ostéo-cartilagineuses qui, recouvert de téguments muqueux, constitue la proéminence ou partie proéminente du gros repli situé vers le milieu de la bouche, et qui chez les *Cottus* tient lieu de langue, comme chez les autres Poissons ; que ce gros repli, par la large surface qu'il présente, contribue puissamment aux modifications des manifestations sonores.

En présence de pareils faits, on ne saurait nier l'homologie, j'allais dire l'identité des organes qui modifient les sons chez certains Vertébrés de la cinquième et chez ceux des autres classes du même embranchement.

Comment s'effectue l'accommodement des cavités buccale et respiratoire à une fonction identique, au point de vue mécanique, avec le retentissement que produit une table d'harmonie dans un instrument de musique, est encore une question pleine d'intérêt.

En descendant dans ces détails, l'intérêt ne fait que s'accroître.

Pour obtenir cet accordement, on doit remarquer que la tête, démesurément grosse en comparaison du corps, se dilate principalement dans sa région moyenne en telle proportion, qu'elle acquiert un huitième, si ce n'est un quart en sus de sa capacité primitive, et que cette modification a d'abord pour effet de diminuer l'épaisseur des parois buccales, et de les rendre plus propres à vibrer par suite de cet amincissement, aussi bien qu'en raison de la tension dans laquelle elle les contient ; que l'animal rapproche ses mâchoires et ses lèvres, clôt ainsi l'orifice antérieur de la bouche, et que l'une des conséquences de ce fait est de donner un point fixe à tous les muscles et aux membranes environnantes, et de permettre à ces organes d'entrer dans un état de tension nécessaire à la vibration que les muscles ont mission d'exécuter, et aux membranes pour vibrer à l'unisson.

Que, du reste, l'occlusion de la partie antérieure de la bouche favorise encore le retentissement, en formant dans la cavité buccale une petite chambre antérieure, dans laquelle le son ne peut prendre qu'une nouvelle intensité.

Que le sujet maintient aussi le bord de la membrane branchiostége légèrement écarté du pourtour des ouvertures des ouïes, et que cet écartement fait office des fentes ménagées dans les tables d'harmonie pour la libre communication de l'air extérieur avec l'air contenu dans ces tables, communication au moyen de laquelle « les sons sortent mieux », comme l'a prouvé Savard en construisant le modèle d'une caisse de violon.

Il est certainement d'un vif intérêt de voir que les cavités buccale et respiratoire des *Cottus* deviennent, au moyen de légères modifications, propres à former une table d'harmonie aussi complète, et conséquemment à exercer, comme elles exercent en effet, des fonctions identiques à celles dévolues aux cavités buccales et thoraciques des trois premières classes des Vertébrés, chez lesquels la première cavité fait office de porte-voix, et la seconde de caisse retentissante, et sont, sous ce rapport, des appareils organiques de renforcement des sons produits par ces animaux.

Nous retrouvons là une application de cette loi d'économie, d'après laquelle la nature semble épuiser toutes les modifications possibles d'un organe pour l'employer à diverses fonctions, avant de se mettre en frais de créer un nouvel organe.

CHAPITRE IV.

§ 1.

Considérations générales.

Dans l'état actuel de nos connaissances scientifiques, il est impossible de se former une opinion tant soit peu exacte sur la répartition des fonctions de la production des phénomènes acoustiques accordées par la nature aux animaux en général et aux Vertébrés en particulier.

Le premier obstacle qui s'oppose à la réalisation de cette spéculation est le petit nombre de documents vraiment scientifiques, suffisamment dignes de confiance, que nous avons sur la voix des Reptiles et des Batraciens.

La voix des Mammifères, celle des Oiseaux domestiques ou celle des animaux de ces deux classes qui peuvent vivre en captivité, nous sont encore assez bien connues : mais arrivé à la voix des Reptiles et Amphibiens, il faut nous contenter des cris de quelques Batraciens pour tout terme de comparaison, après lesquels se présente une lacune qui s'étend jusqu'à certains Insectes orthoptères, coléoptères et hyménoptères. C'est là le second et le plus grand obstacle qui a jusqu'à présent entravé toute généralisation de l'opinion dont il est question.

La plupart des traités de physiologie ne mentionnent même pas les bruits et les sons que font entendre les Poissons, et les deux seuls ouvrages qui en indiquent quelques-uns ne peuvent affirmer que leur existence soit authentique, et que ces animaux puissent les produire dans le milieu où ils vivent.

Les auteurs de ces ouvrages critiquent du reste les explications qui ont été données sur le mécanisme de ces sons, n'en proposent qu'une seule aussi problématique que toutes celles de leurs devanciers, et en définitive ils restent trop loin de la vérité pour démontrer quelles sont les relations acoustiques qui peuvent s'établir entre les Poissons de même espèce : ils ne font que les entrevoir ou plutôt les supposer.

Il est à remarquer que les auteurs de ces traités ne manquent pas d'entrer dans de grands développements sur les bruits que font entendre les Insectes, bruits qu'ils considèrent comme étant l'apanage des animaux doués de la faculté de produire des bruits qui sont l'expression de leur instinct de reproduction, et ne font aucune mention de l'intérêt qu'il y a à combler la lacune qu'ils passent avec une blâmable indifférence. Leur dédain à cet égard surexcita en moi une bien vive attention.

Au lieu d'énumérer ici les nombreux motifs rationnels et les spéculations ayant moins de consistance qui m'engagèrent à m'occuper des phénomènes acoustiques qu'émettent les Poissons, je préfère rappeler les différentes découvertes que renfermait cette lacune scientifique, dont le comblement, aux yeux de certains auteurs, ne devait pas être compté au nombre des *desiderata* de la science, mais que des naturalistes du plus haut mérite, tels que Cuvier, J. Müller et Dugès, désiraient voir combler au plus tôt.

Toutefois je n'exposerai le précis de ces faits qu'après avoir présenté quelques réflexions préliminaires.

En réfléchissant aux besoins instinctifs, et par suite aux mœurs du grand nombre des Poissons, on est tout d'abord conduit à admettre que, de tous les Vertébrés, ce sont ceux chez lesquels la nécessité de relations d'individu à individu est réduite à ses moindres termes. Le Poisson, en général, vit dans un isolement complet, et n'a guère d'instinct plus développé que celui de la destruction pour se nourrir de proies vivantes.

Il n'a pas même besoin, pour satisfaire à l'instinct de reproduction, d'avoir aucun rapport avec un individu d'un sexe différent du sien, puisque la femelle peut pondre ses œufs loin du mâle, et que celui-ci n'a besoin que de rencontrer ses œufs abandonnés pour être excité à les arroser de sa semence. Ainsi donc les relations même entre les mâles et les femelles, qui sont si multipliées, et qui ont une si grande influence sur une grande partie de la vie de l'animal dans la plupart des êtres des quatre premières classes de Vertébrés, perdent une grande partie de leur importance chez les Poissons.

Les résultats de ces réflexions tendent à expliquer, en partie du moins, pourquoi ce n'est pas, comme chez les autres Vertébrés, la généralité des Poissons qui sont doués de facultés productrices de sons, que ce ne sont pas des groupes nombreux, des ordres, des familles entières qui jouissent de ces facultés, mais seulement des genres, et encore en est-il où toutes les espèces ne sont pas bruyantes.

On connaissait jusqu'à présent quarante-six espèces de Poissons capables d'émettre des sons. Si j'ajoute à ce nombre les six espèces que j'ai découvertes, savoir : *Trachurus* (première subdivision de Valenciennes, *Histoire naturelle des Poissons*), *Peristidion cataphractus*, Lac., *Hippocampus brevirostris*, Cuv., *Cyprinus Dobula*, Linn., *Umbrina cirrosa*, Cuv. et Val., *Sparus macrophthalmus*, Bloch, je compterai cinquante-deux espèces seulement pouvant produire des phénomènes acoustiques.

En comparant ce petit nombre d'espèces à la totalité de celles des Poissons, qui s'élève à plus de 3000 (1), ou mieux encore en rapprochant de la somme des espèces qui sont comprises dans les quatre autres classes de Vertébrés (Oiseaux, 7000 (2), Mammifères, 1700 (3), Reptiles, 1000 (4), Batraciens ou Amphibiens, 200 (5), espèces vivantes), ce qui forme un nombre

(1) Voy. Cuvier et Valenciennes, *Histoire naturelle des Poissons*, les tables des espèces, dernier volume.

(2) Voy. Milne Edwards, *Introduction à la zoologie générale*, chap. I, p. 9.

(3) Voy. *Zoologie médicale, exposé méthodique, etc.*, par MM. Gervais et Van Beneden (MAMMIFÈRES).

(4) Voy. *Zoologie médicale*, même ouvrage que ci-dessus (REPTILES).

(5) Voy. *Zoologie médicale*, même ouvrage que ci-dessus (BATRACIENS ou AMPHIBIENS).

d'espèces qui n'est pas inférieur à 12 000, on voit que le nombre d'espèces bruyantes, et nécessairement munies d'organes producteurs de sons, n'est qu'une bien minime fraction de la quantité des Poissons silencieux ou connus comme tels jusqu'à ce jour, et conséquemment que l'on croit être privés de ces organes ; tandis que les 12 000 autres espèces de Vertébrés ont toutes un larynx, et que, parmi ces derniers, les animaux dépourvus de voix ne sont que des exceptions.

Cette disproportion entre le grand nombre d'espèces douées d'un seul et même mécanisme vocal et la petite quantité de celles de Poissons chez lesquels trois modes différents de mécanisme sont mis en usage, est tellement considérable, qu'elle doit vivement attirer l'attention. Dans le but de rendre la cause de cette énorme disproportion plus évidente, je reviendrai, comme j'ai déjà promis de le faire, sur ces rapports numériques, après avoir rappelé quels sont les mécanismes de ces trois modes et leurs propriétés.

On est tout d'abord frappé de la ressemblance du plus simple du premier des trois modes de production des sons engendrés chez les Poissons avec celui qui préside à la formation des bruits chez les Insectes, par exemple chez plusieurs Coléoptères (1) et Orthoptères, etc.

Les mécanismes de ces bruits chez des animaux si différents sont si simples, que leur ressemblance va presque jusqu'à l'identité. Chez les Insectes ce sont des pièces écailleuses et très-dures de leur squelette tégumentaire, rugueuses ou finement striées à l'une de leurs surfaces, qui sont disposées de manière à frotter l'une sur l'autre ; et chez les Poissons ce sont les pièces organiques qui présentent plus de dureté que toutes celles du reste de leur

(1) Je citerai parmi les Coléoptères : la Criocère du Lis, plusieurs Cérambiciens, et suivant Burmeister, le *Geotrupes stercorarius*, le *G. vernalis*, le *Copris lunaris*, le *Trox subulosus*, le *Necrophorus vespillo*, l'*Hygrobia Hermani*. Les Pimélies en feraient autant par le frottement de leurs pattes contre le corps, et les Réduves, les Mutiles, par celui de la tête contre le bord du corselet. Suivant Lacordaire, on devrait mettre au nombre de ces Coléoptères bruyants quelques grands Scarabées exotiques. Parmi les Orthoptères, je ne nommerai que le Criquet bimaculé.

corps qui sont rugueuses à leur surface, et arrangées de façon à être froissées les unes contre les autres, ou, plus brièvement, c'est l'attrition des pièces solides qui, dans ces deux classes d'animaux, forme les bruits que ces êtres font entendre; aussi les effets produits, les vibrations sonores que ces mécanismes engendrent ont-elles entre elles assez de similitude pour qu'on puisse leur donner le même nom, celui de *strideurs :* pourtant, chez certains Poissons, ces bruits sont moins imparfaits, ou du moins plus variés que ceux des Insectes. Ce moindre degré d'imperfection se fait remarquer chez les Poissons qui, semblables aux Saurels, forment des sons à l'aide du frottement des os pharyngiens supérieurs sur les inférieurs, os dont les premiers sont mus, dans les directions les plus diversifiées, par de nombreux muscles, parmi lesquels, de l'aveu même de Cuvier, si opposé à tout raisonnement par analogie hasardée, « il y en a qui, dit-il, peuvent se comparer aux muscles thyréo-pharyngien et crico-pharyngien de l'Homme » (1).

Dans une modification de ce mécanisme, qui en est bien nettement un degré inférieur, on ne trouve plus, comme chez l'*Orthragoriscus*, que des bruits d'une monotonie agaçante qui proviennent de vrais grincements de dents, et ce sont ceux-là qui ont le plus de ressemblance avec les effets de sonorité dus au frottement des plaques écailleuses des Coléoptères et au bruit de râpe des Criquets.

N'est-ce pas un fait bien digne de remarque que de trouver des moyens d'expression, quel qu'en soit le mécanisme, aussi semblables à la fois chez des animaux appartenant à des types aussi différents que celui d'un Poisson et celui d'un Insecte ? Il y a plus : on peut se convaincre, en entrant dans les détails, qu'il y a dans les mécanismes de la production des bruits chez les Poissons deux degrés de dégradation, et dans les bruits eux-mêmes deux degrés de dégradation, et conséquemment la transition d'un type à un autre est ménagée de façon à être aussi insensible que possible.

(1) Voy. Cuvier et Valenciennes, *Histoire naturelle des Poissons*, t. I, p. 414.

Qu'on veuille bien le noter, c'est en me tenant en dehors de toute vue théorique que je signale ces faits; je me borne à les constater.

Toujours est-il que tous ces bruits sont d'une grande imperfection ; que leur mécanisme est des plus grossiers, même parmi ceux qui sont le lot spécial des Insectes, et qu'en dernière analyse ils ne peuvent être considérés que comme une des plus grandes dégradations que puissent subir chez les animaux les moyens d'expression acoustique qui leur ont été accordés.

Le second mode de manifestations sonores offre aussi beaucoup d'intérêt ; mais, comme on pouvait plus facilement prévoir son existence, il n'est pas d'un intérêt aussi piquant. Dans celui-ci, ce sont les gaz qui, chassés en dehors par les muscles, viennent mettre en vibration plusieurs parties des ouvertures naturelles de la tête, qu'ils traversent avec une plus ou moins grande vitesse.

Le mécanisme qui engendre ces bruits, ainsi que ces vibrations sonores elles-mêmes, ont une telle similitude avec les organes qui entrent en jeu dans la production des bruits de souffle, et avec le soufflement lui-même qu'émettent certains Ophidiens et Sauriens, qu'on ne peut nier que le larynx de ces animaux, ayant perdu presque toutes les propriétés qui le rendaient un organe si parfait, se dégrade au point de ne plus remplir d'autre office que celui du tuyau porte-vent ou celui de la trachée-artère elle-même, et qu'alors il devient, sous le rapport des effets qui en résultent, analogue au pavillon qui termine le bout antérieur du canal pneumatique des Poissons, car il est bien entendu que je ne veux pas assimiler ces organes l'un à l'autre sous d'autres rapports.

L'analogie entre les poumons des autres animaux et les vessies aérifères des Poissons, et toutes les formes intermédiaires d'un organe à l'autre, sont maintenant reconnues et admises par tous les naturalistes. Aussi m'accordera-t-on sans difficulté, je le pense, que, dans ce second mode de bruits expressifs, la vessie et le canal pneumatique représentent un appareil de soufflerie analogue à celui qui résulte de l'action des poumons et de la trachée-artère dans les Reptiles et Batraciens dont je viens de désigner les ordres.

Le degré de dégradation du larynx dont je viens de parler établit donc le passage entre les organes producteurs de sons des Reptiles proprement dits et les parties organiques accordées dans le même but aux Poissons.

Chez ces derniers, on trouve une autre modification des manifestations sonores, que l'on peut considérer, soit comme un dernier degré de dégradation du second mode, soit comme une représentation du mécanisme de la phonation, réduite à l'état le plus rudimentaire.

La modification sur laquelle je veux attirer l'attention est celle que j'ai décrite chez les Poissons, dont le tube digestif est capable de contenir une grande quantité de gaz, et de le conserver assez longtemps pour qu'ils puissent s'en servir selon leur volonté.

Quoique le mécanisme de cette dernière modification soit assez dégradé pour que les seuls bruits qu'il puisse former soient instantanés, plusieurs organes accessoires leur viennent en aide, et impriment à ces bruits quelques variétés.

Je crois qu'il est inutile d'insister davantage sur le degré d'infériorité du mécanisme et des effets produits au moyen de ce mode de modification acoustique, et je passe outre.

De tous les tissus qui entrent dans la composition organique du Règne animal, et sur lequel nous possédons des notions de quelque valeur scientifique, nous ne connaissons que le tissu musculaire qui puisse de lui-même, et par un acte physiologique qui lui est spécial, la contraction musculaire (irritabilité, musculation, myotilité), produire des mouvements assez rapides pour engendrer des vibrations sonores. C'est positivement ce tissu qui, dans le mécanisme du troisième mode de production des phénomènes acoustiques, ne se borne plus à imprimer à des corps solides ou gazeux des mouvements qui, à leur tour, font naître des vibrations sonores; mais c'est ce tissu lui-même qui, en se contractant, donne naissance à des ondulations sonores.

C'est assurément là un fait très-remarquable, qui d'abord

rehausse l'importance de cette propriété physiologique, qui a été dédaignée avant d'avoir été suffisamment étudiée : la trépidation ou vibration musculaire, et qui en outre attire l'attention sur un troisième mode de formation de sons volontaires, ce qui porte à trois le nombre de mécanismes différents mis en œuvre dans une seule et même classe : la cinquième classe des Vertébrés.

Le mécanisme de ce troisième mode de manifestations sonores présente plusieurs degrés de perfectionnement. Dans le plus infime degré de développement de ce mode, nous reconnaissons un fait bien inattendu : c'est le tissu musculaire, sans le concours d'aucun autre tissu, d'aucun organe accessoire ou supplémentaire, produisant des bruits volontaires spéciaux variés, suivant les désirs de l'animal, et dont par conséquent il peut déjà se servir comme de bruits expressifs.

N'est-il pas, je le demande au lecteur méditatif, du plus saisissant intérêt de constater, comme je le fais ici en ce moment, que quelques faisceaux musculaires soumis à la volonté et capables de vibrer : voilà en dernière analyse à quoi se réduit l'instrument organique propre aux manifestations acoustiques d'une partie de l'instinct d'un animal vertébré. C'est en effet le résultat auquel je suis parvenu, en démontrant les propositions relatives aux bruits formés par le *petit* et le *moyen frémissement* des Hippocampes.

Dans les quatre premières classes de Vertébrés, on ne connaît pas de fonction dont le mécanisme soit comparable à celui de l'appareil vésico-pneumatique, qui, comme nous venons de le voir, est l'instrument organique le plus parfait du troisième mode de mécanisme de la production des manifestations sonores (1). Il faut encore aller chercher dans un autre type que celui dont la classe des Poissons forme la plus infime, les analogues du méca-

(1) Cet appareil constitue un instrument physiologique abdominal qui réalise en quelque sorte, par sa position et ses fonctions, la propriété qu'exprime le mot ventriloquie, mot dont on ne pouvait jusqu'à présent se servir que dans son acception figurée, puisqu'il supposait la voix formée dans la cavité ventrale. Je ne me suis pas servi de cette expression et de ses dérivés, parce qu'elle n'est plus employée dans les sciences.

nisme animal employé dans l'appareil vésico-pneumatique. Et où le rencontre-t on? Précisément chez les Insectes; mais il n'est là qu'à l'état rudimentaire. Ainsi, chez certains Hyménoptères et Diptères et quelques autres Insectes, quand l'animal est au repos, quand il ne vole pas, le bruit bourdonnant qu'il peut émettre est produit par la vibration des muscles qui attachent la tête au corselet, et souvent aussi par d'autres muscles qui, dans ce cas, font vibrer le corps tout entier.

J'ai répété les expériences de Dugès sur le bourdonnement, et mon habitude dans cet ordre d'investigations me permet d'avoir quelque confiance aux résultats qu'elles m'ont fournis, et d'affirmer ici que l'opinion de ce physiologiste, quoiqu'il ne l'ait appuyée que sur des expériences qui ne sont pas complétement satisfaisantes, mérite d'être prise en considération.

Suivant cette manière de voir, chez l'Insecte comme chez le Poisson, c'est le même mécanisme employé par la nature, mais laissé dans sa forme primitive chez l'Insecte et l'Hippocampe, du moins pour une partie du bruit que ce Lophobranche peut émettre; et ce mécanisme simple ne comporte dans ce cas que les bourdonnements ou les bruits plus élémentaires encore, comme le sont ceux de *rotation* proprement dite. Mais ce moyen expressif, par une modification de son mécanisme, est porté chez la Morrude, par exemple, à un tel degré de perfectionnement, que les phénomènes acoustiques qui en résultent deviennent comparables, sous plusieurs rapports, à la voix de certains Oiseaux, mais n'en reste pas moins un instrument moins parfait que le larynx des Oiseaux chanteurs et celui de l'Homme (1).

En résumé, on voit que, sur les trois modes de mécanisme de la formation des manifestations sonores que j'ai décrits chez les Poissons, deux ont des principes identiques dans les animaux de

(1) Le Bouvreuil, qui, à l'état sauvage, n'a pour tout chant qu'un grincement semblable au bruit d'une scie, a pourtant un appareil vocal capable de chants aussi variés que ceux des Oiseaux chanteurs. La preuve de cette assertion est que cet oiseau, qui est susceptible d'une certaine éducation vocale à l'aide des soins de l'homme, devient, comme le dit Cuvier, « un assez joli chanteur ». Ce qui tend à prouver qu'un animal abandonné à son instinct inculte n'est pas toujours capable de profiter de toute l'étendue des facultés vocales que la nature lui a départies, et que son instinct a besoin d'un cer-

la cinquième classe de Vertébrés et dans les Insectes, et que la troisième a la plus grande analogie, et même une ressemblance bien rapprochée de l'identité avec le mécanisme des bruits de souffle ou de soufflement propre aux Reptiles.

Enfin la lacune dont je suis parvenu à combler une partie, contenait donc le secret de quelques anneaux de la chaîne physiologique qui unit les Poissons, d'une part, aux Amphibiens et aux Reptiles, résultat qui confirme une fois de plus la ressemblance de ces classes d'animaux, mais, d'autre part, et doublement, aux Insectes, et vient ainsi donner gain de cause aux naturalistes qui, tenant compte de l'organisme tout entier des animaux qu'ils considéraient, ont, dans la coordination des quatre types du Règne animal, substitué le type des Annelés à celui des Mollusques, que Cuvier, faisant une trop large part au principe des organes dominateurs, avait placé immédiatement après la classe des Poissons.

Les divers rapprochements que je viens de rappeler nous mettent plus à même d'apprécier la signification théorique de la multiplicité des modes de mécanisme de la production des sons mis en usage dans cinquante-trois espèces de Vertébrés de la cinquième classe, comparé, au seul et même mode de formation de vibrations acoustiques dont sont douées deux mille espèces d'autres Vertébrés.

Nous avons maintenant bien présent à l'esprit le degré d'infériorité des trois modes donnés aux Poissons, et pouvons conclure en pleine connaissance de cause que ce luxe de modes divers n'est que spécieux, puisque aucun d'eux n'est assez parfait pour être comparé au larynx du plus grand nombre des Oiseaux chanteurs. Ces trois modes ne sont donc réellement que des degradations plus ou moins imparfaites des moyens d'expres-

tain degré d'éducation pour acquérir le pouvoir de tirer un meilleur parti de son appareil de phonation. J'en conclus que tant qu'on n'aura pas essayé de placer une des espèces que j'ai nommées privilégiées, la Morrude, par exemple, dans des circonstances propres à montrer si elle a ou n'a pas d'aptitude à profiter d'un rudiment d'éducation musicale ; tant qu'on n'aura pas éprouvé les effets de son instinct exercé sur les sons qu'elle peut produire, nous ne pourrons pas connaître la valeur acoustique réelle de l'appareil vésico-pneumatique.

sion accordés aux animaux, et, loin d'entrevoir dans la diversité une extension des facultés de la production des sons, nous devons les considérer tous comme incapables de s'appliquer à un grand nombre d'organismes différents, ou mieux comme ne pouvant s'adapter qu'à un nombre très-restreint d'animaux, modes enfin dont le nombre supplée à la qualité.

La lacune renfermait encore deux découvertes d'une certaine importance : ce sont deux nouvelles fonctions de la vessie pneumatique. Cet organe, dont l'usage physiologique a été longtemps problématique, auquel naguère encore on contestait la concession d'une seule fonction, celle de modifier la pesanteur spécifique du Poisson, est maintenant reconnu pour un des viscères les plus surchargés de fonctions diverses. Après l'avoir admis comme organe spécialement chargé de la sécrétion de fluides aériformes, on a découvert que, dans plusieurs familles, il tenait lieu de tympan, ce qui est un fait qui me paraît définitivement démontré. Enfin, dans ces derniers temps, on s'est accordé à le regarder, dans un certain nombre de genres, comme un poumon complet au point de vue anatomique, et comme plus ou moins incomplet au point de vue physiologique. Considéré sous ce dernier rapport, si l'on admet les résultats de mes expériences sur les Barbeaux et les Meuniers, etc., on reconnaîtra à cet organe une fonction qui augmentera le nombre des particularités physiologiques qui le rapprochent du poumon ; on verra en lui et en son canal pneumatique un ensemble d'organes remplissant l'emploi d'un appareil de soufflerie, identique, sous le rapport physiologique, avec la portion du mécanisme dévolue au poumon et à la trachée-artère dans la phonation. Toutefois l'attribution de cette nouvelle fonction à la vessie pouvait être prévue, et était pressentie par plusieurs physiologistes; mais une autre fonction qui déjouait toutes les suppositions, toutes les spéculations, et qu'on ne peut plus, suivant moi, lui dénier, est celle d'organe accessoire dans la production des phénomènes acoustiques, ou d'organe faisant office de table d'harmonie.

Il faut remarquer que s'il y a une grande ressemblance entre un appareil propre à renforcer, tant bien que mal, toute espèce d'ondulations sonores, et une vraie *table d'harmonie* appropriée par ses dimensions, sa forme, etc., à amplifier un nombre toujours restreint de vibrations sonores, il n'y a pas identité complète entre ces deux instruments, et qu'aucun motif ne s'opposait à comparer la vessie pneumatique à un organe de renforcement banal capable de venir en aide aux organes de l'audition ; car toute cavité remplie d'air, une portion du tube digestif, de l'estomac lui-même, contenant des gaz, pouvait servir d'organe tympanique. Mais pour l'assimiler à une table d'harmonie, elle avait à remplir tant de conditions acoustiques, que tout physicien, consulté sur une pareille supposition, se serait refusé à admettre comme probable le fait que je crois avoir démontré à la satisfaction des physiologistes, sans toutefois être parvenu à en donner la théorie.

Tant de fonctions différentes données à un seul et même organe est un fait peu commun dans l'organisation des Vertébrés ; et si l'on peut le considérer comme un exemple de la tendance de la nature à l'économie, il est assez remarquable pour qu'on en fasse l'objet d'une mention particulière.

J'ai montré dans l'historique (1) comment toutes les données anciennes sur les sons que rendent les Poissons sont tombées dans le discrédit, et, par suite, comment les deux seuls physiologistes qui se soient occupés de ces sons dans les traités qu'ils ont publiés en 1838 et 1840, ont été réduits à avouer qu'ils ne pouvaient affirmer l'authenticité d'aucun de ces bruits, et moins encore que les Poissons bruyants, par le seul fait qu'on les avait entendus former des sons dans l'atmosphère, fussent réellement capables d'en produire dans l'eau, dans le milieu où ils vivent. On comprend très-bien qu'en ne possédant pas, sur ce point scientifique, de notions plus exactes, le monde savant soit resté, comme avant la publication de ces traités, sans pensées arrêtées sur les bruits que produisent les Poissons, et bien éloigné de songer à attribuer à ces animaux la faculté d'émettre des manifestations sonores

(1) L'introduction et l'historique du présent travail, n'ayant pu trouver place dans les *Annales des sciences naturelles*, paraîtront incessamment dans une brochure in-8 publiée par l'auteur, chez G. Masson, libraire, place de l'École-de-Médecine.

qui leur permissent d'échanger entre eux l'expression de leurs sensations instinctives.

On n'a pas, que je sache au moins, mis en doute que les clameurs des Batraciens mâles ne fussent des chants d'amour, des épithalames, suivant l'expression poétique de Plutarque ; et la plupart des naturalistes modernes reconnaissent le même caractère aux chants de la Cigale, du Criquet, etc., etc.

Ce que l'on a accordé presque unanimement aux cris des Batraciens et aux bruits que produisent certains Insectes, pourquoi présentement refuserait-on de l'admettre à l'égard des bruits et des sons commensurables que forment les Poissons? Quelles sont les propriétés que doivent présenter les bruits que fait entendre un animal, en général, pour qu'il soit logique d'admettre que ces bruits sont réellement des actes expressifs ? Il ne s'agit, je le crois, que de démontrer l'existence authentique de ces bruits ou sons, leur formation normale dans le milieu où vit l'animal, leur caractère volontaire, leur indépendance de tout acte physiologique autre que celui d'une fonction expressive. Comme je pense avoir présenté dans cet écrit des démonstrations qui établissent péremptoirement que les bruits et les sons commensurables, auxquels j'ai affecté la propriété d'être *expressifs*, possèdent toutes les qualités que je viens de rappeler, je ne crois pas qu'après avoir vérifié mes démonstrations, on puisse se refuser à admettre avec moi que les bruits et les sons musicaux que font entendre certains Poissons, et que j'ai désignés sous les noms de *bruits* et de *sons expressifs*, sont de véritables manifestations acoustiques à l'aide desquelles ces animaux se communiquentmutuellement leurs sensations instinctives.

Les principaux résultats des démonstrations dont je viens de parler se trouvant réunis dans le paragraphe relatif au *Sciæna Aquila*, je les récapitule ici comme un exemple saisissant des arguments qui militent en faveur de mon opinion.

Voici cette récapitulation :

Quand on se représente le grand nombre et la *disposition des organes qui concourent à la composition de l'instrument physiologique musical* que j'ai étudié dans les Maigres ; quand on remarque que *ces organes et ceux de la phonation chez les autres Vertébrés, en général, suivent dans leur développement une marche semblable;* quand on a égard *au degré de perfectionnement qu'offrent les organes de l'audition* chez les Sciénoïdes dont il s'agit ici ; quand on observe que ces Poissons *produisent dans l'atmosphère, ainsi qu'au sein des eaux, des sons* dont la puissante intensité est imposante; qu'ils ne font *un usage fréquent de ces sons que dans le cas où ces vibrations sonores peuvent parvenir aux oreilles de leurs congénères;* que *c'est principalement au temps du frai qu'ils sont prodigues de ces sons ;* que *ces émissions sonores n'accompagnent aucun autre acte physiologique comme effet inévitable de ce dernier;* quand, enfin, on réfléchit à toute la portée de cet argument, à savoir, qu'*on ne peut douter que ces sons ne soient complétement soumis à la volonté du Poisson*, on est conduit à se demander si tous ces nombreux organes qui contribuent à la formation des sons, et les phénomènes acoustiques commensurables qui en résultent, *sont sans utilité aucune*, ou si ces derniers ne sont pas employés par les Maigres à communiquer aux individus de leur espèce les besoins instinctifs qu'ils ressentent, comme le fait tout animal doué de la faculté de produire des sons volontaires ou des bruits qui ne sont pas liés inévitablement à l'accomplissement d'un autre acte physiologique.

Poser cette question, n'est-ce pas la résoudre affirmativement ?

Comme je puis faire valoir, en faveur de chacune des espèces étudiées dans ce mémoire, plusieurs arguments péremptoires énoncés et soulignés dans l'alinéa précédent, je crois n'avoir plus qu'à conclure.

Conclusion générale. — L'anatomie, la physiologie et l'histoire des mœurs des animaux s'accordent à prouver que la nature n'a pas refusé à tous les Poissons des eaux douces et de mers de l'Europe le don d'exprimer par des sons leurs perceptions instinctives, mais qu'elle n'a pas conservé l'unité, chez ces êtres, de mécanisme dans la formation de ces vibrations sonores, comme elle l'a fait dans les quatre autres classes de Vertébrés. Elle a eu recours, dans l'organisation des Poissons, au moins à trois mécanismes essentiellement différents les uns des autres, et dont la valeur physiologique va se dégradant.

Plusieurs espèces qu'elle a le plus favorisées ont reçu d'elle le pouvoir d'émettre des sons commensurables, comme les sons musicaux, engendrés par un mécanisme dont la vibration musculaire est le principe moteur. Elle a donné à d'autres espèces la faculté de produire des bruits de souffle analogues à ceux que font entendre plusieurs Reptiles, et n'a enfin accordé à d'autres espèces que les moyens de former des bruits de *stridulation* résultant d'un mécanisme grossier qu'on retrouve chez un bon nombre d'Insectes.

APPENDICE.

SUR UN POISSON EXOTIQUE

Le S.hal A'rabi (*Synodontis A'rabi*, Cuvier et Valenciennes).

Plusieurs parties de l'organisation du Schal A'rabi sont tellement extraordinaires; sa vessie pneumatique, en particulier, offre des singularités si intéressantes; la discussion dont il a été l'objet, et la réputation des savants qui ont étudié son anatomie, sont telles, que j'ai attaché une grande importance à vérifier sur des individus vivants toutes les assertions qu'on a avancées à son sujet (1).

Pendant le temps de ma navigation au service de l'État, j'avais été si souvent en Égypte, vingt fois peut-être; je connaissais si bien les habitudes brutales, barbares, des bateliers du Nil et des Fellahs riverains, avec lesquels j'allais de nouveau être en relation, que j'avais pu prendre des précautions à l'aide desquelles, dès mon installation dans la barque des pêcheurs, mes observations purent commencer et être continuées sans incident notable. Je savais dans quelles localités le Schal A'rabi, qui est un des

(1) Quoiqu'il fallût aller jusqu'en Égypte, jusqu'au delà du Delta, pour exécuter cette vérification, je n'ai pas reculé devant la conception de ce projet, qui pour moi était alors entouré de tels obstacles, que celui qu'y apportait ma déplorable santé était le moindre à mes yeux. Grâce à la bienveillance éclairée d'un de mes condisciples, M. Béhic, président du conseil d'administration du service maritime des Messageries nationales, j'ai pu réaliser ce projet. Si mes forces physiques n'avaient pas trahi mon énergie morale et si mon séjour en Égypte eût été moins dispendieux, ce voyage eût été plus fructueux pour la science. Mais comme j'ai fait, dans la mesure de mes forces, toutes les investigations qu'il m'a été possible d'effectuer, je ne crois pas avoir encouru le moindre reproche de négligence. En attendant que je publie les autres résultats scientifiques de cette pérégrination, que M. Béhic veuille bien accepter l'hommage de la partie de mon mémoire relative au Dactyloptère (*a*), et le présent travail comme un tribut de ma reconnaissance et comme un témoignage public des sentiments élevés qui l'ont porté à répondre à l'appel fait au nom de la science par l'un de ses plus humbles pionniers.

(*a*) Le Dactyloptère voltigeant est encore une des espèces de Poissons dont j'ai recueilli plusieurs exemplaires et sur laquelle j'ai pu faire des expériences durant ce voyage.

Poissons les plus communs du Nil, se trouvait en telle abondance, que je ne pouvais manquer d'avoir à ma disposition un nombre de sujets bien vivants, bien vigoureux, suffisant à mes investigations, et c'est dans ces bonnes conditions que j'ai pu accomplir la vérification que j'avais projetée.

J'ai reconnu que le Schal A'rabi peut produire plusieurs espèces de bruits, savoir : deux ou trois assurément irréguliers, au moyen : 1° du décollement subit de ses lèvres et de ses opercules; 2° de mouvements exagérés, soit des articulations de la mâchoire inférieure, soit de celles de ses opercules : le bruit qui provient de ces derniers organes ressemble souvent à un claquement ; 3° d'un soufflement analogue à celui d'une éructation, et sur lequel je n'ai pu me procurer que des notions vagues, parce que je n'ai pu observer ces Poissons dans plusieurs phases de leur existence, et qu'il eût été surtout nécessaire de les soumettre à un examen suivi durant le temps du frai. Toutefois j'ai remarqué que, dès que ces Poissons sont tirés de l'eau, ils avalent une grande quantité d'air, ce qui pourrait expliquer ces éructations ; mais ils ont une vessie aérifère qui, d'autre part, pourrait donner lieu à une explication encore plus satisfaisante de ce bruit; aussi je ne le mentionne ici que comme bruit *irrégulier*, et sur lequel de nouvelles recherches seraient nécessaires pour lui donner une place certaine dans la classification des sons.

Aucun auteur n'a parlé de ces bruits, qui ont en effet peu d'importance, à l'exception du dernier, qui, étudié à loisir, pourrait offrir quelque intérêt. Mais tous les naturalistes qui se sont occupés de ce Poisson n'ont fait que répéter ce qu'Étienne Geoffroy Saint-Hilaire a avancé sur les bruits que, suivant cet auteur, cet animal peut engendrer, en mettant en mouvement le premier rayon de la première nageoire dorsale et le rayon du même rang de ses nageoires pectorales : ce sont ces bruits qui ont été l'objet principal de mes observations.

J'ai d'abord examiné si, sur le sujet vivant, le premier rayon des pectorales avait plus de jeu dans son articulation qu'il n'en a chez les animaux de cette espèce conservés dans l'eau alcoolisée, et j'ai vu que les mouvements sont dans les deux cas identiquement les mêmes. De plus, mes investigations, faites avec soin, m'ont démontré : 1° que, de tous les mouvements qu'exécute le Poisson, il n'en est pas un seul qui puisse amener une partie de la surface interne de la lame du rayon en contact avec les portions osseuses entourant l'épaule, de sorte qu'un frottement soit possible entre ces os, pas plus à quelque distance que sur les bords de cette cavité; 2° que ce n'est qu'en dedans de la capsule articulaire que le frottement de ces os peut avoir lieu, et donner naissance à un bruit. Après avoir établi ce fait par une démonstration péremptoire, j'ai procédé à la vérification des faits observés et affirmés par l'auteur de l'*Anatomie philosophique.*

J'ai constaté que le Schal A'rabi produit un bruit en agitant le premier rayon de ses pectorales. La preuve de cette assertion est que le mouvement du rayon est en tel rapport avec le bruit, que la production de ce dernier n'a lieu que durant le mouvement de ce rayon osseux : c'est un fait sans exception ; pas de mouvement, pas de bruit. Tous les mouvements de ces deux rayons ne sont pas bruyants; ceux de la natation sont aussi grands que l'articulation peut permettre au Poisson d'éloigner ou de rapprocher ces rayons de son corps, et sont silencieux. Les mouvements qui sont accompagnés de bruit sont beaucoup plus courts, saccadés le plus souvent. Les mouvements silencieux sont presque toujours séparés des mouvements bruyants par un petit temps d'arrêt.

Le son incommensurable que rend le Poisson est assez doux, pour qu'il n'éveille pas dans l'esprit de l'observateur l'idée de l'attrition de deux corps rudes.

Il n'a pas une grande intensité : on l'entend à 2 mètres de distance, quand il est formé dans l'atmosphère. Le Poisson le produit également sous l'eau, et, dans ce dernier cas, on le perçoit encore quand l'animal est à un mètre et demi de distance sous l'eau, et que l'oreille de l'observateur est à un demi-mètre au-dessus de la surface de l'eau.

Tant que le Poisson a toute sa vigueur, il rend aussi souvent le bruit en étendant son rayon qu'en le rapprochant de son corps; mais dès qu'il s'affaiblit, ce n'est que durant l'abduction qu'il produit ce son incommensurable, et lui donne encore une assez grande intensité.

Quand l'animal est resté quelques minutes hors de l'eau et qu'il tarde à faire entendre le bruit qui lui est propre, les pêcheurs du Nil savent bien qu'ils peuvent l'exciter à bruire en appuyant un doigt sur la ceinture humérale et entre les insertions des deux pectorales; mais la réussite de cette manœuvre n'est pas aussi infaillible qu'ils le croient.

Si le mouvement du premier rayon de la première dorsale est bruyant, il faut que le bruit ne soit produit qu'exceptionnellement dans son articulation, puisque aucun des Schal A'rabi vivants soumis à mon examen n'a fait usage de ce mouvement pour engendrer des phénomènes acoustiques.

Il tient presque constamment ce rayon dans l'état de la plus grande extension, et fixé inébranlablement à angle presque droit avec l'axe du corps.

La base de ce rayon osseux porte un anneau du même tissu, anneau dans lequel est engagé un barreau également osseux ; on comprend aisément la facilité d'un point d'arrêt dans une articulation ainsi disposée.

L'état de l'extension fixe est du reste la situation normale de ce rayon ; aussi le Poisson ne le fléchit-il que dans peu d'occasions, dans celle, par exemple, où il est en pleine quiétude et complétement en repos sur les fonds vaseux qu'il fréquente.

Je tiens du premier drogman de l'École de médecine d'Abouz-Abel que, chez les riches Musulmans du Caire, on place dans des baquets remplis d'eau des Schal A'rabi, dont les bruits amusent les enfants et les femmes du harem.

De quel point de l'articulation du premier rayon des pectorales provient le bruit ?

Quel que soit mon désir d'épargner au lecteur l'ennui de parcourir de longues descriptions zootomiques, je ne puis répondre à cette question qu'en donnant préalablement un précis anatomique de cette articulation.

Cette jointure est complexe : ce n'est ni un *ginglyme*, ni une énarthrose ; mais elle tient de ces sortes d'articulations.

En outre des mouvements de flexion et d'extension, elle permet un mouvement de rotation sur l'axe du rayon ; elle est donc à double mouvement, et de plus à point d'arrêt dans l'extension complète du rayon.

Ce rayon est un os très-compacte, très-dur ; toute sa surface externe, libre ou extracapsulaire, est d'un tissu aussi solide que l'émail des dents.

Il est triangulaire, comprimé, assez court, très-pointu. Sa forme générale est celle d'un ancien poignard turc recourbé, suivant le plan du plat de la lame, comme le sabre de la cavalerie légère ; la tête et le col de l'os représentent la poignée, et le reste de son étendue la lame triangulaire de ce poignard, depuis longtemps inusitée. Les deux faces de cette lame sont cannelées ; on y voit des lignes saillantes longitudinales ; la plupart sont à peu près parallèles, mais d'autres se rencontrent en plusieurs points, et sont alternativement convergentes ou divergentes ; elles sont séparées par autant de cannelures de même profondeur. Les lignes saillantes et les dépressions se contournent en approchant de la tête de l'os, et en devenant plus fines et plus superficielles, elles s'étendent sur les deux faces du condyle articulaire externe dont la description va suivre.

La tête de ce rayon est divisée en trois condyles : l'externe est le plus gros ; il a la forme d'un demi-disque ; il entoure la partie la plus épaisse de la tête de l'os d'un rebord saillant et oblique à l'axe de l'os. Dans celui-ci, comme dans tous les disques, on distingue deux faces et un bord.

Sa face supérieure est concave et tournée obliquement en dedans, en avant et en haut. Sa face inférieure est convexe et oblique en sens opposé à la première, c'est-à-dire qu'elle regarde en bas, en dehors et en arrière ; son bord est coupé carrément et a deux arêtes un peu mousses.

Ce condyle, le plus intéressant des trois, fait office de trochlée, ou mieux de la *roue d'une poulie fixée sur son axe*, et sans gorge, pour me servir du terme technique.

Des deux autres condyles, l'interne est bifurqué et séparé des deux autres par une fissure ; le troisième enfin se prolonge suivant l'axe du rayon, et se recourbe un peu en dedans vers son sommet. Ce dernier condyle est un appendice d'arrêt, qui peut maintenir le rayon dans une position fixe, lorsque celui-ci est entièrement étendu sous un angle un peu moins grand qu'un angle droit.

La partie de la cavité articulaire qui doit attirer le plus notre attention est la grande gouttière demi-circulaire qu'elle présente, et qui est creusée dans sa paroi externe. La partie moyenne de cette gouttière est plus profonde que ses deux extrémités ; son fond est plat et rugueux. Le bord externe s'élève perpendiculairement à son fond, tandis que son bord interne est convexe dans le sens de son bord à son fond ou sur sa hauteur. Cette grande gouttière reçoit normalement tout le demi-disque constituant le condyle externe qui la remplit entièrement, et y glisse, en se mouvant, comme un tenon dans une coulisse.

La grande cavité articulaire contient encore une autre gouttière courbe aussi, mais d'un bien plus petit rayon, puis s'ouvre largement en avant. Elle offre encore une autre petite ouverture ; ces orifices donnent passage aux tendons des muscles qui viennent prendre insertion sur différentes parties des condyles. Toutes les autres parties creuses de cette articulation sont remplies d'un tissu mollasse, graisseux, sécrétant une grande quantité de synovie.

La cavité articulaire porte encore, sur le bord inférieur de la joue externe de la grande gouttière, des lignes saillantes entremêlées de cannelures longitudinales. La direction de ces lignes saillantes et de ces cannelures est telle, que, dans certains mouvements du rayon, elle devient à angle droit avec celles des saillies et des dépressions qui recouvrent les deux faces du condyle externe et du col de l'os.

La surface du col et celle de la tête du premier rayon, ainsi que la cavité de l'articulation, manquent de cartilage d'*encroûtement*, ou, s'ils en ont une légère couche, elle doit être bien mince et bien facile à détruire, puisqu'en disséquant l'articulation vingt-quatre heures après la mort d'un sujet qui avait été roulé dans des linges imprégnés d'eau-de-vie faible, je ne pus apercevoir la moindre couche de ce tissu cartilagineux, et que, chez les plus gros sujets conservés dans l'eau alcoolisée, je n'en a jamais trouvé les moindres débris.

Cette articulation ne contient non plus aucun fibro-cartilage interosseux ; elle possède seulement une capsule articulaire bien résistante et pourvue par endroits de ligaments. La partie syndesmologique la plus développée est la synoviale, qui est d'une épaisseur remarquable dans les cannelures dont j'ai parlé, et qui s'amincit sur les lignes saillantes, mais y devient plus ferme, plus résistante, d'une dureté relative, qu'on croirait produite par un tissu de cellules pavimenteuses accumulées. Elle est tellement gonflée par la synovie qu'elle renferme, qu'elle forme des bourrelets saillants, quand on parvient à la laisser intacte en ouvrant une certaine partie de la capsule articulaire.

Sur un sujet conservé dans un liquide préservatif, j'ai vu la synoviale arrivée au pourtour de la partie externe du condyle externe revenir sur elle-même de chaque côté, et laissant à nu le milieu de cette sorte de *roue de poulie*, qui normalement est en rapport avec le fond rugueux de la grande gouttière. Ce fond n'était pas non plus, dans le cas dont je parle, revêtu d'une synoviale.

C'est Johannes Müller qui a cherché le premier, sur des Schal A'rabi placés depuis longtemps dans la liqueur préservatrice, à agiter le premier rayon des pectorales, et a, comme je l'ai dit, réussi à produire un bruit, qu'il a, avec raison, cru très-analogue à celui que le poisson fait entendre quand il est en vie.

En répétant cette expérience sur le cadavre, j'avais bien remarqué que le rayon exécute mieux les mouvements d'abduction et d'adduction, quand on lui imprime un léger mouvement de rotation sur son axe, et qu'on le fait tourner de dehors au dedans, et, de plus, que ces mouvements deviennent plus difficiles, moins libres quand on fait ainsi pivoter cet os de dedans au dehors, et qu'enfin ce n'est qu'en exagérant cette dernière rotation qu'on produisait le plus facilement le bruit.

En suivant très-attentivement et à l'aide d'une loupe les mouvements bruyants et spontanés de l'animal vivant, j'ai bien vu que le rayon tournait un peu sur son axe; mais cette rotation était tantôt dans un sens, tantôt dans le sens opposé.

L'animal se sert donc de la faculté qu'il a de tourner son rayon de dedans au dehors pour émettre le bruit, mais il a encore à son service d'autres modes de mouvements capables de former le bruit, et que nous ne saurions reproduire sur un sujet mort.

Sur l'animal vivant, ainsi que sur le cadavre, j'avais, grâce à ma grande habitude du mode d'observation à l'aide de la pulpe de mon doigt indicateur, reconnu que le mouvement bruyant que j'étudiais avait pour siége, d'une part la zone externe de la grande gouttière, et d'autre part le fond de cette gouttière, et je me suis laissé guider par ces premières données pour poursuivre mes recherches. J'ai employé plusieurs coupes faites avec les plus minces scies dont les horlogers se servent, et je suis parvenu à mettre à nu différentes parties des divers condyles, et à suivre tous leurs mouvements dans la cavité articulaire, pendant que les rapports des pièces osseuses restaient intacts. J'ai reconnu alors avec une netteté qui ne peut laisser aucun doute dans mon esprit, que, durant l'adduction, il arrive un moment où les deux petits condyles sont éloignés des cavités articulaires qui leur sont destinées, et où il n'y a que le condyle externe qui soit engagé dans sa gouttière. Si donc, dans ces conditions, on continue le mouvement d'adduction, on produit infailliblement le bruit. J'ai répété un très-grand nombre de fois cette observation, qui a constamment fourni le même résultat, et m'autorise à affirmer que le frottement d'une partie du condyle externe dans sa gouttière est assurément un des mouvements qui, chez l'animal vivant, peuvent produire le bruit.

En découvrant, à l'aide d'autres coupes, tous les organes qui contribuent à ce mouvement, j'ai vu que c'est principalement le côté externe et incliné en bas de ce condyle, là où sont les plus grosses lignes saillantes que porte cet os, ainsi que le bord coupé carrément de la *roue de la poulie*, qui, en frottant sur les parties creuses articulaires où ils sont reçus normalement, engendrent le bruit.

Il est probable que d'autres parties de ces trois condyles, et même que d'autres organes de cette articulation, peuvent, dans certains cas, devenir la cause de bruits analogues; mais il reste certain pour moi que le condyle externe est le principal agent producteur des effets de sonorité qu'émet le Schal A'rabi.

Ce fait bien constaté, vérifié plusieurs fois, et enfin établi comme principe, il reste à expliquer la possibilité d'un frottement assez rude pour produire le bruit que j'ai décrit, et l'innocuité d'un tel frottement sur des surfaces articulaires, sans développement du moindre accident inflammatoire, innocuité bien prouvée par l'absence de toute lésion dans les articulations des plus vieux individus de l'espèce.

Il importe de répéter ici que ce bruit engendré normalement par un sujet vivant est assez doux pour être assimilé au bruit du frottement de deux coussinets recouverts de maroquin, mais nullement à l'attrition de corps rugueux et secs; tandis que, dans le cas où ce bruit est produit artificiellement chez un Poisson mort en tordant le premier rayon, il a de la ressemblance avec le bruit de *raclement* qui résulte de l'attrition de deux surfaces osseuses inégales et sèches.

Je ferai remarquer en premier lieu que nous ne possédons aucune donnée positive sur le degré de force d'attrition que des surfaces articulaires d'un animal à sang froid peuvent supporter sans être atteintes d'inflammation, et que toute analogie pathologique entre des articulations d'un animal à sang chaud et d'un Poisson est plus ou moins problématique.

Toutefois l'explication qui reste à donner étant du domaine de la physiologie ou de celui de la pathologie, on ne doit pas s'attendre à y trouver des faits et des raisonnements aussi positifs que ceux que j'ai tirés des notions anatomiques que j'ai exposées plus haut.

Je n'ai, je l'avoue, à présenter que des présomptions, qui

pourtant offrent assez de probabilités pour être prises en considération.

La première est celle qui me porte à croire que le bruit est produit par le frottement des lignes saillantes de la surface externe et du bord du gros condyle sur les saillies semblables du bord et du fond de la grande gouttière de la cavité articulaire du premier rayon des pectorales. Le sommet de ces lignes saillantes est, comme je l'ai dit, recouvert d'une synoviale assez résistante, pour que le frottement de deux points ayant lieu à angle droit, suivant la direction des sommets de deux lignes qui viennent à se rencontrer, le contact ne puisse avoir de durée et soit presque instantané ; s'exerçant du reste simultanément sur une multitude de points, ce frottement, quoique restant doux, peut devenir bruyant, en raison du grand nombre de points qui sont au même instant en contact, et conséquemment il n'est pas besoin d'une attrition forte pour engendrer le bruit.

D'autre part, si l'on considère plus attentivement ce qui a lieu au sommet de chaque ligne saillante, on voit que le point qui vient de subir le frottement durant un temps très-court est sitôt après mis en contact avec la synoviale boursouflée et épaisse qui remplit la cannelure séparant cette première ligne saillante de la suivante, et que ce même point culminant ne se retrouve en contact avec une ligne saillante qu'après avoir été inondé de synovie, par suite de son frottement sur la membrane synoviale ruisselante de ce liquide ; qu'ainsi ce point est alternativement frotté sur une synoviale rude et sèche, et sur une autre trempée d'humidité et mollasse, alternative qui le garantit de la sécheresse, qui est considérée comme la cause la plus fréquente de l'inflammation des membranes synoviales chez les animaux mammifères.

On peut appliquer ce que je viens de dire sur un des points exposés au frottement à tous les autres points culminants, ou plus généralement à toutes les parties organiques productrices du bruit.

Dans cette présomption, les phénomènes acoustiques seraient engendrés avec un très-petit développement de force motrice.

La seconde présomption généraliserait le cas anatomique que j'ai signalé, et dans lequel le bord coupé carrément de la *roue de la poulie* manquerait plus ou moins complétement de synoviale, et cette dénudation ayant également lieu sur le fond rugueux de la gouttière en rapport normal avec ce bord, le frottement assez intense de ces deux surfaces l'une contre l'autre produirait le bruit. Les bourrelets de tissu adipeux environnant préserveraient lès points frottés de toute lésion inflammatoire.

Enfin, si ni l'une ni l'autre de ces présomptions n'était jugée satisfaisante, je ne comprendrais qu'une explication applicable à ce fait extraordinaire : ce serait son étrangeté même. Je veux dire que l'on peut être autorisé à admettre qu'un animal qui offre dans son organisation tant de traits tout à fait bizarres, tout exceptionnels, n'ayant aucune analogie avec la constitution des autres Poissons, peut bien offrir dans sa physiologie des faits non moins extraordinaires.

EXPLICATION DES PLANCHES (1).

PLANCHE 16.

Fig. 1. Appareil vésico-pneumatique d'un *Zeus faber* (Linn.) dont le corps avait 41 centimètres de longueur. Cet appareil est vu par sa face supérieure.— La grandeur de la figure est à la grandeur naturelle :: 49,49 : 100.

A, B, C, portion antérieure ou ovoïde de l'appareil vésico-pneumatique. — B, C, D, portion postérieure ou cylindrique du même appareil. —*m*, *m*, les muscles intrinsèques de l'appareil.

Fig. 2. Le même appareil, vu de profil, du côté gauche.— Figure grandeur comme ci-dessus.

A, B, C, portion antérieure ou ovoïde de l'appareil. — B, C, D, portion postérieure ou cylindrique de l'appareil. — *r*, *r*, racines des deux aponévroses d'attache de l'appareil. — *m*, muscle intrinsèque gauche.

Fig. 3. Le même appareil, ouvert par une incision longitudinale faite sur la ligne médiane de sa face inférieure, puis étalé sur une plaque de liége à surface concave. — La grandeur de la figure est à la grandeur naturelle :: 35,97 : 100.

A, B, C, intérieur de la portion ovoïde de l'appareil. — *m*, *m*, *m*, m', m'', face interne de la membrane muqueuse recouvrant toute la surface interne de la membrane fibreuse de la portion ovoïde de l'appareil, à l'exception pourtant d'une petite portion triangulaire C, *v*, *o*. — m'', *l*, *o*, lambeau triangulaire de la membrane muqueuse détaché de la membrane fibreuse, relevé et refoulé en dedans pour mettre à nu une petite portion de la surface interne de la fibreuse. — C, *v*, *o*, surface interne de la membrane fibreuse laissant voir les faisceaux des fibres disposées transversalement dans la couche la plus profonde de son tissu. — B, *n*, *n*, m'', bord postérieur ou terminal de la membrane muqueuse faisant une saillie très-marquée à l'intérieur de l'appareil. Cette partie saillante a été détachée avec le lambeau triangulaire dans une petite partie de son étendue de *m* en C, puis maintenue relevée par une érigne E qui a entraîné avec elle un petit morceau de la membrane arachnoïdienne de la portion cylindrique de l'appareil, membrane dont nous parlerons bientôt. — B, C, D, intérieur de la portion postérieure ou cylindrique de l'appareil dans laquelle on voit ses deux membranes superposées en B, *p*, s'', s''', m'', et séparées en C, m'', s''', s''. — *n*, *n*, deux des petites éminences qui rendent rugueux le bord saillant de la membrane muqueuse.— B, *p*, p', p''', C, membrane externe de la portion cylindrique ou postérieure de l'appareil : la partie marginale de la face interne de cette membrane est à nu dans la surface C, m'', s''', s'', p', p'' ; le reste de cette membrane externe est presque entièrement recouvert par la membrane interne.

(1) Ces planches se trouvent à la fin de la première partie de ce mémoire (tome XIX, n°s 16, 17, 18 et 19).

Cette membrane externe, qui a une épaisseur notable, est d'une si grande *rétractilité*, d'une telle élasticité, que, dès qu'elle est ouverte et libre, elle se recroqueville, et quelque soin qu'on apporte à la distendre, sa surface présente une foule de petites poches anfractueuses qui n'ont pu être représentées ici. — *s*, *s'*, *s''*, *s''''*, *s'''*, membrane interne de la portion cylindrique de l'appareil recouvrant, à l'état normal, toute la membrane externe; mais la figure la représente détachée dans une certaine étendue de la membrane externe. Cette membrane interne est formée de fibres minces transparentes composant un tissu aussi délicat et plus mince que celui de la membrane arachnoïde du cerveau des Mammifères. — *s''*, bord postérieur de la membrane arachnoïdienne inséré près du bout postérieur de la membrane externe par ses fibres longitudinales disposées circulairement. — B, *m''*, bord antérieur de la membrane arachnoïdienne dont toutes les fibres longitudinales s'insèrent au bord terminal et saillant de la muqueuse de la portion ovoïde de l'appareil. — *s*, *s'''*, *s''*, *s''''*, lambeau marginal de la membrane arachnoïdienne séparé par dissection de la membrane externe et maintenu relevé par le relèvement d'un petit bout de la partie saillante de la membrane muqueuse de la portion ovoïde de l'appareil. Cette membrane arachnoïdienne est donc représentée, doublée sur elle-même, de *s''''* en *s'''*. — *k*, *h*, *i*, *j*, *k*, cinq corps rouges vus à travers la membrane muqueuse.

Fig. 4. Appareil vésico-pneumatique d'un Perlon (Cuvier) qui avait 43 centimètres de longueur. Cet appareil est vu par sa face inférieure; il était distendu par une quantité de gaz plus grande que celle qu'il contient habituellement. — La grandeur de la figure est à la grandeur naturelle :: 26,12 : 100.

a, lobe principal ou corps vésical. — *b*, lobe appendiculaire gauche. — *c*, lobe appendiculaire droit.

Fig. 5. Le même appareil, vu aussi en dessous et ouvert par sa face inférieure au moyen d'une incision cruciale, d'où résultent quatre lambeaux triangulaires *l*, *l*, *l*, *l*, qui ont été renversés en dehors sur les lobes appendiculaires. — La grandeur de la figure est à la grandeur naturelle :: 27,25 : 100.

c, *c*, *b*, *b*, les lobes appendiculaires. — *a*, *a*, *e*, *e*, cavité du corps vésical séparée en deux parties par le diaphragme *d*; la cavité antérieure est marquée *a*, *a*, la cavité postérieure *e*, *e*. Le diaphragme *d* est placé obliquement d'avant en arrière et de haut en bas; en *r* est son bord supérieur et antérieur; en *s*, *s*, son bord postérieur et inférieur. Il est percé d'une ouverture ronde, *f*. — *t*, *t'*, *tendon médian*, représentant une sorte de rachis de l'appareil entier. En *t'*, on voit les premières traces des divisions du bout postérieur de ce tendon pour former quelques-unes des *bandelettes tendineuses*. — *i*, *i*, *i*, *i*, *espace elliptique* formé par l'ensemble des *bandelettes tendineuses* composant le *réseau tendineux;* la direction de ces bandelettes *n*, *n*, est analogue à celle des nervures secondaires d'une feuille penninerviée par rapport à la nervure principale, représentée ici par le *tendon médian*. — *k*, *k*, *k*, *k*, *k*, trois corps rouges plus gros qu'ils ne le sont normalement, parce qu'ils étaient congestionnés. Ils sont vus à travers la muqueuse.

Fig. 6. Coupe transversale de l'appareil vésico-pneumatique du Perlon. — C'est, des figures relatives à ce poisson, une de celles qui sont représentées de grandeur naturelle.

D, corps vésical. — *c*, *b*, lobes appendiculaires. — *a*, *a*, cavité du corps vésical dont la membrane muqueuse n'a pas été représentée. — *f, f, f*, membrane fibreuse du corps vésical. — *t*, *tendon médian*. — *m, m*, les deux muscles intrinsèques de l'appareil. On voit la direction oblique des faisceaux charnus de ces muscles. — *n, n*, coupe transversale de deux des *bandelettes tendineuses*. — *p, p*, l'aponévrose sus-musculaire.

PLANCHE 17.

Fig. 7. Une des phases du développement de l'appareil vésico-pneumatique du Perlon. — Cet appareil, vu en dessous, est de grandeur naturelle.

a, corps vésical. — *b*, lobe appendiculaire gauche. — *c*, lobe appendiculaire droit. — *m*, muscle intrinsèque gauche. — *m'* muscle intrinsèque droit.

Fig. 8, 9, 10. Autres phases du développement du même appareil. — Les mêmes lettres de la figure précédente indiquent les mêmes parties organiques dans ces trois dernières figures, qui sont aussi de grandeur naturelle.

Fig. 11. Partie antérieure de l'appareil vésico-pneumatique d'un Maigre de l'Aunis (Cuvier) femelle, qui pesait 9 kilogrammes et avait 1 mètre 3 centimètres de longueur. Cette portion de cet appareil est vue par sa face inférieure, dégonflée et ayant ses parois affaissées sur elles-mêmes. — La grandeur de cette figure est à la grandeur naturelle :: 43,80 : 100.

A, vessie pneumatique ou corps vésical. — *b, b'*, bourrelet du bord droit de l'appareil laissé complétement intact. — *c, c'*, bourrelet du bord gauche de l'appareil. De *b'* en *c'*, ce bourrelet a été disséqué ; le tissu cellulo-graisseux dont il se compose a été extrait, détruit, pour mettre en évidence tous les tubes des *appendices* que j'ai nommés *tubuleux ramifiés*, qui, presque tous, ont leurs parois en totalité ou en partie seulement, enveloppées d'une couche plus ou moins épaisse de ce tissu. — *r, r, r, r, r, r, r, r, r, r, r*, profil des onze premiers *appendices tubuleux ramifiés* antérieurs. Ces appendices, ces systèmes de tubes embranchés sur un tube commun qu'on peut appeler leur tronc, ont été dégagés de la gangue cellulo-graisseuse dans laquelle ils étaient plongés, et leurs parois ont été entièrement débarrassées de la couche de tissu qui les environnait ; ensuite chaque tube, depuis le plus petit jusqu'aux troncs, a été étiré en tous sens, développé enfin dans toute son étendue ; puis tous les tubes d'un même système ont été méthodiquement déprimés, aplatis jusqu'à la rencontre et l'adossement de leurs parois opposées, de façon que les parois ne fissent pas de *faux plis* qui auraient pu dissimuler l'ampleur du tube ; puis, enfin, tous ces tubes ont été arrangés, autant que cela était possible, dans un même plan, en les comprimant entre deux lamelles de verre. Ces onze systèmes d'appendices ont subi la même préparation qui conserve à chaque tube ses dimensions en largeur et en longueur, et qui, reproduites exactement ici, peuvent servir à mesurer avec un certain degré de précision, qui n'est pas à dédaigner en physiologie, la capacité que chacun de ces tubes avait à l'état normal. — *s s*, deux des plus grosses dilatations arrondies, situées à la partie postérieure et supérieure de deux des appendices tubulo-ramifiés, faisant saillie en haut, où le bourrelet les laisse à nu et qui s'enfoncent dans la couche la plus interne des grands latéraux. Elles les dépriment, mais ne les percent pas. — *t, t, v, v*, les seuls tubes des appendices du côté droit qui étaient assez longs pour traverser les parois du bourrelet, passer à travers des éraillures des plus fortes aponévroses abdominales et s'enfoncer dans les muscles puissants des épaisses parois qui garnissent pour ainsi dire les flancs de ces énormes Poissons : les uns, *v*, *v*, pénétraient d'abord dans la couche musculaire qui tient lieu des muscles intercostaux, puis jusqu'à 4 centimètres de profondeur dans les autres grands muscles latéraux (Cuvier), et les autres tubes, *t*, *t*, s'avançaient et s'étaient établis en dehors de la surface externe de la côte la plus voisine.

Fig. 12. Le même appareil, vu par sa face inférieure, a été ouvert par une incision longitudinale faite sur la ligne médiane, puis placé sur une plaque de liége à surface concave ; les bords de l'incision sont renversés en dehors sur les bourrelets latéraux, ici peu saillants, et les recouvrent presque partout, excepté à son extrémité postérieure : aussi, en *s*, *s*, voit-on le bout de ces bourrelets. — La grandeur de la figure est à la grandeur naturelle :: 25,24 : 100.

d, *d*, *d*, *f*, *f*, troisième membrane muqueuse, ou muqueuse interne proprement dite, constituant un diaphragme percé d'une large ouverture ovale *f f* ; le tissu de ce diaphragme a la délicatesse, la finesse de la membrane arachnoïdienne des Mammifères. — *a*, un point de la face supérieure de la cavité de la vessie pneumatique. — *b*, *b*, *b*, *b*, *b*, *b'*, *b'*, *b''*, *b''*, *b''*, *b''*, *b''*, orifices des troncs des appendices tubuleux ramifiés, ou systèmes des cavités tubuleuses ramifiées. Cet orifice du tronc de chaque système est, à l'état normal, bouché par les muqueuses vésicales, qui, adhérant à son pourtour, y forment une cloison, une sorte de tambour ou plutôt de tympan tendu, d'une part, entre les gaz qui distendent la cavité du tronc et, par son intermédiaire, toutes les cavités tubuleuses du même appendice, et, d'autre part, des fluides aériformes qui gonflent la grande cavité du corps vésical. — *b''*, *b''*, *b''*, *b''*, *b''*, sont les orifices dont la cloison est restée intacte, et dont le tronc, ayant conservé à son intérieur une petite quantité de gaz, est légèrement gonflé ; *b*, *b*, *b*, *b*, *b*, sont les orifices des troncs dont la cavité est complétement vide, comme elle l'est le plus souvent quand on a ouvert le corps vésical : les bords de l'ouverture sont alors en contact les uns avec les autres ; enfin, *b'*, *b'*, sont les orifices des troncs dont la cloison a été accidentellement crevée, et qui, conséquemment, se présentent sous l'aspect de simples trous.

Ces appendices, ces systèmes de cavités tubuleuses ramifiées, sont, de tout point, comparables à de *petites tables d'harmonie tubuleuses* fermées à leur embouchure commune par une membrane tendue comme la peau d'un tambour d'harmonie. Ce sont ces *singulières tables d'harmonie*, aux parois desquelles sont immédiatement transmises les vibrations sonores engendrées par les muscles qui sont en contact avec elles. Ces vibrations se propagent dans ces cavités tubuleuses où elles sont considérablement renforcées, puis elles sont transmises par le tambour ou le tympan à la grande cavité du corps vésical, qui, lui-même, faisant office d'une vaste caisse retentissante, centuple l'intensité de la multitude de vibrations sonores que peuvent lui communiquer à la fois *quatre-vingt-quatre* appendices tubuleux ramifiés qui garnissent ses parties latérales.

r, *r*, petites surfaces de la fibreuse vue par sa face interne mise à nu, parce que, en cet endroit, on a refoulé en dedans la portion des membranes muqueuses qui la recouvrent. — *v*, le bout postérieur du corps vésical cylindrique et pointu qui n'a pas été complétement ouvert par l'incision longitudinale. — *k*, *k*, *k*, corps rouges rapprochés en une plaque unique qui a été séparée en deux portions par l'incision longitudinale : une sur chaque côté du corps vésical ouvert.

PLANCHE 18.

Fig. 13. Appareil vésico-pneumatique d'une Ombrine (*Umbrina cirrosa*, L.) qui avait 27 centimètres de longueur. Cet appareil est vu par sa face inférieure, tenant par ses liens naturels aux parois supérieures de l'abdomen et à la partie moyenne du corps des trois premières vertèbres. Elle était distendue par une si grande quantité de gaz, que les trois bosses que présente chacun de ses côtés étaient bien moins prononcées qu'elles ne sont ordinairement. — La grandeur de la figure est à la grandeur naturelle :: 42,75 : 100.

n, *v*, cordon composé des nerfs et des vaisseaux sanguins qui pénètrent dans l'appareil et vont se distribuer aux différentes parties du corps rouge.

Fig. 14. Le même appareil, détaché du corps du sujet et vu par sa face inférieure, a été ouvert par une incision faite sur la ligne médiane de cette paroi et étalé sur une plaque de liége à surface concave. — La grandeur de la figure est à la grandeur naturelle :: 49,95 : 100.

a, fente longitudinale provenant de la coupe des attaches de l'appareil au corps des trois premières vertèbres.— *r*, *r*, corps rouge placé sur la ligne médiane, formant sous la muqueuse vésicale une sorte de disque ovale très-irrégulier qui a été séparé en deux par l'incision. — *s*, *s*, *s*, *s*, *s*, *s*, les sinus latéraux formant ici six cavités. C'est le nombre normal de ces sinus. Chacun d'eux est divisé en deux fossettes par un gros pli que constituent irrégulièrement les deux membranes vésicales en s'attachant par des liens très-solides aux autres membranes abdominales et souvent aux angles saillants des premières côtes. — *k*, *k*, *e*, *f*, membrane muqueuse interne proprement dite ou diaphragmatique. Elle forme un diaphragme qui recouvre une grande partie des muqueuses externes qui sont bien plus épaisses que l'interne. Celle-ci s'attache et disparaît en se confondant avec les deux muqueuses externes sur les côtés et à la moitié de la hauteur des gros plis membraneux et des sinus. Ce diaphragme, dont le tissu est aussi mince que celui de la membrane arachnoïde de l'homme, s'étend en avant et en arrière jusqu'aux points *k*, *k*, qui indiquent l'extrémité de chacune des sortes de poches que présente cette muqueuse interne. Ce sont là aussi les limites de ce diaphragme qui offre, à son centre de figure, une grande ouverture ovale *e*, *f*.

Fig. 15. Cette figure représente le muscle intracostal gauche et le nerf de ce muscle chez le Malarmat (*Trigla cataphracta*, Linn.).—Cette figure est un peu plus grande que nature. L'animal est vu en dessus ; on a enlevé une grande partie du crâne et du commencement de la colonne vertébrale, et tous les muscles grands latéraux superficiels et profonds en avant du corps, et sur le côté gauche toutes les couches musculaires, les côtes jusqu'à la profondeur de la voûte dorsale du ventre, en conservant une partie des membranes abdominales auxquelles s'attache le muscle dont il s'agit ici.

Toute la moitié postérieure de ce muscle a été séparée de ses attaches et rejetée en dehors de la place qu'il occupe, pour montrer plus aisément la courbe que le muscle entier décrit.

a, *a*, *a*, *a'*, la tête; *a'*, l'opercule gauche. — C, le cerveau, le cervelet et la moelle allongée. — 5, deux nerfs cérébraux de la cinquième paire. — D, les trois racines du nerf du muscle intracostal et le ganglion qu'elles forment au dehors de la colonne vertébrale. En disséquant ce ganglion, on voit que le nerf du muscle intracostal est la continuation de la racine la plus grosse, la plus antérieure des trois. — *h*, le nerf du muscle intracostal depuis sa sortie du ganglion jusqu'à son entrée dans le muscle. — *f*, *f*, deux nerfs sortant du ganglion et se rendant à l'opercule et aux parties voisines. — M, une portion de l'os mastoïdien (Cuv.). — *n*, une partie de l'os huméral un peu écartée de l'opercule. — *m*, *m'*, *m''*, *m'''*, muscle intracostal gauche; *m'''*, sa portion postérieure aplatie et contournée de dedans en dehors : son extrémité, qui finit en pointe, n'a pas pu être représentée; *m*, le corps du muscle presque cylindrique; *m'*, sa courte portion s'attachant à l'os huméral; *m''*, sa longue portion allant s'insérer en dehors sur l'os mastoïdien et en dedans à l'occipital latéral (Cuv.); *m*, sa partie moyenne épaisse et triangulaire en dehors, ronde en dedans. — *e*, trois racines des nerfs cérébraux de la huitième paire. — *b*, *b*, les yeux. — *p*, *p*, aponévroses abdominales détachées du muscle qui en est le tenseur. — *r*, *r*, coupe des muscles superficiels et profonds des grands latéraux du côté gauche, au milieu desquels on voit la coupe de quelques côtes. — *v*, *v*, vessie pneumatique.

Fig. 23. Coupe du lobe droit de l'appareil vésico-pneumatique du Dactyloptère voltigeant, pour montrer le diaphragme incomplet que ce lobe présente à la hauteur du canal de communication avec le lobe gauche.

l,*l*, surface interne du lobe droit. — *d*, *i*, diaphragme incomplet. — *a*, surface interne de l'appendice pyramidal.

PLANCHE 19.

Fig. 16. Appareil vésico-pneumatique du Dactyloptère voltigeant, vu en dessous, de grandeur naturelle. Le sujet d'où provient cet appareil avait 39 centimètres de longueur. Cet appareil était distendu outre mesure par le gaz qu'il contenait.

b, lobe gauche. — *b'*, lobe droit. — *m*, partie inférieure du muscle intrinsèque du lobe gauche. — *m'*, portion inférieure du muscle intrinsèque du lobe droit. Les faisceaux charnus de ce muscle, ainsi que ceux du muscle dont il est question ci-dessus, sont à nu. — *c*, appendice pyramidal du lobe gauche. — *c'*, appendice pyramidal du lobe droit. — *a*, *a*, portions de la surface inférieure de la membrane fibreuse vésicale non recouverte par les muscles. — *f*, canal de communication de l'intérieur des deux lobes, tenant lieu du corps vésical de l'appareil vésico-pneumatique des Trigles.

Fig. 17. Lobe droit de l'appareil reproduit par la figure précédente. Ce lobe est vu appuyé par son bord postérieur sur un plan et suspendu en avant par l'érigne E. Il était tellement distendu par les gaz qu'il renfermait, que son appendice pyramidal était très-peu flexible. — Il est représenté un peu plus grand que nature.

v, v, v, aponévrose recouvrant la plus grande portion du lobe droit et à la surface intérieure de laquelle s'attachent les bouts supérieurs des fibres du muscle intrinsèque droit. — n, n', ouverture ovale que présente l'aponévrose sus-mentionnée ; sur la surface que circonscrit cette ouverture, on voit l'implantation perpendiculaire des fibres du muscle *extrinsèque* droit de cet appareil ; ces fibres sont coupées au ras de la surface supérieure de l'aponévrose ci-dessus indiquée. — p, appendice pyramidal fortement dilaté par la trop grande quantité de gaz intérieur. — m, portion de la membrane fibreuse que le muscle intrinsèque laisse à nu.

Fig. 18. Appareil vésico-pneumatique de la Cavillone (*Trigla aspera*, Viv.), de grandeur naturelle, vu en dessous. Le sujet d'où provient cet appareil avait 11 centimètres 5 millimètres de longueur.

v, vessie ou corps vésical. — m, muscle intrinsèque gauche. — m', muscle intrinsèque droit. — c, base de la cloison verticale, vue par transparence.

Fig. 19. Appareil vésico-pneumatique du Grondin gris proprement dit (Cuvier) (*Trigla Gurnardus*, Linn.), vu par sa face inférieure, un peu plus grand que nature, très-distendu par les gaz qu'il contenait. Le sujet qui portait cet appareil avait 40 centimètres de longueur. Il est représenté de face.

v, corps vésical. — a, lobe appendiculaire gauche. — b, lobe appendiculaire droit.

Fig. 20. Le même appareil, vu par sa face inférieure, mais de trois quarts. — Les mêmes lettres de la figure précédente indiquent les mêmes parties organiques de la figure 20.

m, muscle intrinsèque gauche.

Fig. 21. Appareil vésico-pneumatique d'une Morrude (*Trigla lucerna*, Brunn.), crevé et contenant peu de gaz, vu par sa face inférieure. — Grandeur naturelle.

v, corps vésical. — a, lobe gauche. — b, lobe droit. — m', muscle intrinsèque droit. — m, muscle intrinsèque gauche.

Fig. 22. Appareil vésico-pneumatique d'un Rouget commun (Cuvier) (*Trigla Cuculus*, Linn.), de grandeur naturelle, vu par sa face inférieure. Cet appareil provenait d'un poisson qui avait 30 centimètres de longueur.

a, corps vésical. — b, lobe droit. — c, lobe gauche. — m, muscle intrinsèque droit. — m', muscle intrinsèque gauche.

PARIS. — IMPRIMERIE DE E. MARTINET, RUE MIGNON, 2

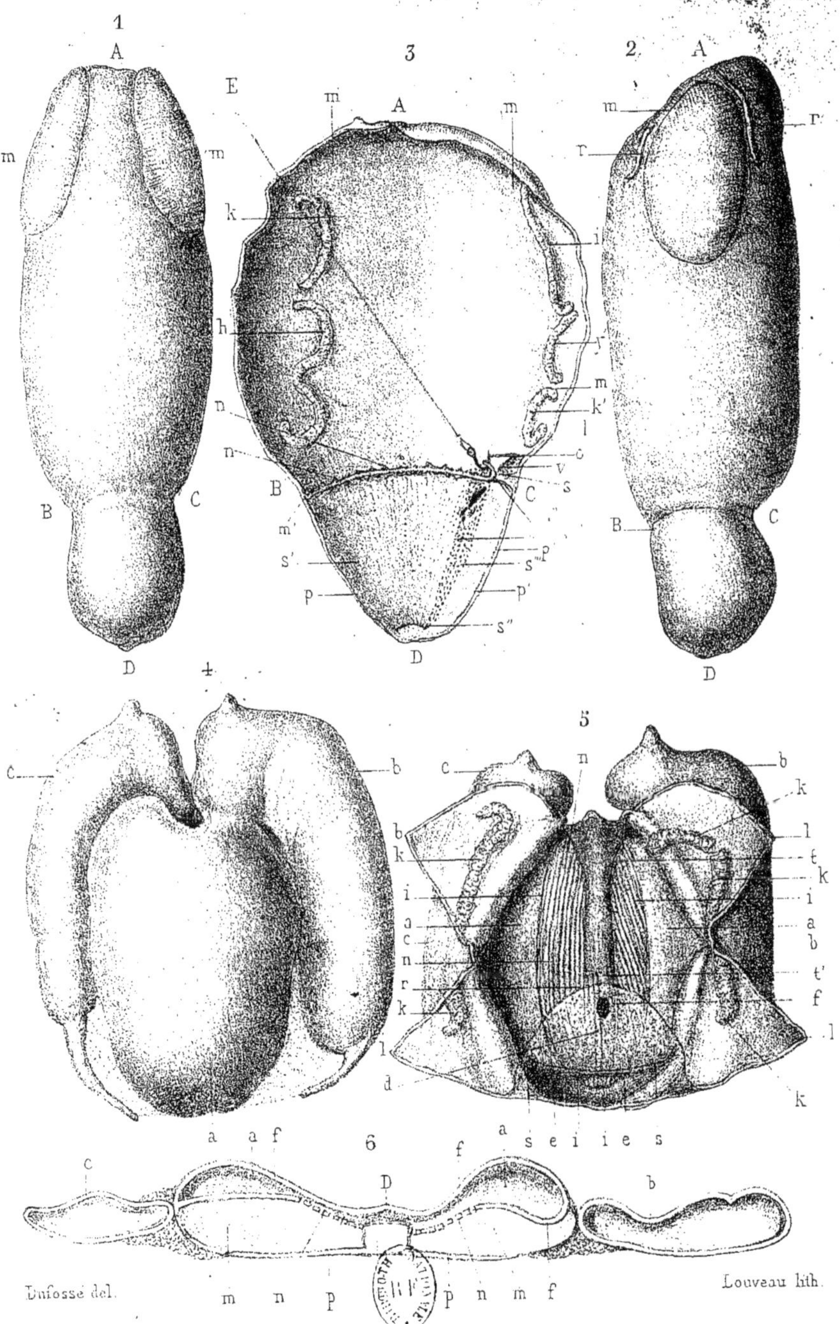

Dufossé del. Louveau lith.

Appareil vésico-pneumatique du Zeus et du Perlon.

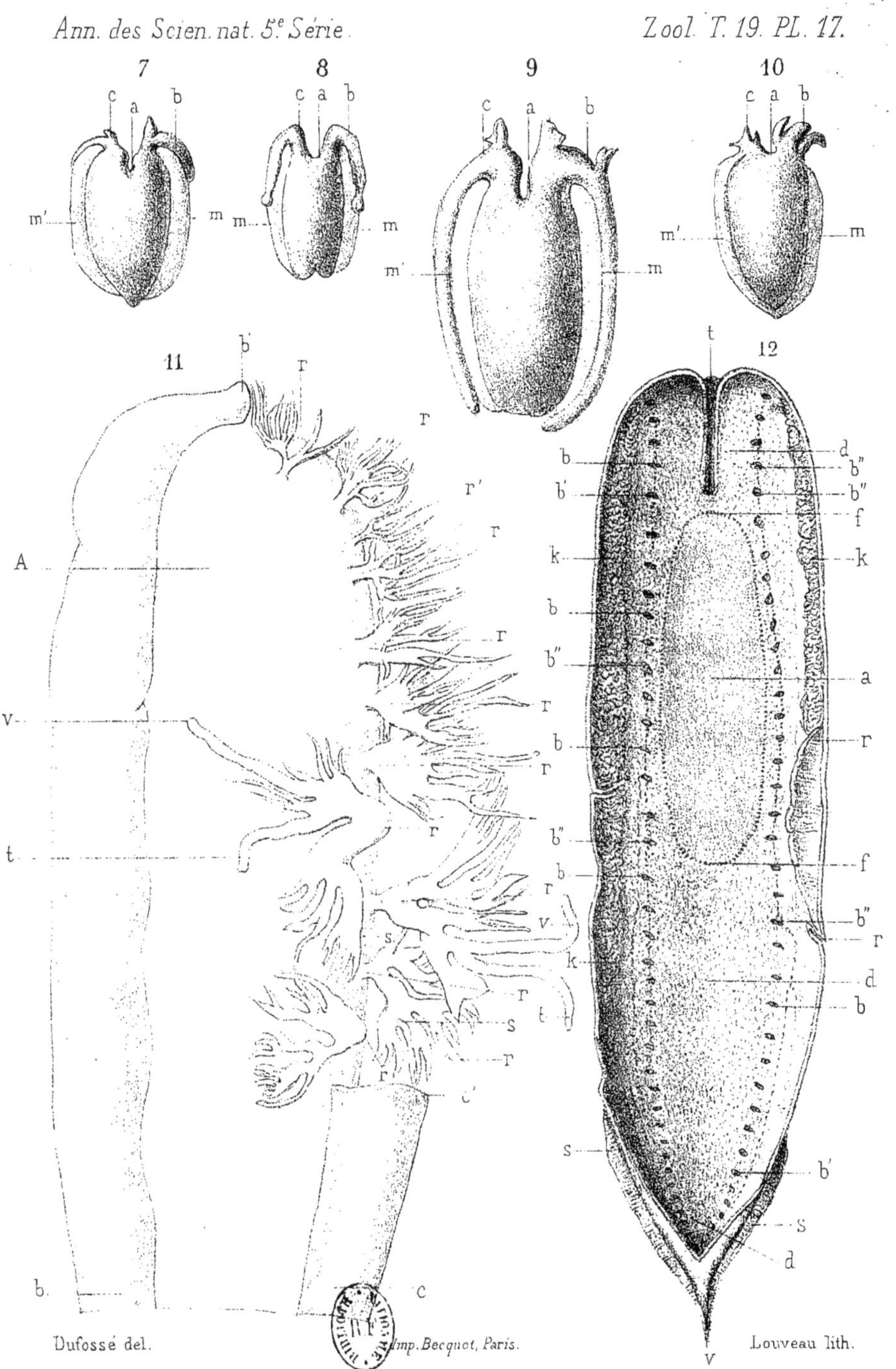

Dufossé del. Imp. Becquet, Paris. Louveau lith.

Appareil vésico-pneumatique du Perlon et du Maige.

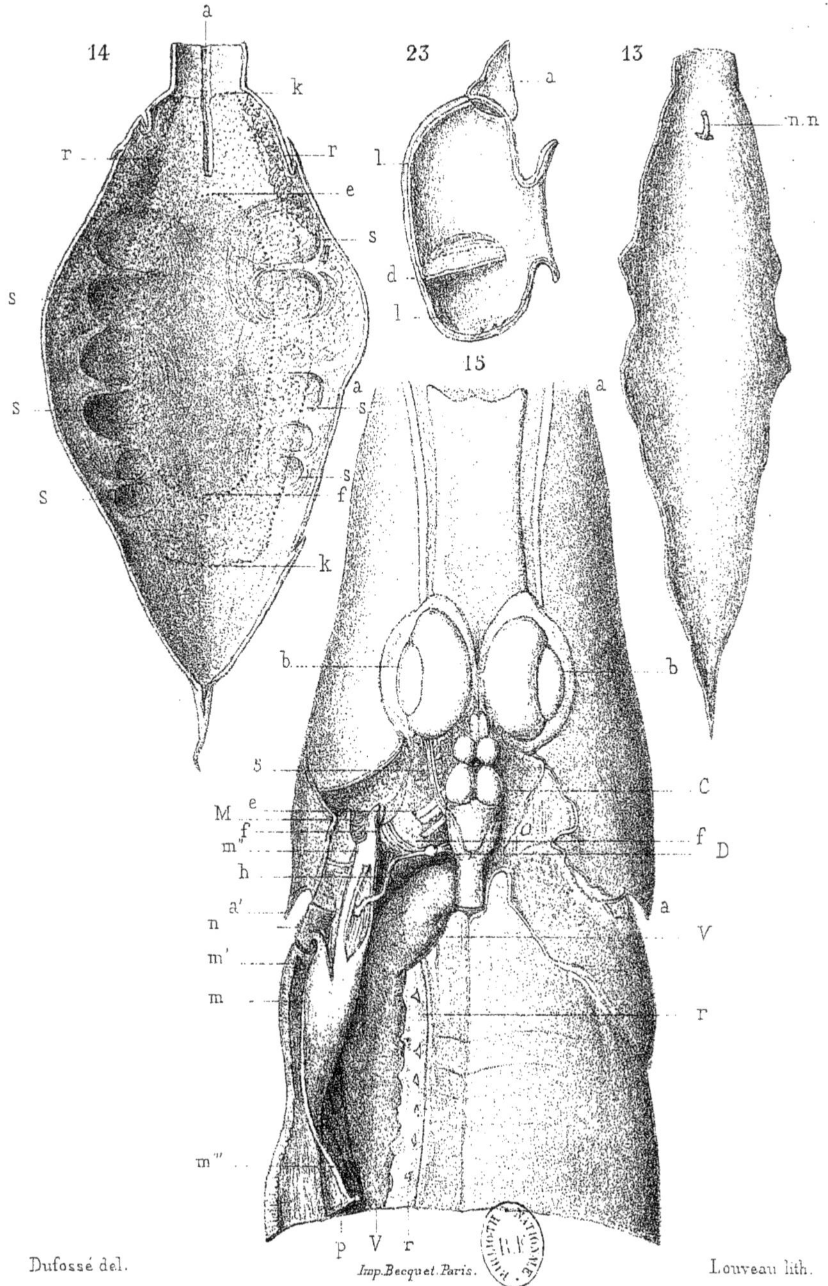

Dufossé del. Imp. Becquet. Paris. Louveau lith.

Appareil vésico-pneumatique de l'Ombrine, du Malarmat et du Dactyloptère.

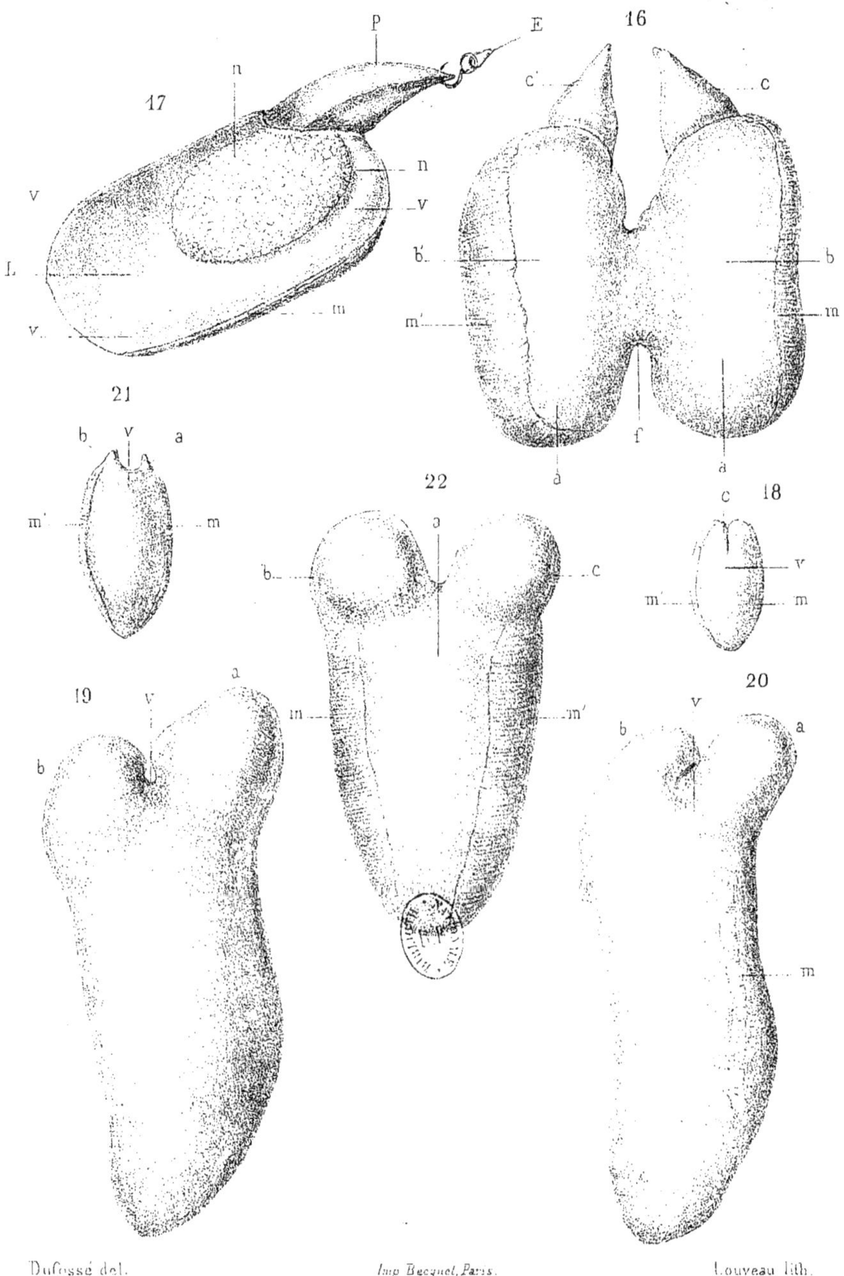

Dufossé del. Imp. Becquet, Paris. Louveau lith.

Appareil vésico-pneumatique du Dactyloptère, de la Cavillone du Grondin, de la Morrude et du Rouget.

PARIS. — IMPRIMERIE DE E. MARTINET, RUE MIGNON, 2

www.ingramcontent.com/pod-product-compliance
Ingram Content Group UK Ltd.
Pitfield, Milton Keynes, MK11 3LW, UK
UKHW022044190726
13855UKWH00002B/398

9 782013 279116